“十四五”时期国家重点出版物出版专项规划项目
先进制造理论研究与工程技术系列
黑龙江省精品图书出版工程

足式仿生机器人归约化动步态控制技术

Dynamical Locomotion Control for Legged Robots Based on Reduced SLIP Model

◎ 于海涛 著

哈爾濱工業大學出版社
HITP HARBIN INSTITUTE OF TECHNOLOGY PRESS

内 容 简 介

动步态控制是足式仿生机器人最具挑战性的技术之一。由于机器人自身结构的复杂性、系统动力学模型的高维度非线性、足－地交互过程中的瞬时冲击效应等因素的存在，即便是当今最先进的足式仿生机器人，也与足类生物堪称完美的运动性能存在相当的差距。本书面向足式仿生机器人的关键基础理论问题，以描述足类生物动步态运动的经典模型——弹簧负载倒立摆(spring-loaded inverted pendulum，SLIP)模型作为低维运动空间的主要研究对象，以动力学的解析化描述和高维非线性系统的降维为主线，借助摄动分析、极限环分析、回归映射和动态逆等理论分析手段深入研究 SLIP 模型的动力学本征特性及相关运动控制策略，在高维空间完成了单、双、四足仿生机器人系统运动控制体系构建及仿真验证，对足式仿生机器人动步态运动控制系统设计具有理论指导意义和工程实践价值。

本书适合从事机器人与自动控制、计算机应用、机械电子和电气自动化工作的工程技术人员阅读，也可作为大专院校机械电子、自动控制、计算机应用等专业的教学参考书。

图书在版编目(CIP)数据

足式仿生机器人归约化动步态控制技术/于海涛著
.—哈尔滨:哈尔滨工业大学出版社，2024.1
(先进制造理论研究与工程技术系列)
ISBN 978-7-5767-0917-9

Ⅰ.①足…　Ⅱ.①于…　Ⅲ.①仿生机器人—运动控制
—研究　Ⅳ.①TP242

中国国家版本馆 CIP 数据核字(2023)第 120062 号

足式仿生机器人归约化动步态控制技术
ZUSHI FANGSHENG JIQIREN GUIYUEHUA DONGBUTAI KONGZHI JISHU

策划编辑　张　荣
责任编辑　谢晓彤　宋晓翠
出版发行　哈尔滨工业大学出版社
社　　址　哈尔滨市南岗区复华四道街 10 号　邮编 150006
传　　真　0451－86414749
网　　址　http://hitpress.hit.edu.cn
印　　刷　哈尔滨市工大节能印刷厂
开　　本　787 mm×1 092 mm　1/16　印张 11.75　字数 280 千字
版　　次　2024 年 1 月第 1 版　2024 年 1 月第 1 次印刷
书　　号　ISBN 978-7-5767-0917-9
定　　价　68.00 元

前　　言

作为宏观运动仿生的代表，以模拟生物的体貌形态、运动特征为目标的足式仿生机器人以其独特的结构类型、灵活的运动形式和出众的地形适应能力在山地运输、军事战场、核工业现场等一系列极端作业环境下扮演着日益重要而不可替代的角色。自波士顿动力公司的四足仿生机器人 BigDog、WildCat 和双足仿生机器人 Petman、Atlas 相继问世，更是在世界范围内掀起了一股前所未有的足式仿生机器人研制热潮。

动步态控制是足式仿生机器人最具挑战性的问题之一。由于机器人自身结构的复杂性、系统动力学模型的高维度非线性、足一地交互过程中的瞬时冲击效应等因素的存在，即便是当今最先进的足式仿生机器人，也与足类生物堪称完美的运动性能存在相当的差距。本书面向足式仿生机器人的关键基础理论问题，以描述足类生物动步态运动的经典模型——弹簧负载倒立摆(spring-loaded inverted pendulum，SLIP)模型作为低维运动空间的主要研究对象，以动力学的解析化描述和高维非线性系统的降维为主线，深入开展基于 SLIP 模型的足式仿生机器人动步态控制方法研究，为全面提高机器人的运动性能提供解决方案。

本书首先以 SLIP 模型为出发点，在统一化构建 SLIP 模型的基础上，引入量纲分析方法对模型进行预处理，消除其结构参数的冗余性。针对全被动 SLIP 模型支撑相动力学方程的非线性项导致二阶不可积分的问题，采用基于小参数法的摄动技术求解支撑相动力学方程，获得了具有封闭显式数学格式的近似解析解。与文献中已有近似解析解的性能进行对比，证实了近似解析解对 SLIP 模型的顶点具有更高的预测精度。通过构建 SLIP 模型顶点回归映射和不动点分析，建立了 SLIP 模型周期运动稳定性的理论评判准则。

为进一步探究 SLIP 模型的结构参数/运动参数与其运动性能的内在联系，建立了包括足一地接触和运动稳定性在内的 SLIP 模型运动性能评价指标。足一地接触指标包含足一地接触力峰值和足一地接触力比率峰值两项指标，对 SLIP 模型在支撑相期间的足一地接触状况进行定量描述；运动稳定性指标包括不动点的吸引区域范围、Floquet 乘数和最大容许扰动量三项指标，分别表征了 SLIP 模型周期运动对初值的敏感性、系统在初值偏差下的收敛速率及对运动状态扰动的抵抗能力。借助支撑相近似解析解针对模型以腿部等效刚度为主的结构参数和以触地角为主的运动参数对上述指标的影响进行了定量分析和综合评估，并对所有分析数据进行了参数变异测试，以消除所获得结果对模型参数选择的依赖性，并以此为基础，开展了全被动 SLIP 模型的运动自稳定性研究。为解决

SLIP 模型自稳定性存在的运动局限性，研究了基于支撑相近似解析解的 SLIP 模型顶点 dead-beat 运动控制策略研究，实现了对 SLIP 模型顶点水平速率和腾空高度的解耦控制，提升了系统的运动性能。

在全被动 SLIP 模型的基础上，提出了具有腿部驱动单元的欠驱动 SLIP 模型。在模型支撑相的运动规划层面，开展了基于质心运动虚拟约束的矢状面支撑相轨迹规划研究，并设计基于 Bézier 多项式的质心轨迹实现了 SLIP 模型支撑相的对称/非对称运动。在运动控制层面，针对同一虚拟约束在直角坐标系和极坐标系下的数学形式差异造成的质心轨迹规划与轨迹控制的矛盾，研究了基于动态逆理论的支撑相隐式轨迹跟踪控制算法。在此基础上，结合局部状态反馈线性化提出了欠驱动 SLIP 模型运动控制策略，在非规则路面下实现了 SLIP 模型的稳定运动控制问题。

对低维空间 SLIP 模型的研究为高维足式仿生机器人系统的运动控制奠定了充足的理论基础。为解决低维模型与高维机器人系统间控制模式转化的核心问题，开展了基于机器人任务空间的控制模式映射研究，实现了由 SLIP 模型生成的期望轨迹到底层机器人关节的驱动力矩分配。以此为基础提出了一套完整的基于 SLIP 模型的层次化运动控制架构：在规划层由 SLIP 模型根据机器人与环境交互信息反馈在线生成质心的期望运动轨迹；在执行层通过任务空间的控制模式映射实现对机器人具体关节的控制。在算法的应用方面，分别针对典型的足式仿生机器人设计了基于任务空间的单、多目标层次化运动控制算法，实现了单足仿生机器人跳跃步态、双足仿生机器人奔跑步态及四足仿生机器人奔驰步态下的稳定运动控制，并通过仿真实验验证了所提算法的有效性。

本书围绕着 SLIP 模型所开展的动力学解析化研究、参数化分析、顶点 dead-beat 运动控制及欠驱动模型支撑相轨迹控制为基于 SLIP 模型的足式仿生机器人运动控制系统设计提供了丰富的理论素材。在此基础上所建立的层次化运动控制算法为足式仿生机器人的动步态控制提供了有效的解决方案，具有重要的理论指导意义和工程实践价值。本书研究内容得到了国家自然科学基金面上项目（52175011）、基础科学中心项目（62188101）、群体协同与自主实验室开放基金课题（编号：QXZZ23013201）、之江实验室开放课题（编号：K2022NB0AB05）及黑龙江省头雁行动项目资助，在此一并表示感谢。

限于作者水平，书中难免存在不足之处，恳请读者批评指正。

作　者

2023 年 10 月

目　　录

第1章　绪　论

1.1　足式仿生机器人动步态控制研究背景

行走、跳跃和奔跑是人和动物最为常见的运动方式。从生物进化的角度分析陆生动物丰富的运动模式，是物种经过长期自然进化，并通过不断在与环境的交互过程中进行自身更新与完善的优化产物。作为兼顾运动高效能与环境适应性的运动模式，足式运动被众多科学家、工程师，特别是机器人学者广泛关注，众多计算机、电气与机械工程领域的先驱们通力合作，倾尽毕生精力研制步行机械（walking machine），将作家 Issac Asimov 所描述的“拟人化”机器人 Robot 变为现实。足式仿生机器人正是在此背景下应运而生的。从 1973 年早稻田大学 Kato Ichiro 研制的双足仿生机器人 WABOT-Ⅰ到本田高等技术研究院于 1996 年推出的世界上首台具有稳定双足行走步态的仿人机器人 P2，从 1968 年通用电气公司 Ralph Mosher 研制的四足步行机器人 Walking Truk 到 2005 年美国波士顿动力公司推出的高性能四足仿生机器人 BigDog，得益于材料、电气、计算机和控制科学关键技术的突破与理论的日益完善，足式仿生机器人在近半个世纪的发展历程中迅速崛起。仿生机器人如何实用化这个极具挑战性的现实问题已逐步得到解决，机器人已不再局限在理想的实验室环境，正形成规模地走进人类社会，在家庭娱乐、工业生产、物资运输、反恐侦查、高危环境中扮演着不可替代的角色。在 21 世纪这个由生命、信息、材料和认知科学等交叉领域催生的科学变革时代，机器人及其相关技术将引领全新的工程技术发展，为实现人类与自然的良性发展，促进人类社会的进步提供物质支持与技术保障。

足式仿生机器人具有重要的理论研究价值和广阔的实际应用前景。足式仿生机器人研究的关键问题几乎囊括了工业技术的各个领域，相比于已在工业现场得到大规模应用的传统工业机器人，足式仿生机器人独特的构型特征与工作模式给机器人本体的设计、制造和控制带来诸多技术挑战。

（1）足式仿生机器人所具有的移动基座是其区别于传统工业机器人最为显著的特点。在机器人行走（或奔跑）的过程中，机体与地面分离，仅通过各支撑腿与地面接触。从机器人一环境整体角度分析，机体、支撑腿与接触地面构成封闭运动约束链，这种封闭链系统具有时变的运动拓扑结构。虽然机体与接触环境采用分离式的“悬架结构”可以通过调整支撑腿的构型调节机体姿态，尽可能减少地面起伏对机体造成的扰动，但将机体全部质量作为负载的足式仿生机器人系统对行走稳定性及支撑腿驱动能力的苛刻要求远高于工业机器人及其他轮式、履带式移动装备。

（2）足式仿生机器人在运动过程中频繁地发生着足端与接触地面的碰撞。机器人的单腿运动可分为支撑相和摆动相。单腿由摆动相进入支撑相时，足端与地面接触造成冲击及能量损失。从控制系统的角度分析，足一地碰撞可视为动力系统状态变量的瞬时跳变,即发生脉冲效应(impulse effect)。对以保持机体平衡运动为前提的足式仿生机器人而言,状态跳变极易造成系统的不稳定,甚至崩溃。该效应的恶劣影响在高速动步态(如bound、gallop步态)模式下越发明显。相关研究表明,高速奔跑时的足端冲击力最高可达整机重力的5～10倍。

面对足式仿生机器人的诸多技术挑战,在科技高速发展的大环境下,力学、数学、生物学、神经科学等相关学科间已经不断交叉与融会贯通,这使得足式仿生机器人的研究有了更为广阔的技术手段。自波士顿动力公司陆续推出BigDog、Petman、Cheetah以来,全世界掀起了一股足式仿生机器人的研究热潮。美国国防高级研究计划局(DARPA)自2005年起相继启动L2(Learning Locomotion)、LS3(Legged Squad Support System)及M3(Maximum Mobility and Manipulation)项目,旨在通过并行开展机器人设计、制造、控制及测试等子项目,全面提高足式装备在极端环境的运动能力,缩短装备设计制造周期,进一步加速推进装备军用化。我国科技部于2010年底启动先进制造领域的863计划"高性能四足仿生机器人"主题项目。

本书课题面向足式仿生机器人的关键基础理论问题,围绕着足式仿生机器人的运动控制开展基础理论研究工作。课题以单足仿生机器人经典的弹簧负载倒立摆(spring-loaded inverted pendulum,SLIP)模型为主要研究对象,在机器人动力学模型解析化研究、参数化分析与顶点运动控制、欠驱动系统支撑相轨迹规划与跟踪控制、机器人动步态控制等方面进行深入探究。课题的研究对基于等效SLIP模型的足式仿生机器人运动控制系统设计具有普遍指导意义;其研究成果可拓展应用于双足、四足仿生机器人系统的动步态控制;对完善足式仿生机器人运动控制体系的构建,提高其复杂环境下的运动性能,促进足式仿生机器人的实用化等方面,具有重要的理论意义及工程实践价值。

1.2 足式仿生机器人发展综述

足式仿生机器人运动灵活,独特的非连续足一地支撑方式使其在沟壑、泥土、峭壁等一系列非结构环境下的通过性能远胜于轮式、履带式移动装备。按机器人实际运动的动态效果可将足式仿生机器人的运动分为静步行(static walking)和动步行(dynamic walking)。原则上,足式系统所配置的支撑腿数目越多,其静态稳定性越高,动态效果越不明显。本节将对典型的动步行足式仿生机器人(包括单足、双足及四足仿生机器人)的发展现状进行综述。

1.2.1 单足仿生机器人的发展现状

单足仿生机器人(亦称为单足弹跳机器人)的发展历史可追溯到20世纪80年代,Marc Raibert作为当时该领域的先驱者在MIT Leg实验室开展了一系列单足仿生机器人的研究。二维弹跳机器人(图1.1(a))是其在1980～1982年间研制的世界上第一款采用气动驱动的单足弹跳装置,系统具有2个自由度,分别配置在单足的长度伸缩及髋关节的腿部旋转。机器人高0.69 m、总重8.6 kg,可在矢状面内实现稳定的跳跃运动(峰值速率可达1.2 m/s)。Zeglin将直线式伸缩腿扩展为节段式(tri-segment shape),并于1993

年推出了仿袋鼠弹跳机器人 Uniroo 单足仿生机器人(图 1.1(b))。Uniroo 与前款机器人的特点的区别为在腿部质量已接近整机质量的三分之一,不可忽略不计。

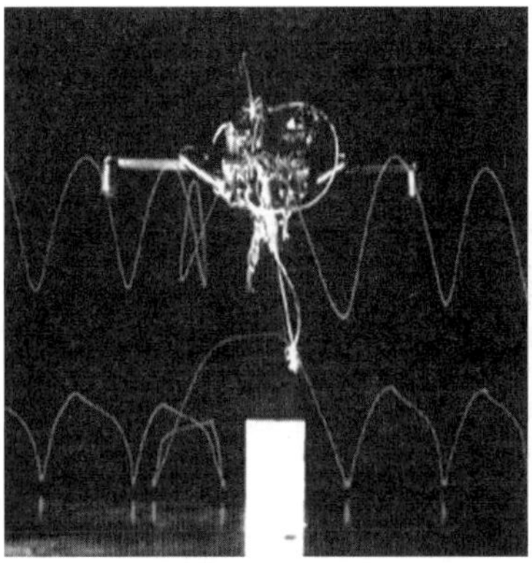

(a) 二维弹跳机器人

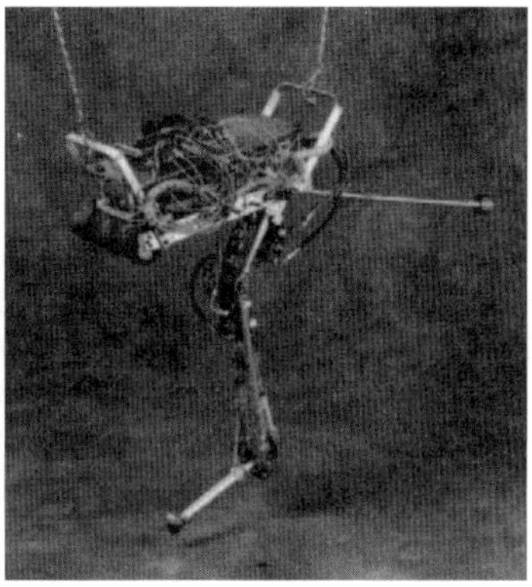

(b) Uniroo 单足仿生机器人

图 1.1　MIT Leg 实验室单足仿生机器人系列

加拿大 McGill 大学智能机械中心(Centre for Intelligent Machines)在 1993～1999 年间,成功研制了两款由直流电机驱动的单足仿生机器人 ARL Monopod Ⅰ代(图 1.2)、Ⅱ代(图 1.3)。Ⅰ代 ARL 机器人将腱传动引入结构设计中,机器人在跑步机上以 1.2 m/s的稳定速率运动时,平均消耗功率为 125 W;Ⅱ代 ARL 机器人保留了Ⅰ代机器人的弹性腿部结构,在此基础上重新设计了具有局部柔性驱动特性的髋关节结构,进一步提升了机器人的运动能效,因此仅消耗功率 48 W 便可实现 1.25 m/s 的峰值速率。由此可见,弹性机构的引入对提高弹跳系统的移动速率,降低系统的能耗有显著效果。

图 1.2　ARL Monopod Ⅰ代

图 1.3　ARL Monopod Ⅱ代

2011 年,瑞士苏黎世联邦理工学院的 Roland Siegwart 在美国旧金山举行的智能机器人与系统国际会议(IROS)上推出了最新研制的单足仿生机器人 ScarlETH(图 1.4)。ScarlETH 在 SEA 的基础上增设了复杂的滑轮组与链传动机构,实现了关节折算刚度与阻尼的主动调节。作为 Thumper 机器人本体的设计者,时任俄勒冈州立大学动态机器人技术实验室(Dynamic Robotics Laboratory)助理教授的 Jonathon Hurst 将该思路进一步拓展,将珍珠鸡相关运动力学的最新研究成果融入单足仿生机器人的设计理念中,并于 2012 年推出了第一代单足仿生机器人 ATRIAS 1.0(图 1.5)。该机器人采用双直流无刷电机驱动，通过绳索、滑轮组带动四边形连杆机构运动，双电机同向、反向旋转分别控制腿的伸缩长度与摆角。ATRIAS 1.0 的腿部质量较轻，整个系统可视为一个标准的质量—弹簧负载系统。

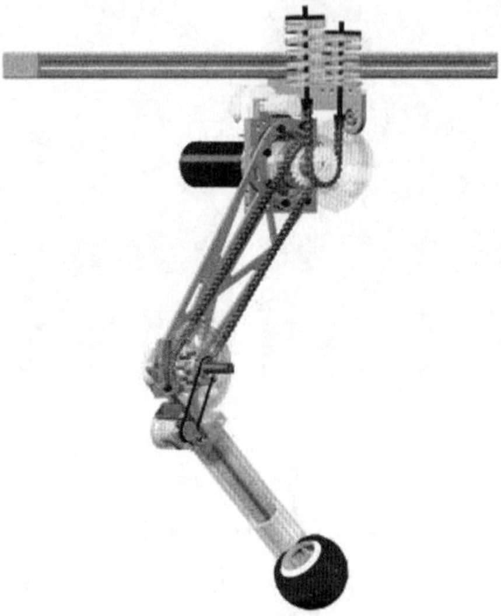

图 1.4　ScarlETH

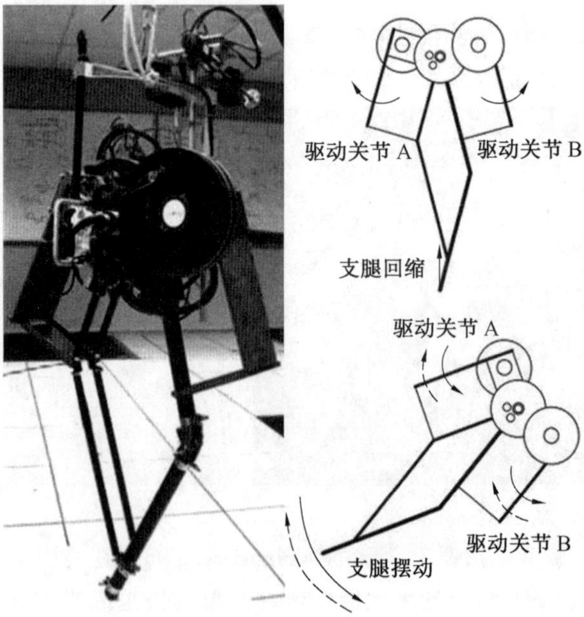

图 1.5　ATRIAS 1.0

1.2.2 双足仿生机器人的发展现状

双足仿生机器人在近半个世纪的时间里一直是全世界机器人学者长期关注的研究热点。1973 年，实现双足步行的机器人 WABOT-Ⅰ在早稻田大学诞生。2000 年，本田高等技术研究院的 ASIMO 问世，也标志着双足仿生机器人正式进入动态步行的研究阶段。此后，美国、德国、法国、意大利也相继研制出了双足动步行机器人。实现双足步行已不再成为各国科研人员关注的重点，低能耗、高动态性能是新世纪各国学者从事双足仿生机器人研究所追求的新目标。

加拿大 Simon Fraser 大学的 McGeer 提出了被动步行(passive walking)的概念，其高能效的行走特点引起了世界范围内的普遍关注。卡耐基梅隆大学的 Collins 和康奈尔大学的 Ruina 联合研制的被动双足步行机器人 Cornell Biped Robot(图 1.6)是该领域最著名的研究成果。机器人采用直流电机驱动，巧妙的腿、足部结构设计使得机器人在落足时能够有效地将来自地面的冲击转化为行进的能量。机器人以稳定行走速率 8.2 km/h 行走时所消耗的功率仅为 11 kW。

2006 年，德国 Jena 大学在单足仿生机器人 JenaHopper 的基础上推出了双足仿生机器人 JenaWalker Ⅱ(图 1.7)。在设计机器人结构之初，Seyfarth 带领的科研小组从生物运动力学的角度深入地研究了人体下肢肌肉群与关节的运动关联机制。膝关节采用双侧双向牵拉式腱传动方式驱动，稳定行走时的最大速率接近 1 m/s。

德国宇航中心(DLR)于 2010 年推出了第一代双足仿生机器人 DLR-Biped(图 1.8)。机器人自重 49.2 kg，足端装有 SensoDrive GmbH 六维力传感器，机身搭载 XSenS 惯性测量单元(IMU)。机器人具有良好的人机交互界面，可通过运动捕捉系统识别人的手势并完成相应的行走任务。

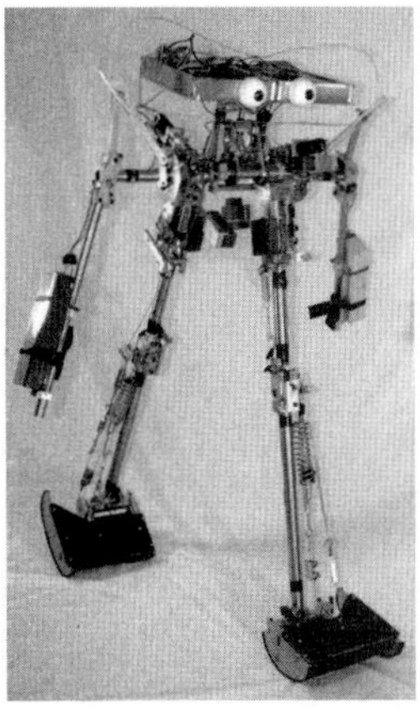

图 1.6 Cornell Biped Robot

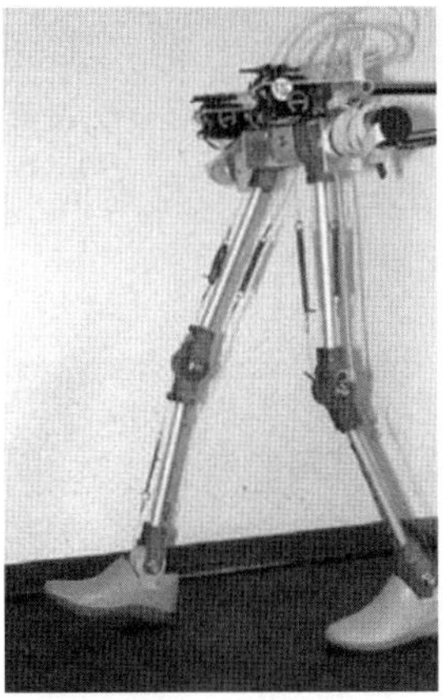

图 1.7 JenaWalker Ⅱ

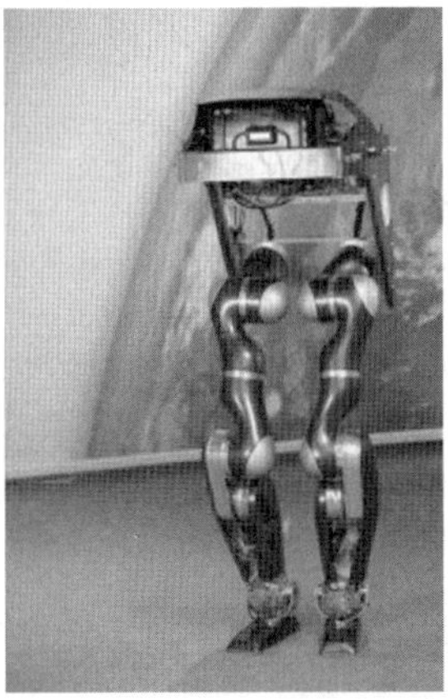

图 1.8 DLR-Biped

美国波士顿动力公司研制的 Petman 系列机器人代表着当今双足仿生机器人领域最先进的研究成果。第一代 Petman 双足仿生机器人(图 1.9(a))的设计理念在 2008 年被提出，机器人采用液压驱动并在跑步机上实现了 5.1 km/h 的稳定步行，同时，Petman 在外力干扰下，展现了出众的自平衡能力。图 1.9(b)是 Petman 的升级版机器人 Atlas，其外形已与真人无异。相比于 Petman，Atlas 的运动能力更强，可完成行走、深蹲、匍匐、上下台阶等一系列复杂运动。据 IEEE Specturm 的最新报道:Petman 最新版(图 1.9(c))已穿上防护服,并能暴露在化学武器、放射性环境下代替士兵进行防护服承压测试。

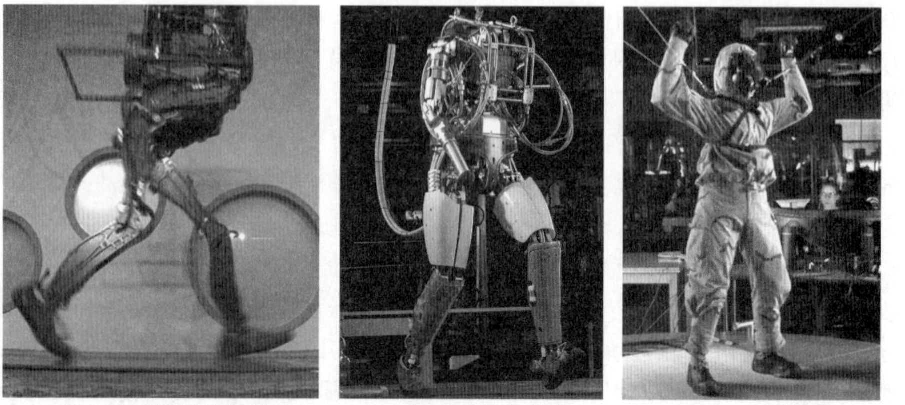

(a) Petman 双足仿生机器人　(b) Atlas 双足仿生机器人　(c) Petman 最新版

图 1.9　波士顿动力公司研制的双足仿生机器人系列

1.2.3　四足仿生机器人的发展现状

四足仿生机器人从外表观察更接近陆生哺乳动物,相比于单、双足仿生机器人苛刻的动态行走条件,其运动的动态平衡性更易于保证。20 世纪 80 年代,MIT Leg 实验室在单足仿生机器人的基础上,又陆续研制出双足二维、双足三维及四足仿生机器人(图 1.10)并通过了原理样机验证。对比当时有限的实现条件与机器人所展现的卓越性能,MIT Leg 实验室的学者是动步行技术研究的真正先驱。受到 MIT Leg 实验室机器人成功研制的鼓舞,自 20 世纪 90 年代,加拿大 McGill 大学的 Martin Buehler 小组研制的四足仿生机器人 Scout 及轮足复合式机器人 PAW 实现了 Bound 步态运动;美国 Stanford 大学的 Waldron 教授与 Ohio 州立大学的 Orin 教授合作,研制了面向 galloping 步态的四足仿生机器人 KOLT;日本茨城大学的 Fukuoka、电信通信大学的 Kimura 联合研制了基于中枢模式发生器仿生控制架构的四足仿生机器人 Tekken,在非结构环境中具有一定适应能力。

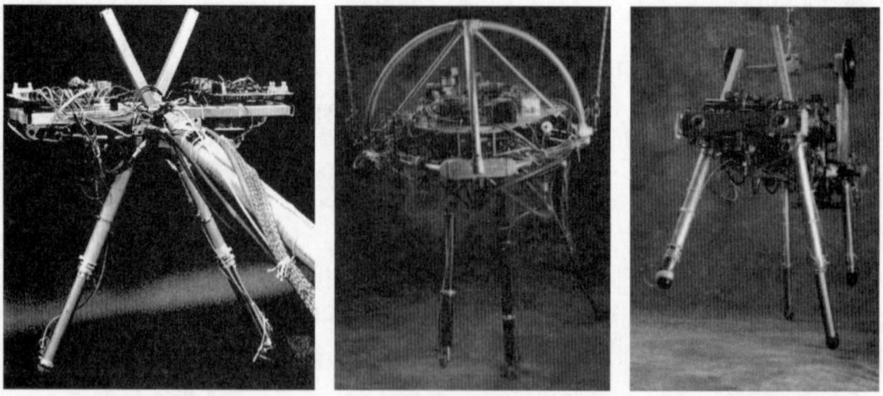

(a) 双足二维仿生机器人　(b) 双足三维仿生机器人　(c) 四足仿生机器人

图 1.10　MIT Leg 实验室从双足到四足仿生机器人的发展历程

波士顿动力公司于 2005 年发布了震惊世界的四足仿生机器人 BigDog(图 1.11(a))。作为当今最先进的四足仿生机器人,采用液压驱动的 BigDog 具有强劲的驱动系统、灵敏的感知单元、完善的运动控制体系,体现了科学理论与工程实践的完美结合。机器人体长 0.91 m,高 0.76 m,自重 110 kg,可携带 150 kg 负载以 6.4 km/h 的速率在野外行进。此外,机器人在崎岖路面、35°坡面、冰面等非结构环境展现出卓越的动平衡控制能力,令同时期的其他机器人难以望其项背。在 DARPA LS3 项目的资助下,波士顿动力公司联合 Foster-Miller 公司、NASA 喷气推进实验室及卡耐基梅隆大学国家机器人技术工程中心共同开展野外环境下机器人协同运动研究,旨在加速推进 BigDog 的升级版——Alpha-Dog(图 1.11(b))实用化、军用化,缩短美军列装的周期。

(a) BigDog

(b) Alpha-Dog

图 1.11　波士顿动力公司研制的高性能四足仿生机器人

在 BigDog、Petman 成功之后,波士顿动力公司开始关注足式仿生机器人的高速运动研究。在 DARPA M3 项目的资助下,仿猎豹机器人 Cheetah(图 1.12)以 18 mile/h(约 29 km/h)的时速打破了原来由 MIT Leg 实验室 Planar Biped 双足仿生机器人保持的 13.1 mile/h(约 21 km/h)的足式仿生机器人陆地奔跑的世界纪录,成为世界上奔跑速度最快的四足仿生机器人。

MIT Kim Sangbae 教授领导的仿生机器人实验室另辟蹊径,研制了一款电驱的仿猎豹机器人——MIT Robotic Cheetah(图 1.13)。该机器人堪称仿生设计理念的集大成者,结构仿生、功能仿生、机理仿生在 MIT Cheetah 样机上得到有机整合、融会贯通:机器人前、后肢的设计灵感来源于生物的肌肉——骨骼结构;为获得丰富的机器人与环境的接触信息,在机器人的足端专门设计了模仿四足生物足端掌骨——软骨结构的高可靠性二维磁弹性力觉传感器,以适应机器人奔跑时与地面的大幅值瞬时冲击力;机器人四肢采用先进的泡沫芯层复合成型技术,快速制造轻量化、高强度的机器人主干结构。

以上回顾了动步行四足仿生机器人的发展历程及最新研究成果,从中不难发现,机器人的发展过程与自然界中陆生哺乳动物的进化历程吻合。哺乳动物经历了长期的进化与自然选择,其外在体态结构、内在调控机制以功能异化的方式形成了分别以高载重、高速为进化目标的两大分支。足式仿生机器人的发展依赖相关辅助技术的进步,近二十年来,随着复合材料成型加工、高性能驱动原件、人工智能等相关学科关键技术的突破,机器人

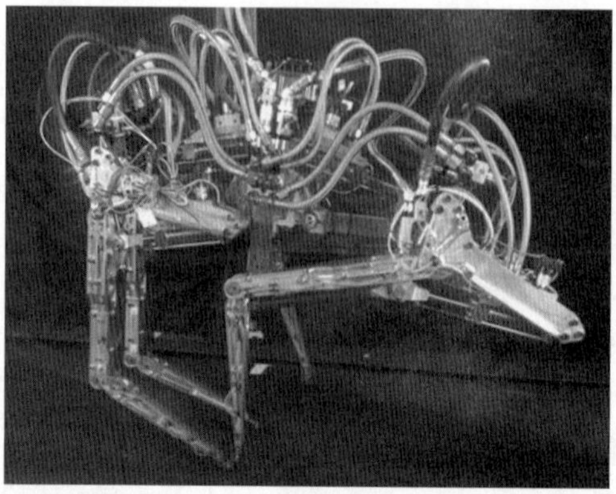

图 1.12　波士顿动力公司的 Cheetah

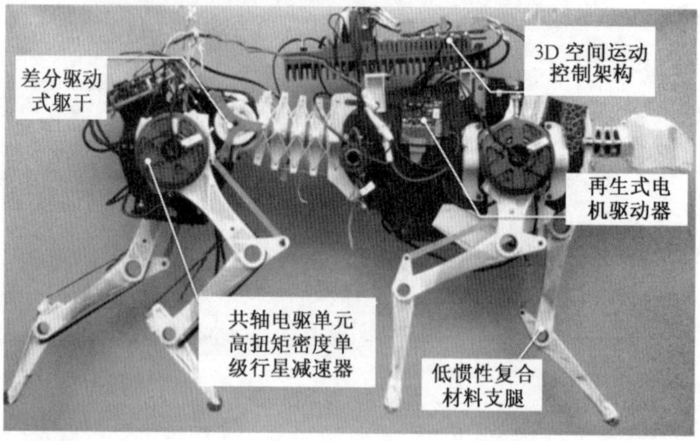

图 1.13　MIT Robotic Cheetah

的发展取得了长足的进步。追求高速、高能效、高运动灵活性、高环境通过性及高载重能力已成为当今四足仿生机器人主流的发展趋势。

1.3　足式仿生机器人动步态控制研究现状及分析

足式仿生机器人的动步态控制是一个具有挑战性的问题。对于一个具有时变运动拓扑结构的多自由度机器人系统，要实现高动态、高稳定性的运动，就需要寻找一个恰当的切入点来处理高维系统内部各自由度间的运动协同与耦合。本节将从 SLIP 模型、运动控制、稳定性分析方面对足式仿生机器人的动步态控制研究进行阐述。

1.3.1　足式仿生机器人 SLIP 模型研究现状

1. 基本 SLIP 模型研究现状

有关足式运动系统 SLIP 模型的理论工作，最早源于 Harvard 大学的 Blickhan 对生物跳跃运动的研究。Blickhan 在文献[49]中指出，尽管生物的体型及运动方式(原文中指跑、跳这类狭义概念)存在着个体差异，但在其运动过程中，机体质心的空间轨迹及能量波动规律可以通过简单的质量－弹簧模型进行预测。这个所谓的质量－弹簧模型的良好预测性能被后续大量动物、人体运动实验证实，研究人员给出了一个学术化的名称——弹簧负载倒立摆，简称 SLIP 模型并沿用至今。经过二十余年的演变(图 1.14)，SLIP 模型作为通用模板在足式仿生机器人研制中得到了重要应用。

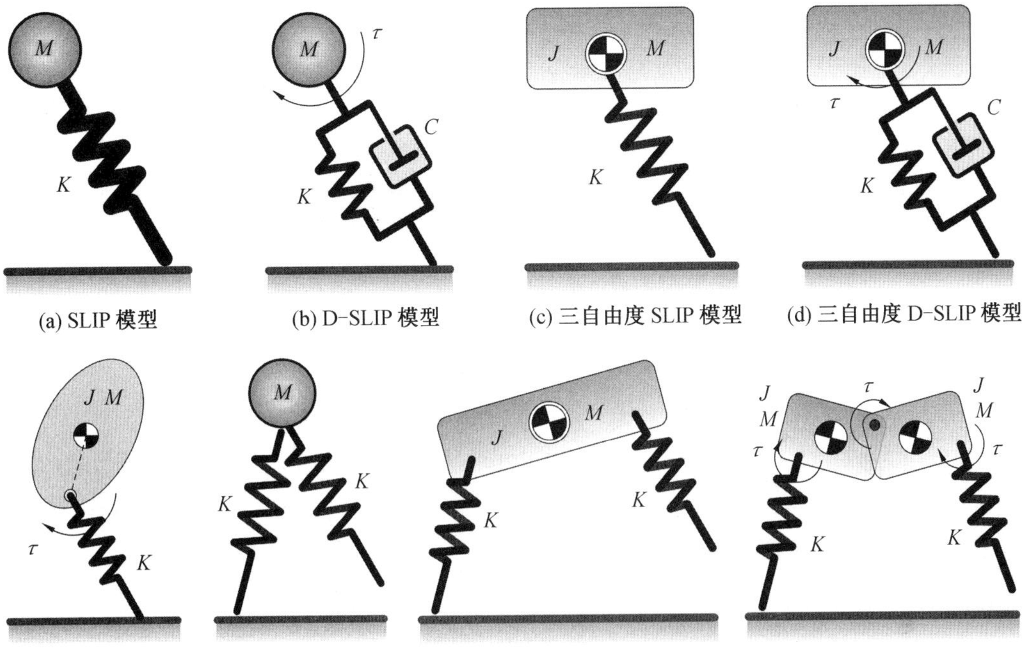

(a) SLIP 模型　(b) D-SLIP 模型　(c) 三自由度 SLIP 模型　(d) 三自由度 D-SLIP 模型

(e) TSLIP 模型　(f) 双足模型　(g) 四足模型　(h) 四足脊柱模型

图 1.14　足式仿生机器人的基础 SLIP 模型

表 1.1 详细比较了足式仿生机器人典型 SLIP 模型在自由度/驱动数目、模型结构参数、驱动方式及适应范围等方面的差异。图 1.14 中的基础 SLIP 模型可衍生出表 1.1 中的所有 SLIP 模型，研究范围覆盖了单足、双足及四足仿生机器人的动步态运动分析。分析表 1.1 可知，除完全被动的足式模型，绝大多数具有驱动的 SLIP 模型属于欠驱动系统(系统的独立控制变量数目小于其自由度数目)。这类系统的强非线性、动态耦合、二阶不可积等特点给 SLIP 模型的研究带来诸多挑战。

表 1.1　足式仿生机器人典型 SLIP 模型的比较

模型名称	自由度/驱动数目	模型结构参数	驱动方式	适用范围
SLIP 模型	2/0	等效质量 等效刚度	完全被动	单足动步态 被动运动分析
D -SLIP 模型	2/1	等效质量 等效阻尼 等效刚度	髋关节驱动 (力矩)	单足动步态 主动运动分析

续表 1.1

模型名称	自由度/ 驱动数目	模型结构参数	驱动方式	适用范围
三自由度 SLIP 模型	3/0	等效质量 等效惯性 等效刚度	完全被动	单足动步态 被动运动分析
三自由度 D-SLIP 模型	3/1	等效质量 等效惯性 等效阻尼 等效刚度	髋关节驱动 （力矩）	单足动步态 主动运动分析
TSLIP 模型	3/0	等效质量 等效惯性 等效刚度	完全被动	单足动步态 被动运动分析
D-TSLIP 模型	3/2	等效质量 等效惯性 等效阻尼 等效刚度	髋关节驱动 （力矩） 腿部驱动 （力）	单足动步态 主动运动分析
双足模型	4/0	等效质量 等效刚度	完全被动	双足动步态 被动运动分析
四足 被动模型	5/0	等效质量 等效惯性 等效刚度	完全被动	四足动步态 被动运动分析
四足 主动模型	5/2	等效质量 等效惯性 等效阻尼 等效刚度	双髋关节驱动 （力矩）	四足动步态 主动运动分析
四足 脊柱模型	6/3	等效质量 等效惯性 等效阻尼 等效刚度	双髋关节驱动 （力矩） 脊柱关节驱动 （力矩）	四足动步态 主动运动分析

围绕着表 1.1 列举的足式仿生机器人 SLIP 模型，国内外学者开展了大量深入而细致的研究工作，关于模型的动力学特性分析、结构参数/运动参数优化等方面的研究成果颇丰。Blickhan 最早开展了 SLIP 模型的参数分析研究，通过对 SLIP 模型在支撑阶段的足端受力及整个运动周期内质心的矢状面轨迹进行解算，并与足式生物的相关实验结果进行仔细比对，提出了以 SLIP 模型为基础模型来研究足式生物的高速运动。Full 和 Blickhan 又进一步引入相对刚度（relative stiffness）及虚拟单腿（virtual monopod）的概念，研究了 SLIP 模型在地面反作用力（ground reaction force，GRF）、能量消耗、步态频率方面的运动规律。在此基础上，Full 和 Koditschek 于文献[55]中提出了“样板（template）—锚（anchor）”概念：对复杂多自由度的生物/机器人系统的运动做出适当假设，高维度运动系

统可通过低维度的等效运动“样板”来描述；等效样板的相关研究成果又可通过系统自由度的增广，扩展到与实际系统对偶的“锚”模型中。上述概念的提出为基于 SLIP 模型的足式仿生机器人后续动步态的研究奠定了理论基础。

2. 模型动力学解析化研究现状

复杂高维运动系统的 SLIP 模型虽然具有简洁的数学形式，但考虑到其强非线性及高动态耦合的特点，同时受到现有动力学分析手段的制约，获得其完整、精确的数学描述是十分困难的。Schwind 和 Koditschek 开展了 SLIP 模型的动力学解析化研究。考虑到完全被动条件下的 SLIP 模型支撑相具有二阶不可积分性，Schwind 提出了一种基于中值定理的支撑相近似求解方法。该近似解析解由于 Picard 迭代的存在，求解精度严重依赖迭代次数。Ghigliazza 在忽略重力场的条件下获得了 TSLIP 模型的支撑相近似解析化描述。相比于 Schwind 的迭代格式，Ghigliazza 的近似解析解求解精度已得到显著提高，但零重力的假设条件限制了该解析解的应用场合。Geyer 在研究 SLIP 模型周期运动的基础上，针对支撑相小扫描角(swept angle)的特点推出了角动量守恒的假设，进而获得了支撑相对称轨迹的解析表达式。为进一步扩展近似解析解的应用，Arslan 在原有表达式的基础上增加了重力补偿项，以改善落地和腾空瞬间的不对称造成的重力矩累积误差。由于补偿项需要在 Geyer 的结果上进行二次迭代，因此 Arslan 的非对称近似解析解难以获得数学直观表达式，故降低了其数学可处理性。Saranli 在 Arslan 工作的基础上考虑了阻尼环节对系统的影响，并获得了 D -SLIP 模型的支撑相近似解析解，进一步拓宽了解析表达式的应用范围。

3. 模型动力学数值化研究现状

原则上，SLIP 模型的动力学近似解析解是建立在求解精度与数学表达式复杂程度之间的一个权衡。据现有文献记载，由于动力学系统的复杂性，当 SLIP 模型的自由度数目超过 2 时已无近似解析化描述。绝大多数针对 SLIP 模型的研究仅能通过数值方法进行。Shen 和 Seipel 于文献[69]中通过数值方法对 Hip-SLIP 模型的髋关节驱动力矩与腿部关节的阻尼特性进行了详尽的分析，并指出髋关节力矩与腿部阻尼的加入可以明显改善 Hip-SLIP 模型的动力学行为，随着力矩与阻尼的输入幅值逐渐增大，系统可由原来的不稳定逐渐恢复稳定且运动鲁棒性明显提高。

Merker 和 Seyfarth 将单足 SLIP 模型扩展到双足，并应用 Gauss-Newton 算法分别针对双足行走过程中的触地角不对称、等效刚度不对称及触地腿长不对称，分析了不对称性对系统周期运动的影响。考虑到双足 SLIP 系统对参数初值的敏感性，应用 Gauss-Newton 算法时需将搜索空间及计算精细度大幅度提高，因此在分析触地角、等效刚度及触地腿长对周期运动的作用规律时的计算量十分可观。Goswami 等依据大量的数值计算结果指出，尽管双足 SLIP 模型形式简单，但其动力学行为仍然十分丰富，存在倍周期分岔与混沌的现象。

Chatzakos 和 Papadopoulos 借助量纲分析法，首先将四足模型的独立变量个数降至最低，进而得到无量纲模型，同时基于电机输入能量与最大负载能力的能量评价指标，利用数值计算的方法对四足模型的各运动参数/结构参数进行了对比分析。由于该模型考虑了腿部的阻尼特性及电机的驱动能力，因此各参数的分析结果对实际的四足仿生机器人设计具有一定的指导意义。Deng 和 Wang 等分析了四足脊柱 SLIP 模型的准被动动力学特性，通过数值搜索周期轨迹的方法，对比分析了 bound 步态下刚性脊柱与柔性脊柱模型在腿部运动空间、弹性作用量、机体俯仰角度等方面的显著差异。Cao 和 Poulakakis 于文献[73]中在 Scout Ⅱ 原型的基础上建立了具有等效扭转刚度的四足脊柱 SLIP 模型，利用数值方法在参数空间内搜索了系统的被动周期轨迹，由于脊柱环节的引入增加了原系统的维数，因此搜索过程需要数值积分庞大的动力学方程，增加了算法分析的时间复杂度。

综上分析，足式仿生机器人的 SLIP 模型虽然在一定程度上可以规避由系统的高维度带来的分析处理困难，但由于其模型本身具有的强非线性及高耦合特性，因此现有的解析化研究方法难以满足实际控制的需求，同时采用数值计算的途径需要面对搜索的空间复杂性和计算的时间复杂性。因此，在保证计算精度的前提下，探寻一种兼顾计算规模与效率的解析化分析方法是足式仿生机器人 SLIP 模型研究所面临的挑战之一。

1.3.2 基于 SLIP 模型的动步态控制研究现状

从足式仿生机器人动力学的角度分析，运动控制策略的性能是否优异、形式是否简洁依赖该策略所依托的机器人模型的复杂程度，以及该模型的动力学特性是否易于掌控。与传统工业机器人基于完整动力学(如 Lagrange 动力学)模型的运动控制器设计不同，相当一部分足式仿生机器人的运动控制方式是建立在具有简洁形式的低维 SLIP 模型之上的，并获得了出众的控制效果。

1. 基于 SLIP 模型的动步态控制技术

基于 SLIP 模型的动步态控制技术按步态周期的不同阶段可自然划分为腾空相控制技术及支撑相控制技术两部分。

(1) 腾空相控制技术。

由于 SLIP 模型用无质量、惯性的弹簧单元描述腿部结构，因此腾空相模型的动力学形式相对简单，容易实现腿部着地角度及机体姿态的调整。Seyfarth 等是最先开展腾空相腿部运动控制的学者，在文献[74]中提出了摆腿回收(swing-leg retraction，SLR)控制策略。SLR 是在观察 Muybridge 人体奔跑运动记录的基础上而总结出的，其核心思想是当 SLIP 系统达到腾空相的最高点(apex)时，腿部单元在保持静息长度的基础上以匀速回摆直至触地。通过对比固定触地角与 SLR 两种控制策略下的 SLIP 系统运动稳定性，Seyfarth 指出，适当选择 SLR 的回摆速率可使系统的运动稳定性获得显著提升。SLR 自被提出以来，在足式系统的运动控制领域得到了极为广泛的应用。Blum 等将 SLR 成功应用于人体的双足奔跑控制中。

另外一种区别于 SLR 的腾空相控制策略为基于可调触地角(adjustable touchdown angle，ATA)的控制方法。Geyer 等在文献[66]中详细讨论了可维持稳定弹跳运动的触地角一刚度相互依赖的 J 形区域。ATA 控制方法正是在此结果的基础上演变而来的。ATA 经常以腾空相的期望顶点状态(apex state)为控制目标，构成离散化的无差拍(dead-beat)控制器，即无论当前 SLIP 系统处于何种状态，都可以控制触地角使系统只需经历一个完整的步态周期即可达到期望顶点值。Andrews、Clark 和 Schmitt 等设计了由当前入射角、腾空角及目标触地角组成的线性更新控制率，该方法的控制实质是通过引入线性组合系数对原有的周期映射矩阵进行增广，使得组合系数可参与调解映射矩阵的特征值，进而改变系统的动态性能。线性 ATA 控制方法可有效提高 SLIP 系统的稳定性，同时可以改善系统在地面起伏干扰下的平衡自恢复能力。

(2)支撑相控制技术。

SLIP 模型的支撑相动力学系统非线性较强，处理起来相对复杂。通常情况下，SLIP 模型的支撑相无法获得类似腾空相的精确、解析数学描述(即使在无外加力/力矩输入的被动状态下)。SLIP 模型的近似解析解为支撑相控制提供了有效的实现手段。依靠支撑相动力学的解析化研究，Uyanik 等将 Arslan 的近似解析解与无差拍控制器融合，设计了具有自校正功能的 D -SLIP 系统自适应控制器。Ankarali 和 Saranli 在 D -SLIP 模型支撑相近似解析表达式的基础上，提出了一种基于线性髋关节驱动力矩的能量调控方法。该算法通过比较当前腾空顶点与目标位置的能量差，借助近似解析解来估计关节的驱动力矩值。在整个支撑相，关节力矩的输入功一部分用来抵消阻尼环节的能耗，剩余部分用来进行能量调控。基于近似解析解的支撑相运动控制，一方面受制于近似解析解的数学形式复杂性，封闭形式的近似解析解往往表达式冗长，在线计算量十分可观；另一方面，近似解析解的求取局限于纯被动系统模型，对于有外界输入形式的 SLIP 模型无法进行解析化处理，极大程度地限制了其在实际机器人系统中的应用。

鉴于解析化研究处理 SLIP 模型支撑相运动控制的诸多弊端，学术界开始关注通过主动输入的方式来对 SLIP 模型的支撑相进行控制。Piovan 和 Byl 通过对 SLIP 模型的腿部引入控制量构造出迄今为止唯一一个具有显式格式的支撑相精确表达式。该算法通过控制腿部的弹簧长度间接地将 SLIP 系统转化为欠驱动系统，同时通过合理配置欠驱动自由度在相空间内的轨迹巧妙地将动态耦合约束方程拆分成两个具有解析格式的基本时间函数。Peuker 等开展了 SLIP 模型的三维空间运动控制研究，在 Seipel 和 Holmes 对 3D -SLIP 模型研究的基础上，将 SLIP 系统支撑相的腿部控制拆解为侧向调节与法向调节两部分，并通过数值仿真对 3D -SLIP 模型的控制器进行了运动稳定性与鲁棒性分析，实验结果表明，Peuker 的“两步式”腿部控制策略可维持 3D -SLIP 系统的空间稳定运动且提供较宽泛的参数吸引区域，非常适合实际机器人系统的运动控制。

2. 基于 Raibert 解耦策略的动步态控制技术

1.2.1 节介绍了 MIT Leg 实验室的单足仿生机器人，Raibert 在二维单足仿生机器人系统上实现了对弹跳高度、前进速度及机体姿态的独立控制，学术界称为 Raibert 解耦控制策略(Raibert’s decoupled control strategy)。该解耦控制策略的控制内核可归纳为：通过在单腿着地相注入能量调定腾空相的离地高度；通过中立点(neutral point)原理计算摆腿位置，进而控制前进速度；通过位置伺服控制机体姿态。考虑到 20 世纪 80 年代机器人的本体设计技术和相关硬件性能的诸多限制，Raibert 解耦控制策略具有开创性。该策略的巧妙之处在于无须通过烦琐的模型动力学计算(甚至解析化分析手段)，仅基于最朴素的对称运动的思想就可以设计出形式简洁、性能卓越的运动控制器。

Raibert 的研究成果在足式仿生机器人的动步态控制中得到了广泛应用，并对后续的动步态理论研究产生了极为深远的影响。Koditschek 和 Buehler 对 Raibert 设计的单足弹跳系统的 SLIP 模型进行了深入的理论研究，通过解析化的模型分析结合回归映射(return map)给出了 Raibert 解耦控制器稳定性的理论解释。Vakakis 和 Burdick 从动力系统的角度对基于解耦控制器的单足系统进行了相关研究，并发现了系统的混沌与分岔。此类现象的出现表明，尽管 SLIP 模型和其相应的控制器具有简单的数学形式，但其动力学行为在特定的参数空间下可以变得异常复杂。Closkey 和 Burdick 采用常规摄动技术推导出单足系统解耦控制器作用下的回归映射解析表达式，并对其倍周期分岔现象进行了严格的数值与解析对比验算，再次从动力系统的角度验证了 Raibert 控制器的稳定性。Schwind 和 Koditschek 在对弹跳运动不动点的稳定性分析的基础上，改进了解耦控制器中关于前进速度的反馈控制率。Zeglin 扩展了解耦控制器中关于机体姿态控制策略的作用范围，提出了横跨支撑相与腾空相的全步态周期位姿调整反馈控制率，并实现了循环周期(cycle to cycle)的运动稳定性。Carlési 和 Chemori 将非线性模型预测控制与结构控制器相融合，利用在支撑相对输入的非线性优化实现对运动指标的精确跟踪，该方法的缺点是优化过程完全采用数值方式进行，庞大的在线迭代过程给控制系统带来沉重的计算负担。

1.3.3 基于 Lagrange 刚体动力学模型的动步态控制研究现状

足式仿生机器人的另一类动步态控制方法是在 Lagrange 刚体动力学模型的基础上发展而来的。与 SLIP 模型相比较，Lagrange 刚体动力学模型的系统维数显著提高。从状态空间的角度分析，机器人运动空间的动力学行为更丰富，子空间的划分随着机器人足的数目及步态类型的增加变得更复杂。各子空间存在着状态的切换，考虑到机器人落足时刻与地面碰撞而产生的冲击，子空间的切换状态不连续，可能存在着状态变量的跳变，这些条件给足式仿生机器人的动步态稳定运动控制增加了不小的难度。为了解决 Lagrange 刚体动力学模型高维度、动力学行为复杂、状态跳变等问题，学术界开展了广泛而深入的研究。

1. 基于虚拟约束的动步态控制技术

虚拟约束亦称为虚拟完整性约束(virtual holonomic constraints，VHC)，其概念源于非线性控制理论，即对系统的相关自由度施加虚拟的运动学约束，使原本互相独立的变量间建立耦合的运动关系。VHC 实质上是一种系统降维的手段，虚拟的运动约束原则上降低了系统独立变量的个数，通过合理地设计反馈控制器在相关联的控制量之间构成运动闭环，该方法在典型的欠驱动系统中得到了广泛的应用。Poulakakis 将 VHC 的概念应用于单足仿生机器人 Thumper 的弹跳控制器设计中。Wu 等在研究五自由度欠驱动单腿弹跳机器人的运动规划时设计了以欠驱动自由度为主参量的虚拟约束，进而建立了欠驱动自由度与驱动输入的非线性关系，通过计算力矩法实现了机器人的稳定弹跳运动。

VHC 在足式仿生机器人领域最为广泛的应用当属双足仿生机器人的动步态控制。Chevallereau 在七自由度双足仿生机器人 RABBIT 的摆腿控制中引入了 VHC 控制，实现了三连杆机构的协同运动。Grizzle 对基于 VHC 的双足仿生机器人动步态控制进行了深入的研究，在双足混合零动力学(hybrid zero dynamics，HZD)的基础上对单腿的腾空相与支撑相分别设计了基于贝塞尔样条的虚拟运动约束，并通过定义基于系统能耗函数的优化算法确定样条曲线的控制参数，最终实现了双足仿生机器人 MABEL 的动态稳定行走。为增加机器人动态运动过程的足一地柔顺接触，Sreenath 等在 Grizzle 工作的基础上将力控制与基于 VHC 的 HZD 控制相融合，实现了机器人的稳定奔跑运动。

对于全自由度驱动的足式仿生机器人系统，VHC 控制可以有效地降维，且运动约束的引入可以在笛卡儿空间直观地进行轨迹规划。然而相当一部分足式仿生机器人模型属于欠驱动范畴，在欠驱动自由度与驱动自由度间施加虚拟约束实现运动关联，欠驱动自由度将形成动态耦合的零动力学(zero dynamics)，Chevallereau 等在文献[101]中采用离线数值优化算法整定 VHC 的控制参数，但此类预规划的轨迹难以适应双足仿生机器人面临复杂环境时在线实时调整运动轨迹的苛刻需求。因此，如何解决零动力学产生的动态耦合，提高算法的在线更新能力，是基于 VHC 的足式仿生机器人动步态控制方法亟待解决的关键问题。

2. 基于能效分析的动步态控制技术

高能效是足式仿生机器人长期追求的目标之一。现代足式仿生机器人在进行本体结构设计时，腿部包含弹性储能结构(SEA、VSA 结构等)，足端包含缓冲结构，从结构上做到能量的存储与再释放。机器人的这些新结构特点对运动控制系统设计提出了更高的要求。从能效分析的角度入手，更容易直观、深入地探究机器人动步态运动过程中能量的内部循环规律，揭示高动态、高能效的实现机制，全面提高足式仿生机器人的运动性能。

被动步态(passive locomotion)是最典型的高能效运动方式，足式系统在假定机械能守恒的前提下，依靠自身弹性储能单元参与势能、动能的循环转化，可以实现稳定的周期性运动。该领域最早的工作始于 McGeer 对双足动步行机器人所做的研究，被动运动开始受到学术界的广泛关注。Coleman 等研究了 2D 步行动力学模型的混沌与分岔现象。Coleman 在后续的研究中结合有限状态机与碰撞模型将 2D 算法推广到 3D，实现了空间的双足被动行走控制。Hobbelen 和 Wisse 在动力系统分析的基础上，提出了基于极限环的速度控制策略，并成功实现了 Delft 双足准被动机器人的稳定行走。Ruina 建立了无能耗的三连杆式双足动步行模型，连接躯干与双腿的弹簧在动步行过程中不断进行能量的存储与释放，通过数值搜索算法可寻找到对称式的周期轨迹。该模型可作为双足仿生机器人本体设计的模板，对机器人结构设计具有一定的指导意义。

足式仿生机器人的被动(或准被动)分析实质是从动力系统的角度对机器人的刚体模型进行动力学行为复杂性的检验。Pratt 描述了一个标准的被动模型动力学分析流程：①构建包含足一地接触冲击方程的机器人刚体动力学模型；②建立机器人动步态的 Poincaré 映射；③寻找映射的不动点并计算其 Jacobian 矩阵；④局部线性化后计算不动点的特征值并进行稳定性分析；⑤进行参数变异并绘制系统分岔图；⑥确定参数的收敛区域并完成控制器设计。鉴于机器人 Lagrange 刚体动力学模型的高维度特点，加之分岔与混沌分析对参数变化极为敏感，因此被动分析需要小步长、高精度的数值运算才可保证计算的可靠性，然而这一过程离线的计算量相当可观，所得结果往往无法直接应用于机器人运动控制器的设计，因而必须进行适当的简化处理。

3. 基于学习一优化的动步态控制技术

从广义上讲,基于SLIP模型、Lagrange刚体动力学模型的动步态控制属于基于模型的控制(model-based control)范畴,然而现实中的机器人由于存在加工误差、传动间隙、柔性等因素,理论模型实质上已成为真实系统的一种理想简化。机器学习与优化为解决复杂机器人系统难以精确建模问题提供了新手段。

应用机器学习一优化算法解决足式仿生机器人动步态控制的核心问题是以保证算法收敛为前提,在机器人运动空间和稳定性的约束条件下,如何快速、高效地处理机器人系统的高维度状态变量信息,提高算法的实时性及在线更新能力。Kolter和Ng于文献[107]中提出了一种针对四足仿生机器人崎岖地形行走的快速再规划(fast replanning)的在线学习算法,有效回避了高维空间运动规划的高强度计算。Manchester和Tedrake利用快速搜索随机树(rapidly exploring random trees, RRTs)生成lunging、bounding步态,实现了复杂路面下LittleDog机器人的自主行为决策。Krasny和Orin基于进化算法(evolutionary algorithm)的思想,应用集合式随机优化(set-based stochastic optimization,SBSO)算法生成四足仿生机器人的bound、gallop等高速运动步态,通过仿真实验实现了规则路面下的稳定运动。

绝大多数的学习一优化算法都是针对特定机器人在特定环境下的行走任务而设计的。足式仿生机器人能否具有卓越的运动性能以适应各类复杂环境,依赖机器人、环境模型的抽象特征、训练样本数量、学习效率等综合因素,值得计算机、机器人相关学者进行长期而深入的研究。

1.3.4 足式仿生机器人动步态运动稳定性分析研究现状

足式仿生机器人动步态的运动稳定性不同于常规意义下控制系统的稳定性定义。工业机器人的闭环系统经常采用Lyapunov体系对执行器的跟踪稳定性进行评判;足式仿生机器人的静步态采用基于系统质心投影的支撑多边形(support polygon)判定体系;而动步态的运动稳定性至今在学术界尚无严格统一的数学定义,常见的足式仿生机器人稳定性分析工具归纳如下。

(1) ZMP。

零力矩点(zero moment point,ZMP)的概念由Vukobratovic首先提出,在双足仿生机器人的行走平衡控制中获得了极为广泛而成功的应用,已成为双足仿生机器人动步行控制器的设计准则。然而实际机器人精确ZMP位置的获取并不容易,单点ZMP的测量需要借助造价昂贵的六维力/力矩传感器,无法作为大规模通用测量方案;而采用成本相对低廉的力感电阻器(force sensing resister,FSR)阵列的测量方式在数据处理时需克服测量噪声与累积误差,ZMP的计算值随机体的运动波动明显;压力作用中心(center of pressure,CoP)的获取严重依赖机器人关节运动信息,对机器人质量、惯性参数的不确定性非常敏感,使得ZMP的计算误差较大且计算量可观,进而影响控制系统的实时性,给ZMP理论应用于实际机器人的运动控制带来诸多困难。

(2) FRI。

足端转动角指标(foot-rotation indicator,FRI)是由Pennsylvania大学的Goswami

提出的基于合力/力矩等效原则的机器人单足倾覆判定准则。Goswami 指出，FRI 与 ZMP 和 CoP 最显著的区别在于 FRI 的位置不仅仅局限于支撑多边形内部，亦可位于其外部；而 ZMP 和 CoP 在足端发生倾覆时被锁定在支撑面的边缘，因此通过 FRI 是否在支撑区域内可以定性地判断机体瞬时的稳定性，FRI 偏离支撑面边缘的距离可以定量地表征机体发生倾覆的严重程度，这是 FRI 优于 ZMP 最主要的方面。但由于 FRI 的计算较 ZMP 更为复杂，因此在足式仿生机器人的实际控制中并未得到大规模应用。

(3) Poincaré 映射与不动点分析。

Poincaré 映射是处理复杂高维动力系统周期运动稳定性分析的最为有效的数学工具之一，通过恰当地选择 Poincaré 截面，将高维连续系统的周期运动转化为低维离散空间的迭代映射。回归映射作为 Poincaré 映射的子类在单足、双足、四足仿生机器人动步态的稳定性分析领域有着广泛的应用。回归映射的不动点与机器人系统的周期运动相对应，通过对不动点的邻域进行局部线性化可对其 Jacobian 矩阵实施特征值分析。不动点的特征值定量刻画了机器人系统周期运动对微小参数扰动的收敛速率。通过参数变异所获得的相空间吸引域描述了周期运动对参数扰动的鲁棒性，但吸引域边界的确定需要大规模数值计算的辅助，时间成本颇高。

1.4 本领域存在的关键科学问题

针对足式仿生机器人所面向的高动态、高稳定性、高能效的技术发展需求，通过综合分析当前足式仿生机器人动步态控制技术的研究现状，将该领域目前存在的关节科学问题归纳如下。

(1)复杂高维度非线性动力系统的降维处理机制。

足式仿生机器人的系统动力学模型具有高维度、强非线性、高计算复杂性的特点。在机器人一环境的动态约束条件下，模型状态变量间的强运动耦合特性导致系统在时间尺度下演化出异常复杂的动力学行为。然而，现有的基于 Lagrange 刚体动力学模型、机器学习一优化算法等常规理论的研究方法普遍面临着数学处理分析困难、在线计算量大等技术瓶颈，难以满足当前高性能足式仿生机器人技术发展的需求。因此，以满足面向高动态、高稳定性、高能效的足式仿生机器人系统的分析与设计需求为前提，在保留机器人系统本征动态规律的同时，针对机器人所依托的高维度、非线性动力系统进行有效的降维处理，降低系统分析的复杂度，提高其数学可处理能力是当前足式仿生机器人动步态控制技术发展及理论研究所面临的关键科学问题之一。

(2)低维运动空间 SLIP 模型的动力学解析化研究。

相比于完整的刚体动力学模型，足式仿生机器人的 SLIP 模型虽然具有低维数、数学形式简单等优点，但本质上还属于强非线性系统。几乎所有的 SLIP 模型动力学在数学意义下都无法获得精确的解析化描述。绝大多数的 SLIP 模型需借助计算量庞大、耗时的数值分析手段，难以对模型结构、运动参数进行深入细致的参数化分析。现有的近似解析化处理手段一方面由于自身假设条件的制约，限制了其应用场合；另一方面由于刻意追求求解精度或形式的简洁性，难以有效解决预测精度与数学形式复杂度的兼顾性问题，严重制约了基于 SLIP 模型的足式仿生机器人运动控制系统研究的深入发展。因此，针对足式仿生机器人低维运动空间 SLIP 模型的动力学研究面临的以上问题，开展 SLIP 模型动力学系统的解析化研究，均衡解决解析化分析在近似计算预测精度与数学形式复杂度间的矛盾关系，深入探究 SLIP 模型其结构、运动参数对系统动力学行为产生影响的内在参数作用机制，是足式仿生机器人理论研究所面临的又一关键科学问题。

第2章 基于摄动方法的 SLIP 模型解析化研究

2.1 概 述

SLIP 模型是足式仿生机器人高维复杂动力系统在其低维空间的简约化数学表达。在保留系统各自由度间的本质运动规律的同时，SLIP 模型可代替高维复杂模型，成为机器人运动控制系统分析和设计的基础模板。从控制角度分析，高维运动系统的归约化是提炼本征运动内涵，实现系统降维的有效手段。作为描述生物动态运动最常见的模型，SLIP 模型被广泛应用于足式仿生机器人的动步态研究中。考虑到 SLIP 模型各自由度间强耦合作用的非线性本质，借助传统数值分析的手段研究其动力学特性难以获得直观、参数化的结果，无法深入探寻其结构、运动参数对模型动态性能产生影响的内在规律；而现有的 SLIP 模型解析化分析手段无法解决近似解析解预测精度与数学形式复杂度的兼顾性问题。

为解决 SLIP 模型动力学研究面临的以上问题，本章围绕着 SLIP 模型的解析化研究而展开工作：在构建统一化 SLIP 模型的基础上，对其进行量纲分析进而消除结构参数的冗余性；应用常规摄动技术对 SLIP 模型的支撑相动力学方程进行小参数分析，推导具有封闭形式的近似解析解；在近似解析解顶点预测性能评价的基础上，构建腾空相顶点的回归映射及基于不动点分析的 SLIP 模型周期运动稳定性评判准则，为后续基于 SLIP 模型的运动控制奠定理论基础。

2.2 SLIP 模型的统一化构建

本节将在 Blickhan 质量一弹簧模型的基础上构建统一化的 SLIP 模型，并推导其动力学方程。在此基础上，结合 SLIP 模型步态周期的实际运动情况，确定腾空相与支撑相的子状态切换条件，为后续模型的运动有效性研究提供分析基础。

2.2.1 建模及相关运动假设

Blickhan 最早给出了 SLIP 模型的质量一弹簧构型，为适应后续章节对 SLIP 模型结构参数分析的需要，本章在 Blickhan 模型的基础上对腿部弹性单元的力一位移关系进行拓展，即不再限制弹簧的压缩量与弹性力之间为线性函数关系。所构建的 SLIP 模型及其步态周期示意图如图 2.1 所示，无质量的弹性腿单元与集中质量点（无转动惯性）相固连，足端处理为无质量的点模型。笛卡儿空间下的坐标系建立如图 2.1(a)所示，SLIP 模型可独立使用两套坐标描述方式：直角坐标系变量（x, y）和极坐标系变量（r, θ）。整个

SLIP 模型的步态周期被划分为支撑相(足端与地面始终保持接触)和腾空相(足端脱离地面)两部分,这两种状态的交替出现形成了 SLIP 模型的周期性运动。腾空相的最高点称为顶点,此时系统质心速度的数值分量为零。为方便后续章节的分析,在推导 SLIP 模型动力学方程前对其运动过程做出如下合理假设。

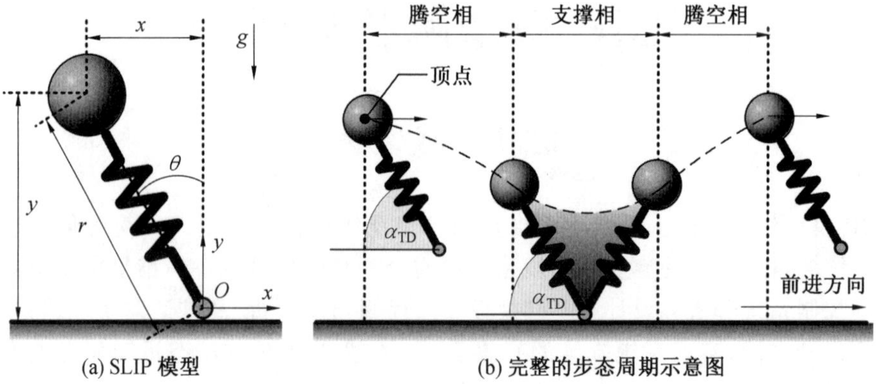

图 2.1　SLIP 模型及其步态周期示意图

假设 2－Ⅰ　在支撑相内,足端与接触地面不发生打滑,其运动学约束可视为理想的固定铰支座,且地面对足端的作用力满足

$$|F_x| \leqslant \mu F_y \tag{2.1}$$

式中　F_x、F_y——支撑相 x 轴方向、y 轴方向的地面作用力(N);

μ——接触地面可提供的最大静摩擦系数。

假设 2－Ⅱ　系统由腾空相即将进入支撑相的临界时刻,足端与地面发生完全弹性碰撞(系统无能量损失),即系统状态变量满足

$$\begin{cases} \boldsymbol{q}^+ = \boldsymbol{q}^- \\ \dot{\boldsymbol{q}}^+ = \dot{\boldsymbol{q}}^- \end{cases} \tag{2.2}$$

其中,$\boldsymbol{q}$ 为 SLIP 模型的状态变量,－、＋分别为碰撞前后的瞬时标记,$\boldsymbol{q}$ 可根据分析需要表示为 $\boldsymbol{q}=(x,y)^{\mathrm{T}}$ 或 $(r,\theta)^{\mathrm{T}}$。

2.2.2　动力学方程的推导

首先推导 SLIP 模型在腾空相的动力学方程。由于腿部单元无质量及惯性,因此系统所有质量完全集中于质量点处,考虑到在腾空相内系统仅受重力作用,其质心的矢状面轨迹为抛物线。因此,其动力学方程具有完全可积分的简单形式,即

$$\begin{cases} \ddot{x} = 0 \\ \ddot{y} = -g \end{cases} \tag{2.3}$$

微分方程式(2.3)可求解出具有封闭形式的数学表达式,即

$$\begin{cases} x(t) = x(0) + \dot{x}(0)t \\ y(t) = y(0) + \dot{y}(0)t - \dfrac{1}{2}gt^2 \end{cases} \tag{2.4}$$

支撑相的运动形式稍显复杂，当足端与地面接触时，质心、弹簧单元与地面构成完整的运动约束，系统的 Lagrange 函数可表示为

$$L=\frac{1}{2}m(\dot{r}^2+r^2\dot{\theta}^2)-mgr\sin\theta-V_{spr} \tag{2.5}$$

式中　L——Lagrange 函数；

m——SLIP 模型的质量(kg)；

r——SLIP 模型的腿部长度变量(m)；

g——重力加速度(m/s^2)；

θ——SLIP 模型的摆腿角度变量(rad)；

V_{spr}——腿部单元的弹性势能(J)。

为建立统一化的 SLIP 模型，对支撑腿弹性单元的压缩量与弹性力间的函数关系做一般性定义，即

$$F_{spr}=f(\Delta r) \tag{2.6}$$

式中　F_{spr}——支撑腿弹性力(N)；

Δr——弹簧压缩量(m)，满足 $\Delta r=r_0-r$；

r_0——弹簧的静息长度。

在式(2.6)的基础上，腿部单元的弹性势能可表示为

$$V_{spr}=\int_0^{\Delta r}f(\xi)\mathrm{d}\xi \tag{2.7}$$

对式(2.7)变上限积分取偏导可得

$$\frac{\delta}{\delta r}V_{spr}=\frac{\delta}{\delta r}\left(\int_0^{\Delta r}f(\xi)\mathrm{d}\xi\right)=-f(r_0-r) \tag{2.8}$$

综合式(2.5)～(2.8)，可获得 SLIP 模型的支撑相动力学方程为

$$\begin{cases}m\ddot{r}-mr\dot{\theta}^2+mg\cos\theta+f(\Delta r)=0\\ \dfrac{\mathrm{d}}{\mathrm{d}t}(mr^2\dot{\theta})-mgr\sin\theta=0\end{cases} \tag{2.9}$$

通常意义下，SLIP 模型的腿部弹性单元被处理为固定刚度的线性弹簧模块(满足 Hooke 定律)，此时式(2.9)的第一个方程可重新表示为

$$m\ddot{r}+k(r-r_0)-mr\dot{\theta}^2+mg\cos\theta=0 \tag{2.10}$$

式中　k——支撑腿弹簧刚度(N/m)。

需要着重指出：由于式(2.9)中含有非线性二阶不可积分项 $r\dot{\theta}^2$，因此动力学系统式(2.9)不存在类似式(2.4)形式的精确数学解析表达式。关于支撑相动力学的近似解析化分析将在后面详细阐述。

2.2.3　腾空相与支撑相间的切换条件

SLIP 模型的步态周期被划分为支撑相和腾空相。在运动过程中，当系统状态变量满足一定条件时，二者可互相转化。因此，SLIP 模型的弹跳运动可理解为基于离散切换条件驱动的封闭型周期轨。下面确定腾空相与支撑相间的具体切换条件。

(1)触地(touch-down,TD)条件。

当处于腾空相的足端在下落过程中质心的高度满足式(2.11)时,足端与地面接触,系统随即由腾空相进入支撑相。故腾空相→支撑相的切换条件为

$$y-r_0\sin\alpha_{\mathrm{TD}}=0 \tag{2.11}$$

式中　α_{TD}——SLIP 模型的触地角(rad),如图 2.1(b)所示。

(2)腾空(lift-off,LO)条件。

当 SLIP 模型处于支撑相的末期时,足端支反力逐渐减小。在足端完全失去地面支反力的瞬时,系统结束支撑相随即进入腾空相。故支撑相→腾空相的切换条件为

$$\begin{cases}F_x=0\\F_y=0\end{cases} \tag{2.12}$$

若以腿部弹簧为分析对象,腾空条件出现时,其受力为零,弹簧恢复静息长度。故切换条件亦可直观地表达为

$$F_{\mathrm{spr}}=0\ \text{或}\ r=r_0 \tag{2.13}$$

2.3　SLIP 模型运动有效性分析

2.3.1　运动有效性的定义

SLIP 模型在描述足式系统的动步态运动时,通常情况下期望模型的质心沿一致性方向做稳定的跳跃运动。从系统运动空间的角度可将一个 SLIP 系统的运动有效性形象地描述为:质心在具有固定几何拓扑结构的环境中维持运动,且不与环境接触并保持一致的运动方向。下面将在界定 SLIP 系统失稳的基础上,给出其运动有效性的完整数学定义。

首先建立 SLIP 模型的状态空间,定义 SLIP 系统式(2.9)的自由度变量为 $\boldsymbol{q}=(x,y)^{\mathrm{T}}\in\boldsymbol{Q}\subset\mathbf{R}^2$,其中 $\boldsymbol{Q}$ 为 $\mathbf{R}^2$ 上的单连通开集,表征模型在几何约束下的可达运动空间,则 SLIP 系统式(2.9)的状态方程可表述为

$$\dot{\boldsymbol{q}}_{\mathrm{s}}=\frac{\mathrm{d}}{\mathrm{d}t}\begin{bmatrix}\boldsymbol{q}\\\dot{\boldsymbol{q}}\end{bmatrix}=f_{\mathrm{s}}(\boldsymbol{q}_{\mathrm{s}}) \tag{2.14}$$

式中　$\boldsymbol{q}_{\mathrm{s}}$——系统状态变量,且满足

$$\boldsymbol{q}_{\mathrm{s}}=\{(\boldsymbol{q};\dot{\boldsymbol{q}})\ |\ \boldsymbol{q}\in\boldsymbol{Q},\ \dot{\boldsymbol{q}}\in\mathbf{R}^2\}\in\boldsymbol{Q}_{\mathrm{s}}\subset\mathbf{R}^4 \tag{2.15}$$

则 SLIP 系统可描述为欧氏空间的映射 $\Sigma^{\mathrm{s}}:\boldsymbol{Q}_{\mathrm{s}}\rightarrow T\boldsymbol{Q}_{\mathrm{s}}$。类似地,可定义环境模型的状态变量为 $\boldsymbol{\xi}=(x_{\mathrm{e}},y_{\mathrm{e}})^{\mathrm{T}}\in\boldsymbol{Q}_{\mathrm{e}}\subset\mathbf{R}^2$,其中 $\boldsymbol{Q}_{\mathrm{e}}$ 为 $\mathbf{R}^2$ 上的单连通开集,表征环境地形的几何形貌,其状态空间为

$$\Sigma^{\mathrm{e}}=\{(\boldsymbol{\xi},\dot{\boldsymbol{\xi}})\ |\ g(\boldsymbol{\xi})=\mathbf{0},\ \dot{\boldsymbol{\xi}}=\mathbf{0}\} \tag{2.16}$$

式中　$g(\cdot)$——环境地形的几何拓扑约束函数,$g(x,y)=0$ 表示时不变环境的矢状面几何形貌约束。

在此基础上,可给出 SLIP 失稳的具体数学描述如下。

定义 2.1(跌倒)　对于 SLIP 系统的状态空间 $\Sigma^{\mathrm{s}}:\boldsymbol{Q}_{\mathrm{s}}\rightarrow T\boldsymbol{Q}_{\mathrm{s}}$,环境的状态空间 $\Sigma^{\mathrm{e}}=$

$\{(\boldsymbol{\xi},\dot{\boldsymbol{\xi}})\mid g(\boldsymbol{\xi})=\mathbf{0},\ \dot{\boldsymbol{\xi}}=\mathbf{0}\}$和时间历程 $t\in(0,+\infty)$，称系统处于跌倒状态当且仅当 $\exists\, t_f\in(0,+\infty)$ 使得 $t>t_f$ 时，$\Sigma^s\cap\Sigma^e\not\supseteq\varnothing$ 成立。

在定义 2.1 的基础上，结合前文描述可给出 SLIP 系统运动有效性的定义如下。

定义 2.2(运动有效性)　对 SLIP 系统的状态空间 $\Sigma^s: \boldsymbol{Q}_s\rightarrow T\boldsymbol{Q}_s$，环境的状态空间 $\Sigma^e=\{(\boldsymbol{\xi},\dot{\boldsymbol{\xi}})\mid g(\boldsymbol{\xi})=\mathbf{0},\ \dot{\boldsymbol{\xi}}=\mathbf{0}\}$和时间历程 $t\in[t_s,t_f]\subset(0,+\infty)$，称系统在时间段$[t_s,t_f]$内处于有效性运动状态当且仅当以下条件成立：

(1) $\forall\, t_1,t_2\in(0,+\infty)$，当 $t_1>t_2$ 时，有 $x(t_1)>x(t_2)$。

(2) $\forall\, t\in[t_s,t_f]$，$\Sigma^s\cap\Sigma^e=\varnothing$。

条件(1)确保了质心在水平运动时的方向一致性；而条件(2)则保证了质心在时间段$[t_s,t_f]$内不与环境接触。若系统在时间段$(0,+\infty)$内皆满足以上两条件，则称 SLIP 模型在给定时不变环境下具有运动有效性。

2.3.2　运动失效性分析

定义 2.2 并未给出 SLIP 系统运动有效性判定的直观方法。若从该定义的反面入手，则可对 SLIP 系统的运动有效性有更清晰、直观的认识。SLIP 系统的运动失效从内、外因角度可分为两大类：地面高度起伏(外因)与模型运动参数不匹配(内因)。图 2.2 详细而直观地描述了 SLIP 模型的典型失效运动样例(此处需要指出：根据假设 2－Ⅰ，在支撑相内，足端与接触地面由于摩擦不足发生打滑的情况不在本书考虑范围之内)。大尺度的地面高度起伏变化会引起腾空相磕绊及触地时刻的跌倒；而模型运动参数不匹配则会导致在支撑相内的回弹与前扑，阻碍系统的正常运动。

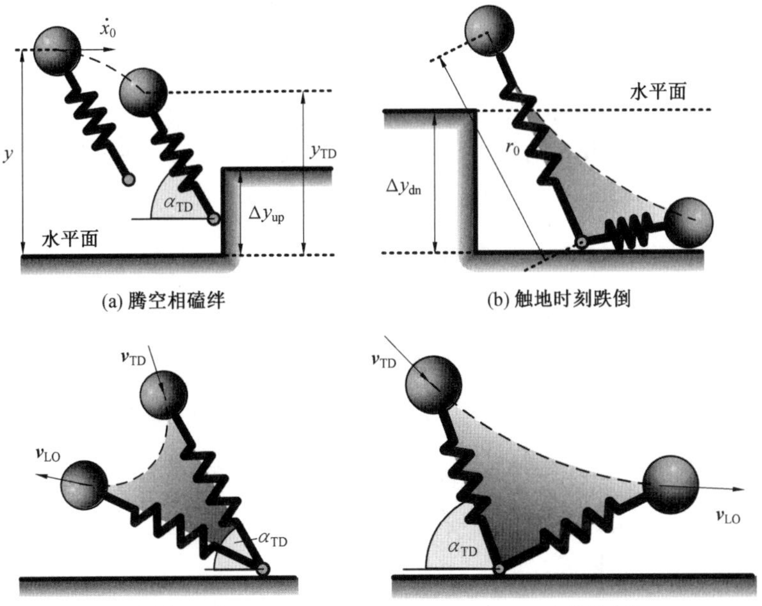

(a) 腾空相磕绊　(b) 触地时刻跌倒

(c) 支撑相回弹　(d) 支撑相前扑

图 2.2　SLIP 模型的典型失效运动样例

在给定系统初始机械能 E_s、腾空相最高点纵坐标 y 及触地角 α_{TD} 三个条件下(选取水平面为系统零势能面),系统的运动可被完全确定。下面从数学意义上对 SLIP 系统的运动失效性进行严格界定并推导相应的失效判定条件。

(1)腾空相磕绊。

当地面存在高度为 Δy_{up} 的上凸台阶障碍时,系统初始高度不足会导致单腿在腾空运动过程中,足端与台阶障碍碰撞形成磕绊效果,破坏整个 SLIP 系统的正常运动(图 2.2(a)),用不等式描述为

$$y < r_0 \sin \alpha_{TD} + \Delta y_{up} \tag{2.17}$$

式中 Δy_{up}——地面上凸障碍的高度(m)。

由式(2.17)可反解出在(E_s, y, α_{TD})参数下,SLIP 模型所能容许的最大上凸高度(maximum tolerance for upward step,MTUS)为

$$\max(\Delta y_{up}) = y - r_0 \sin \alpha_{TD} \tag{2.18}$$

考虑到一般条件下 Δy_{up} 为非负,因此在腾空相期间,SLIP 系统应保持一定的弹跳高度,即满足

$$y > r_0 \sin \alpha_{TD} \tag{2.19}$$

(2)触地时刻跌倒。

当地面存在深度为 Δy_{dn} 的下凹台阶障碍时,由于系统的弹簧刚度不足,在腿部单元尚未完全吸收系统的动能与势能时,弹簧已超过最大压缩量,造成触地时刻的跌倒(图 2.2(b))。此类失效情况的判定条件为

$$\max(V_{spr}) < E_s + mg\Delta y_{dn} \tag{2.20}$$

对腿部单元为线性弹簧的情形,$\max(V_{spr})$ 可表示为

$$\max(V_{spr}) = \frac{1}{2} k \, (\Delta r_m)^2 \tag{2.21}$$

式中 Δr_m——弹簧最大压缩量(m)。

若考虑极限情况,即弹簧的最大压缩量为其全长,此时 SLIP 模型所能容许的最大下凹深度(maximum tolerance for downward step, MTDS)为

$$\max(\Delta y_{dn}) = \frac{kr_0^2/2 - E_s}{mg} \tag{2.22}$$

类似地,对非负的 Δy_{dn} 而言,SLIP 系统在支撑相期间应保持一定的腿部刚度,即满足

$$k > 2E_s / r_0^2 \tag{2.23}$$

(3)支撑相回弹。

当触地角 α_{TD} 过小,导致在支撑相初始阶段质心入射的速度方向的延长线位于足端支撑点的后侧(相对于前进方向),致使 SLIP 系统发生回弹运动(图 2.2(c)),运动失效。此类失效情况的判定条件为

$$\tan \alpha_{TD} < |\dot{y}_{TD} / \dot{x}_{TD}| \tag{2.24}$$

式中 $\dot{x}_{TD}$、$\dot{y}_{TD}$——触地时刻系统质心沿 x、y 轴方向的速度分量(m/s)。

根据系统的初始条件(E_s, y, α_{TD}),可确定式(2.24)中各速度分量为

$$\begin{cases}\dot{x}_{TD}=\sqrt{2(E_s-mgy)/m}\\ \dot{y}_{TD}=\sqrt{2g(y-r_0\sin\alpha_{TD})}\end{cases} \tag{2.25}$$

联合以上两式可确定系统不发生回弹失效的参数匹配条件为

$$y<\frac{E_s\tan^2\alpha_{TD}+mgr_0\sin\alpha_{TD}}{mg(1+\tan^2\alpha_{TD})} \tag{2.26}$$

(4)支撑相前扑。

文献[122]指出，当模型刚度值过小或系统进入支撑相时的质心入射方向过陡，在支撑相结束时会出现前扑失效情况。此时，质心高度继续下降，致使系统无法完成腾空相的运动(图 2.2(d))。此类失效情况的判定条件为

$$y_{LO}>y(t>t_{LO}) \tag{2.27}$$

式中　y_{LO}——腾空时刻质心 y 轴方向的高度(m)；

t_{LO}——支撑相与腾空相的切换时间点(s)。

由于 SLIP 模型的系统动力学方程(2.9)不具有精确的解析化数学表达式，因此常规手段是只能采用数值积分的方式判断式(2.27)的失效条件。本章将在 2.4.2 节详细推导 SLIP 模型的支撑相近似解析解，在此基础上，可对式(2.27)进行直观、解析化的计算，此处不再赘述。

综上所述，SLIP 模型的结构参数/运动参数及环境状况将对其运动产生重要影响。维持 SLIP 系统的运动有效性依赖模型参数组合(E_s, y, α_{TD}, k)的精确匹配。在腾空相磕绊、触地时刻跌倒这两类失效分析过程中可见，对于给定系统初始条件下的 SLIP 模型，对路面的起伏扰动存在最大容许界限 Δy_{up} 和 Δy_{up}。因此如何合理选择模型参数组合，有效提高 SLIP 系统对外界环境扰动的抑制能力是提高 SLIP 系统运动性能的关键问题。后文将在 SLIP 模型支撑相解析化研究和运动稳定性分析的基础上详细讨论模型参数对 SLIP 系统运动的影响，以及提高其运动性能的手段。

2.4　基于摄动方法的 SLIP 模型支撑相解析化研究

本节围绕着 SLIP 模型的动力学解析化研究展开具体工作。在回顾现有 SLIP 模型解析化分析方法的基础上，将非线性动力学中的摄动方法引入 SLIP 模型支撑相解析化研究中，并推导具有高预测精度的近似解析解；最后，对所获得的近似解析解近似预测性能进行测试与分析。

2.4.1　现有 SLIP 模型解析化分析方法回顾

SLIP 模型的解析化分析是对系统进行参数化分析最有效的手段，也是深层次剖析模型结构参数/运动参数对系统运动性能影响内在规律的重要途径。据现有文献记载，关于 SLIP 模型的解析化分析方法都是在对支撑相动力学方程的近似处理的基础上而建立起来的，共分为三类方法：Picard 迭代法、角动量守恒法及重力修正法。下面将在回归上述三类方法的基础上，深入分析各类方法的适用场合和技术瓶颈，为本书基于摄动方法的 SLIP 模型支撑相近似解析解的提出做好理论铺垫。

1. Picard 迭代法

Picard 迭代法是由 Schwind 和 Koditschek 于文献[65]中提出的一种近似处理 SLIP 支撑相动力学模型的方法。该方法首先将整个支撑相按照弹簧压缩程度划分为两个子相：①压缩相(compression)，即弹簧在进入支撑相之后，从静息长度收缩至支撑相的最大压缩点(bottom)的过程；②伸展相(decompression)，即弹簧在支撑相内，从最大压缩点恢复到静息长度的过程。在此基础上，应用中值定理和 Picard 迭代法分别对压缩相和伸展相进行近似计算。

考虑到两个子相求解方式的对称性，本节以压缩相为例，阐述 Picard 迭代法的求解过程。为精练其算法流程，Picard 迭代法可归纳为以下四个步骤。

第一步：构造保守 SLIP 系统支撑相的 Hamiltonian 函数为

$$H(r,\theta,p_r,p_\theta)=\frac{1}{2m}\left(p_r^2+\frac{p_\theta^2}{r^2}\right)+\frac{1}{2}k\,(r_0-r)^2+mgr\cos\theta \tag{2.28}$$

式中 H——Hamiltonian 函数；

p_r——SLIP 系统的径向动量(kg·m/s)，且 $p_r=m\dot{r}$；

p_θ——SLIP 系统的角动量(kg·m²/s)，且 $p_\theta=mr^2\dot{\theta}$。

第二步：在给定能量层级 $H=E_s$ 的水平下，解算系统径向动量 p_r 为

$$p_r=\sqrt{2m\left(E_s-\frac{1}{2}k\,(r_0-r)^2-mgr\cos\theta\right)-\frac{p_\theta^2}{r^2}}=F(r,\theta,p_\theta,E_s) \tag{2.29}$$

第三步：将 SLIP 系统式(2.9)改写为关于腿部长度变量 r 的微分格式，即

$$\begin{cases}\dfrac{\mathrm{d}}{\mathrm{d}r}t(r,\theta,p_\theta)=\dfrac{m}{p_r(r,\theta,p_\theta)}\\[2ex]\dfrac{\mathrm{d}}{\mathrm{d}r}\theta(r,\theta,p_\theta)=\dfrac{p_\theta}{r^2p_r(r,\theta,p_\theta)}\\[2ex]\dfrac{\mathrm{d}}{\mathrm{d}r}p_\theta(r,\theta,p_\theta)=\dfrac{m^2gr\sin\theta}{p_r(r,\theta,p_\theta)}\end{cases} \tag{2.30}$$

第四步：应用 Picard 迭代法，将连续系统式(2.30)改写为离散迭代格式，即

$$\begin{cases}\hat{t}_{n+1}(r)=t_{\mathrm{TD}}-m(r-r_{\mathrm{TD}})/F_n\\ \hat{\theta}_{n+1}(r)=\theta_{\mathrm{TD}}-\hat{p}_{\theta_n}(\xi_r)(r-r_{\mathrm{TD}})/\xi_r^2F_n\\ \hat{p}_{\theta_{n+1}}(r)=p_{\theta_{\mathrm{TD}}}-m^2g\xi_r\sin(\hat{\theta}_n(\xi_r))(r-r_{\mathrm{TD}})/F_n\\ \hat{p}_{r_{n+1}}(r)=-F_{n+1}\end{cases} \tag{2.31}$$

式中 $\hat{t}$、$\hat{\theta}$、$\hat{p}_\theta$、$\hat{p}_r$——t、θ、p_θ、p_r 的估计值；

t_{TD}、θ_{TD}、$p_{\theta_{\mathrm{TD}}}$——t、θ、p_θ 在触地时刻的初始值；

ξ_r——在压缩相应用中值定理获得的积分近似变量，满足

$$\xi_r=3r_{\mathrm{TD}}/4+r/4$$

F_n——径向动量 p_r 的迭代更新值，满足

$$F_n=F(\xi_r,\hat{\theta}_n,\hat{p}_{\theta_n},E_s)\text{ 且 }F_0=p_{r_{\mathrm{TD}}}$$

n ——迭代序列标记，$n \in \mathbf{Z}^+$。

伸展相的推导与以上推导过程类似，此处不再详述。由上述计算流程可见，Picard 迭代法所获得的关于 SLIP 系统支撑相的近似解析解（简称 Picard 迭代解）为迭代格式，由此带来三个弊端：首先，其计算精度严重依赖式(2.31)的迭代次数，即高精度支撑相轨迹的获取需要以牺牲计算量为代价增加迭代次数；其次，将整个支撑相拆分为压缩相与伸展相两个子相，对弹簧最大压缩点状态的精确计算需要求解高次代数方程，即

$$\frac{k}{2}r^4+(mg-kr_0)r^3+\left(\frac{kr_0^2}{2}-E_s\right)r^2+\frac{p_\theta^2}{2m}=0 \tag{2.32}$$

增加了直接获取系统状态的难度，导致支撑相的运动分析复杂化；最后，迭代格式不具有直观、显式的数学表达形式，隔离了 SLIP 模型的结构参数/运动参数与系统运动轨迹之间的联系，极大程度地降低了参数的可调理性，无法实现系统的参数化分析，故限制了近似解析解的数学应用场合。

2. 角动量守恒法

角动量守恒法是 Jena 大学的 Geyer 等于文献[66]中提出的一种解决支撑相对称运动轨迹解算的近似方法。SLIP 系统在支撑相的运动轨迹可分为对称和非对称轨迹两种（图 2.3）。Geyer 关注的是支撑相内的对称轨迹，并对 SLIP 模型的支撑相运动做出如下假设：①小幅度扫描角假设：腿部单元以足端为固定旋转中心，在整个支撑相运动过程中，支撑腿所扫过的角度值 $\Delta\theta$ 为零阶小量（扫描角 $\Delta\theta$ 如图 2.3(a)所示），即满足 $\Delta\theta\approx 0$。②小弹簧压缩量假设：腿部单元的弹簧刚度充分大，使弹簧的相对压缩量为小量，即满足 $0<(r_0-r)/r_0\ll 1$。

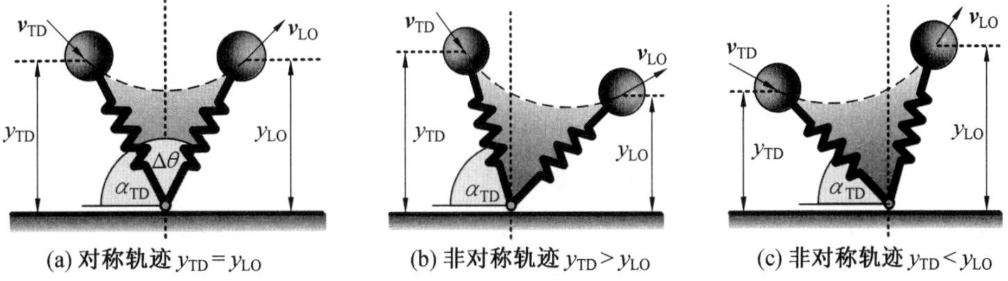

图 2.3　SLIP 系统在支撑相的对称与非对称轨迹

在上述假设条件①的基础上可进一步推出 $\sin\theta\approx 0$ 且 $\cos\theta\approx 1$，此时 SLIP 系统式(2.9)退化为简单形式，即

$$\begin{cases} m\ddot{r}-mr\dot{\theta}^2+mg+k(r-r_0)=0 \\ \dfrac{\mathrm{d}}{\mathrm{d}t}(mr^2\dot{\theta})=0 \end{cases} \tag{2.33}$$

由式(2.33)第二个方程可知，在近似求解过程中，系统的角动量守恒。在以上两个假设和相关推论的基础上，角动量守恒法的计算流程可归纳为四个步骤。

第一步：在给定能量层级 E_s 水平下，对 SLIP 系统支撑相的能量进行尺度变换：

$$\varepsilon=\dot{\rho}^2+\frac{\omega^2}{(1+\rho)^2}+\omega_0^2\rho^2+\frac{2g(1+\rho)}{r_0} \tag{2.34}$$

式中 ε——系统能量尺度参数(rad/s²),满足

$$\varepsilon=2E_s/mr_0^2$$

ρ——弹簧相对压缩量,满足

$$\rho=r/r_0-1 \text{ 且 } |\rho|\ll 1$$

ω——系统角动量尺度参数(rad/s),满足

$$\omega=p_\theta/mr_0^2$$

ω_0——系统固有频率(rad/s),满足

$$\omega_0=\sqrt{k/m}$$

第二步:利用假设②对式(2.34)中包含 ρ 的分数项进行近似简化处理:考虑到弹簧的相对压缩量 ρ 为小量,在 $\rho=0$ 处对分数项 $(1+\rho)^{-2}$ 进行 Taylor 级数展开,可得

$$\left.\frac{1}{(1+\rho)^2}\right|_{\rho=0}=1-2\rho+3\rho^2-O(\rho^3) \tag{2.35}$$

式中 $O(\rho^3)$——ρ 的三次(及其以上)高次项。

忽略 $O(\rho^3)$ 项,分数项 $(1+\rho)^{-2}$ 可近似处理为

$$\left.\frac{1}{(1+\rho)^2}\right|_{\rho=0}=1-2\rho+3\rho^2 \tag{2.36}$$

第三步:求解 SLIP 模型的径向长度 $r(t)$:将式(2.36)代入式(2.34),并采用分离变量法对式(2.34)进行积分,可获得径向长度 $r(t)$ 的近似解析表达式为

$$r(t)=r_0-\frac{|\dot r_{\mathrm{TD}}|}{\tilde\omega_0}\sin\tilde\omega_0 t+\frac{\dot\theta_{\mathrm{TD}}^2 r_0-g}{\tilde\omega_0^2}(1-\cos\tilde\omega_0 t) \tag{2.37}$$

式中 $\tilde\omega_0$——径向长度 $r(t)$ 的折算频率(rad/s),满足

$$\tilde\omega_0=\sqrt{\omega_0^2+3\omega^2}$$

$\dot r_{\mathrm{TD}}$——径向速率在支撑相的初始值(m/s);

$\dot\theta_{\mathrm{TD}}$——摆腿角速度在支撑相的初始值(rad/s)。

第四步:利用角动量守恒求解 SLIP 模型的摆腿角度:在第 3 步求解 $r(t)$ 的基础上,根据系统角动量守恒对式(2.33)进行变量分离和近似处理可得

$$\dot\theta=\frac{\omega}{(1+\rho)^2}\approx 1-2\rho \tag{2.38}$$

结合相对压缩量 ρ 的定义及式(2.37),对式(2.38)两端取时间的积分解得

$$\theta(t)=\theta_{\mathrm{TD}}+\left(1-\frac{2(\dot\theta_{\mathrm{TD}}^2-g/r_0)}{\tilde\omega_0^2}\right)\dot\theta_{\mathrm{TD}}t+\frac{2\dot\theta_{\mathrm{TD}}}{\tilde\omega_0}\left(\frac{\dot\theta_{\mathrm{TD}}^2-g/r_0}{\tilde\omega_0^2}\sin\tilde\omega_0 t+\frac{|\dot r_{\mathrm{TD}}|}{\tilde\omega_0 r_0}(1-\cos\tilde\omega_0 t)\right) \tag{2.39}$$

至此,对 SLIP 模型支撑相各自由度的近似解析解已求取完毕。相比于 Picard 迭代法获得的近似解析解,应用角动量守恒法所获得的解(简称角动量守恒解)具有直观的数学表达形式,且函数组成相对简单,为后续参数化分析提供了一定的数学基础。但基于角动量守恒法的假设只适用于对称轨迹下的支撑相运动。考虑到支撑相的触地(TD)、腾空(LO)这两个时间端点处有

$$\begin{cases} r_{\mathrm{TD}} = r_{\mathrm{LO}} \\ \dot{\theta}_{\mathrm{TD}} = \dot{\theta}_{\mathrm{LO}} \end{cases} \tag{2.40}$$

因此，SLIP 系统的角动量在数值上满足

$$m r_{\mathrm{TD}}^2 \dot{\theta}_{\mathrm{TD}} = m r_{\mathrm{LO}}^2 \dot{\theta}_{\mathrm{LO}} \tag{2.41}$$

故角动量守恒法的假设在支撑相的两个时间端点处成立，进而推出近似解析解式(2.37)、式(2.39)在该处的逼近精度较高，而其他时间点由于重力矩的作用致使系统角动量守恒被破坏，因此在支撑相期间由于式(2.38)造成的重力矩累计误差将影响 $\theta(t)$ 的逼近精度。

3. 重力修正法

为了克服角动量守恒法应用于非对称轨迹的运动场合，Bilkent 大学的 Arslan 在角动量守恒法原有形式的基础上，提出了基于重力项补偿的近似解析解修正(approximations with gravity correction，AGC)方法。其具体实现步骤如下。

第一步：重力补偿项的设计：在前文获得的近似解析解的基础上，对重力矩作用下的角动量进行估计。首先，记触地时刻为支撑相的时间起点，则角动量可表示为

$$p_\theta(t) = p_{\theta_{\mathrm{TD}}} + mg\int_{t_{\mathrm{TD}}}^{t} r(s)\sin\theta(s)\,\mathrm{d}s \tag{2.42}$$

对式(2.42)进行离散化近似，可得

$$p_\theta(t) \approx p_{\theta_{\mathrm{TD}}} + (t - t_{\mathrm{TD}})\left(\frac{1}{N}\sum_{k=1}^{N} mgr\left(t_{\mathrm{TD}} + \frac{k}{N}(t - t_{\mathrm{TD}})\right)\sin\theta\left(t_{\mathrm{TD}} + \frac{k}{N}(t - t_{\mathrm{TD}})\right)\right) \tag{2.43}$$

利用梯形积分公式近似计算式(2.43)中的离散求和项，可推出角动量的重力补偿项，即

$$P_{\mathrm{c}}(t) \approx \frac{(t - t_{\mathrm{TD}})mgr_{\mathrm{av}}}{2}(\sin\theta(t_{\mathrm{TD}}) + \sin\theta(t)) \tag{2.44}$$

式中　$P_{\mathrm{c}}(t)$——角动量的重力补偿项；

r_{av}——角动量守恒法获得的径向长度在$[t_{\mathrm{TD}}, t]$上的平均值，满足

$$r_{\mathrm{av}} = \frac{1}{t - t_{\mathrm{TD}}}\int_{t_{\mathrm{TD}}}^{t} r(s)\,\mathrm{d}s$$

$r(t)$——式(2.37)的近似解析解。

第二步：更新角动量值并重新计算近似解析解：在重力补偿项设计的基础上对系统的角动量进行估计，其更新律为

$$\tilde{p}_\theta(t) = p_{\theta_{\mathrm{TD}}} + P_{\mathrm{c}}(t) \tag{2.45}$$

式中　$\tilde{p}_\theta(t)$——系统角动量的更新值。

利用更新的角动量 $\tilde{p}_\theta(t)$ 依次代入式(2.37)、式(2.39)再次计算，最后获得修正后的近似解析表达式。

从 AGC 方法的计算流程可见，该方法呈现出“两步迭代”的计算格式：首先，在不考虑重力对角动量作用的条件下，用 Geyer 的角动量守恒法求取支撑相近似解析解；在此基础上基于所获得的近似解析解估算并更新原始角动量，对 Geyer 的近似解析解进行再次

修正，得到最终表达式。AGC 方法与前两种方法相比，由于考虑非对称轨迹下重力对角动量的作用，因此其计算精度更高且适用于对称、非对称场合。AGC 方法可视为 Geyer 的角动量守恒法在非对称轨迹下的一种推广，在保留了其对称轨迹计算高精度优点的同时，扩充了近似解析解的应用范围。但“两步迭代”格式增加了近似解析解的数学形式复杂性，这一缺点与 Picard 迭代格式类似。

2.4.2 基于摄动方法的 SLIP 模型支撑相近似解析解

为解决 SLIP 模型支撑相近似解析解的逼近精度与数学形式复杂性的兼顾性问题，本节在量纲分析的基础上，引入摄动方法处理重力项对系统角动量的扰动，同时弱化 Geyer 对系统角动量守恒的假设，推导出具有高精度、直观简约数学形式的近似解析解。

1. 量纲分析

为简化 SLIP 模型结构参数/运动参数间的耦合作用关系，有效减少系统独立参数的个数，同时降低模型分析结果对参数的依赖，本节对 SLIP 模型各结构参数/运动参数进行统一的量纲分析，将系统式(2.9)处理为无量纲形式。具体操作流程如下。

(1)引入时间尺度 s，则在此尺度下无量纲时间变量满足

$$\bar{t}=\frac{t}{s} \tag{2.46}$$

式中 s——时间尺度变量(s)；

$\bar{t}$——无量纲时间变量。

相应地，系统原始的微分运算可被处理为

$$\frac{\mathrm{d}}{\mathrm{d}t}(\cdot)=\frac{1}{s}\frac{\mathrm{d}}{\mathrm{d}\bar{t}}(\cdot)=\frac{1}{s}(\cdot)' \tag{2.47}$$

式中 $(\cdot)'$——新时间尺度下的微分运算。

在此基础上，可推导系统的相关运动参数在新、旧时间尺度下的转换关系，表述为

$$\begin{cases}\bar{r}=r/r_0,\ \bar{r}'=s\dot{r}/r_0,\ \bar{r}''=s^2\ddot{r}/r_0\\ \bar{x}=x/r_0,\ \bar{x}'=s\dot{x}/r_0,\ \bar{x}''=s^2\ddot{x}/r_0\\ \bar{y}=y/r_0,\ \bar{y}'=s\dot{y}/r_0,\ \bar{y}''=s^2\ddot{y}/r_0\\ \bar{\theta}=\theta,\ \bar{\theta}'=s\dot{\theta},\ \bar{\theta}''=s^2\ddot{\theta}\end{cases} \tag{2.48}$$

式中 $\bar{r}$、$\bar{x}$、$\bar{y}$、$\bar{\theta}$——r、x、y、θ 相应的无量纲变量。

(2)考虑到时间尺度 s 的选择直接影响无量纲 SLIP 系统的形式简洁性，因此以生物学运动实验数据分析常用的 Froude 常数为选择依据，对 s 进行归一化处理，即

$$\frac{s^2 g}{r_0}=1 \tag{2.49}$$

于是，新的时间尺度 $s=\sqrt{r_0/g}$，代入式(2.9)可获得无量纲形式的 SLIP 系统动力学方程为

$$\bar{r}''+\bar{k}(\bar{r}-1)+\cos\theta-\bar{r}\theta'^2=0 \tag{2.50}$$

$$(\bar{r}^2\theta')'-\bar{r}\sin\theta=0 \tag{2.51}$$

式中　$\bar{k}$——系统的无量纲腿部弹簧刚度，满足

$$\bar{k}=kr_0/mg$$

从式(2.50)、式(2.51)构成的新系统可见，模型所包含的结构参数/运动参数由式(2.9)的$\{m,r_0,k,g\}$减少至$\{\bar{k}\}$。需要指出的是：无量纲变化并不改变系统的本构特征，新系统本质上仍属于强耦合的非线性系统。

2. 基本假设与局部简化处理

事实上，关于模型的近似简化处理需要在基于假设的简化与保留系统原有特性之间进行权衡：一方面，过度地对系统模型进行简化会导致系统丧失基本的动态性能，造成简化处理失去意义；另一方面，过分地对系统原有的细微结构属性进行保留，则无法有效地降低模型的复杂程度，难以进行解析化研究。根据前文对现有 SLIP 模型解析化研究方法的分析，在保留 Geyer 关于小弹簧压缩量假设的同时，适当放宽对支撑相扫描角的限制，以适应对矢状面内的质心非对称轨迹的求解需求，具体假设如下。

(1)小弹簧压缩量假设同前文。

(2)小幅度扫描角假设：在整个支撑相运动过程中，支撑腿所扫过的角度值 $\Delta\theta$ 为一阶小量，不可忽略不计，即 $\Delta\theta\neq 0$。

为方便后续采用摄动方法求解 SLIP 无量纲系统动力学方程的需要，在假设(2)的条件下对式(2.50)、式(2.51)中的谐波非线性项进行进一步处理：保留其一阶小量，舍去二阶及二阶以上的高次项，即

$$\begin{cases}\sin\theta=\theta-\dfrac{\theta^3}{3}+\dfrac{\theta^5}{5}-\cdots=\theta+O(\theta^2)\approx\theta\\ \cos\theta=1-\dfrac{\theta^2}{2}+\dfrac{\theta^4}{4}-\cdots=1+O(\theta^2)\approx 1\end{cases} \tag{2.52}$$

将式(2.52)代入式(2.50)、式(2.51)，对谐波非线性项进行简化处理后可得

$$\bar{r}''+\bar{k}\bar{r}=\bar{k}-1+\bar{r}\theta'^2 \tag{2.53}$$

$$(\bar{r}^2\theta')'=\bar{r}\theta \tag{2.54}$$

处理后的 SLIP 系统在形式上更为简洁，式(2.53)可理解为单自由度的线性系统在非线性耦合项 $\bar{r}\theta'^2$ 作用下的受扰振动方程，根据经典分析力学理论，$\bar{r}\theta'^2$ 的存在导致系统具有二阶不可积分的特性，采用常规的数学分析手段无法精确获得基于基本函数单元(elementary function units)的解析表达式，因此高精度的近似解析解在 SLIP 系统动力学参数化分析与运动控制器设计的衔接过程中扮演着重要的桥梁作用。

3. 基于摄动方法的支撑相近似解析解

摄动方法是非线性动力系统常用的分析方法。其基本思想是通过合理选取摄动参数，将复杂的非线性系统解构成关于摄动参数的一系列简单易处理的子系统，进而逐个对子系统的动力学行为进行研究。摄动方法具有典型的降阶处理的特征，通过摄动分析可以从摄动参数的角度层次化地分析系统的内部动态性能，更深入地认识复杂非线性系统

的相关动力学行为。量纲分析和基于基本假设的局部简化等预处理为基于摄动方法的支撑相近似解析解的求取提供了充足的工作基础。SLIP 无量纲模型中存在的小量成为摄动方法获得应用的天然优势。下面详细阐述应用摄动方法求解无量纲 SLIP 系统支撑相动力学方程近似解析解的步骤。

首先求解系统的径向长度 $\bar{r}(t)$。文献[88]指出，在支撑相期间，质心在矢状面上的铅垂方向呈现稳定的振动，径向长度 $r(t)$、摆腿角度 $\theta(t)$ 分别呈现出偶函数和奇函数的形态，考虑到在支撑相初始(触地时刻)和结束(腾空时刻)状态腿部长度同为 r_0，因此 SLIP 模型的无量纲角动量在整个支撑相期间的变化可通过下式计算，即

$$\Delta(\bar{r}^2\theta')=\bar{r}_{\mathrm{LO}}^2\theta'_{\mathrm{LO}}-\bar{r}_{\mathrm{TD}}^2\theta'_{\mathrm{TD}}=\int_{\bar{t}_{\mathrm{TD}}}^{\bar{t}_{\mathrm{LO}}}\bar{r}\sin\theta\mathrm{d}\bar{t}\approx\int_{\bar{t}_{\mathrm{TD}}}^{\bar{t}_{\mathrm{LO}}}\bar{r}\theta\mathrm{d}\bar{t}\approx 0 \tag{2.55}$$

式中　$\Delta(\bar{r}^2\theta')$——支撑相系统角动量的无量纲变化值。

式(2.55)表明：系统的角动量为缓变量，并在支撑相期间近似保持恒定，则系统角动量将由初值决定。若记 C_r 为系统角动量，则下式成立：

$$C_r=\bar{r}^2\theta'=\bar{r}_{\mathrm{TD}}^2\theta'_{\mathrm{TD}}\big|_{\bar{r}_{\mathrm{TD}}=1}=\theta'_{\mathrm{TD}} \tag{2.56}$$

将式(2.56)代入式(2.53)可得

$$\bar{r}''+\bar{k}\bar{r}=\bar{k}-1+\frac{C_r^2}{\bar{r}^3} \tag{2.57}$$

基于小弹簧压缩量的假设，对式(2.57)中的分数项在 $\bar{r}=1$ 处进行 Taylor 级数展开，可得

$$\frac{1}{\bar{r}^3}=\frac{1}{(1-(1-\bar{r}))^3}\Bigg|_{\bar{r}=1}=1+3(1-\bar{r})+O((1-\bar{r})^2) \tag{2.58}$$

忽略式(2.58)中压缩量的高阶小量，并将结果代入式(2.57)可获得线性二阶微分方程，即

$$\bar{r}''+(\bar{k}+3C_r^2)\bar{r}=4C_r^2+\bar{k}-1 \tag{2.59}$$

注意到角动量 C_r 由支撑相运动初始条件确定，可视为常量。解这个微分方程可得到 SLIP 模型的径向长度变量 $\bar{r}$ 的表达式为

$$\bar{r}=r_b+a\cos(\omega_0\bar{t}+\beta) \tag{2.60}$$

式中　r_b——径向振动偏移量，满足

$$r_b=(\bar{k}+4C_r^2-1)/(\bar{k}+3C_r^2)$$

ω_0——径向振动频率，满足

$$\omega_0=\sqrt{\bar{k}+3C_r^2}$$

a——径向振动幅值；

β——径向振动初始相位。

在给定系统支撑相初值的条件下，参数 a 和 β 可通过下式唯一确定，即

$$\begin{cases}a=\mathrm{sgn}(1-r_b)\sqrt{(1-r_b)^2+\dfrac{\bar{r}'^2_{\mathrm{TD}}}{\omega_0^2}}\\[2ex]\beta=\arctan\dfrac{\bar{r}'_{\mathrm{TD}}}{\omega_0(r_b-1)}\end{cases} \tag{2.61}$$

至此，SLIP 模型的径向长度变量 $\bar{r}$ 求解完毕。从式(2.60)的结构可见，SLIP 系统在进入支撑相后，径向长度变量 $\bar{r}$ 呈现简谐振动的运动特性。但相对于常规的线性质量一弹簧振子的固有频率完全由系统自身的结构参数确定，SLIP 系统质心径向振动的频率由系统的结构参数（无量纲弹簧刚度 $\bar{k}$）及运动初始状态（无量纲角动量 C_r）共同决定。这一特点表明，式(2.60)的近似解析解保留了系统(2.53)原有的非线性特征。需要特别指出的是：在径向长度变量 $\bar{r}$ 的求解过程中使用了系统角动量守恒的假设条件，因此获得的结果（式(2.60)）与 Geyer 采用角动量守恒法获得的近似解析解具有相同的数学形式。

下面求解系统的摆腿角度 $\theta(t)$。由前文分析可知，非对称轨迹下重力矩对系统角动量的影响效果十分显著，在求解 $\theta(t)$ 时，基于系统角动量守恒的假设会引入过多的累积误差。Arslan 在 AGC 方法中考虑了在非对称轨迹下对角动量的补偿，一定程度上提高了 Geyer 所推导近似解析解的逼近精度。然而在前文对 AGC 方法的流程分析中不难发现，Arslan 在估计重力矩对角动量的改变量时，对式(2.42)的计算采用了梯形积分公式及径向长度平均化的处理方式，引入了新的累积误差。因此，有效解决在支撑过程中重力矩对系统角动量的影响，可提高摆动角度 $\theta(t)$ 的求解精度，本节在求取 $\theta(t)$ 过程中释放对角动量守恒的限制，直接应用摄动方法处理系统方程式(2.54)。具体实现过程详细阐述如下。

首先将方程式(2.54)改写为关于 θ 的标准型（此时径向长度变量 $\bar{r}$ 可视为已知函数）得

$$\theta''+\frac{2\bar{r}'}{\bar{r}}\theta'-\frac{1}{\bar{r}}\theta=0 \tag{2.62}$$

为消除式(2.62)中的一阶微分项，进而简化二阶微分方程，引入辅助变量 $p(\bar{t})$ 和 $u(\bar{t})$，满足

$$\theta(\bar{t})=p(\bar{t})u(\bar{t}) \tag{2.63}$$

将辅助变量代入式(2.62)可得

$$pu''+(2p'+2\bar{r}'p/\bar{r})u'+(p''+2\bar{r}'p'/\bar{r}-1/\bar{r})u=0 \tag{2.64}$$

令一阶微分项 u' 的系数为零可得

$$2p'+2\bar{r}'p/\bar{r}=0 \tag{2.65}$$

对式(2.65)取不定积分可推出

$$p=\frac{1}{\bar{r}} \tag{2.66}$$

将 p 代入式(2.62)，经过化简后可导出

$$u''-\frac{1+\bar{r}''}{\bar{r}}u=0 \tag{2.67}$$

由于 SLIP 系统的径向长度变量已在前文获取，故将式(2.60)直接代入式(2.67)可进一步推出

$$u''-\left(-\omega_0^2+\left(\omega_0^2+\frac{1}{r_b}\right)\frac{1}{1+\varepsilon\cos\psi}\right)u=0 \tag{2.68}$$

其中，ε 和 ψ 的定义为

$$\varepsilon=a/r_b,\quad \psi=\omega_0\bar{t}+\beta \tag{2.69}$$

其他变量同前。

注意到 ε 具有明确的物理意义：表示 SLIP 模型质心沿径向方向振动的幅值与振动平衡位置长度的比值，结合前文关于弹簧压缩小量的假设，可推定在 SLIP 模型腿部弹簧充分大的条件下，ε 亦为小量，同时考虑到 $\cos\psi$ 为有界量，因此式(2.68)中关于 ε 的分式可展开为

$$\frac{1}{1+\varepsilon\cos\psi}=1-\varepsilon\cos\psi+\varepsilon^2\cos^2\psi+\cdots \tag{2.70}$$

略去上式 ε 的二次及以上高次项，并代入式(2.68)可以得到摆腿角度 θ 的 Mathieu 方程，即

$$u''-(\lambda^2-\varepsilon\delta\cos\psi)u=0 \tag{2.71}$$

其中，λ 和 δ 两个参数分别定义为

$$\lambda=\frac{1}{\sqrt{r_b}}>0,\quad \delta=\omega_0^2+\frac{1}{r_b}>0 \tag{2.72}$$

由于 Mathieu 方程式(2.71)包含小参数 ε，因此根据常规摄动方法将 ε 选为摄动参数，Mathieu 方程的摄动解可表示成参数 ε 的幂级数形式，即

$$u(\bar{t},\varepsilon)=u_0(\bar{t})+\varepsilon u_1(\bar{t})+\varepsilon^2u_2(\bar{t})+\cdots \tag{2.73}$$

其中，u_i 表示与参数 ε 所对应的摄动解表达式，将式(2.73)代入式(2.71)，并整理参数 ε 相同幂次项系数可获得层次化线性微分方程组，即

$$\begin{cases}\varepsilon^0:\ u_0''-\lambda^2u_0=0\\ \varepsilon^1:\ u_1''-\lambda^2u_1=-\delta u_0\cos\psi\\ \varepsilon^2:\ \cdots\end{cases} \tag{2.74}$$

方程组(2.74)中，ε 的零次幂微分方程具有以下形式的通解，即

$$u_0=c_1\mathrm{e}^{\lambda\bar{t}}+c_2\mathrm{e}^{-\lambda\bar{t}} \tag{2.75}$$

其中，c_1、c_2 为临时待定系数，由初值决定。将 u_0 代入方程组(2.74)中 ε 的一次幂微分方程并求其特解，可得

$$u_1=\frac{\delta c_1}{\omega_0^2+4\lambda^2}\mathrm{e}^{\lambda\bar{t}}\left(\cos\psi-\frac{2\lambda}{\omega_0}\sin\psi\right)+\frac{\delta c_2}{\omega_0^2+4\lambda^2}\mathrm{e}^{-\lambda\bar{t}}\left(\cos\psi+\frac{2\lambda}{\omega_0}\sin\psi\right) \tag{2.76}$$

比较式(2.75)与式(2.76)的数学表达形式不难发现：随着 ε 阶次的增高，摄动解 u_i 的复杂程度与其逼近精度也随之提高。因此，为保证数学形式的简洁性与完整性，同时兼顾近似计算的逼近精度，忽略 ε 二阶及以上高次项的摄动解，只保留至一阶近似解析解，即

$$\begin{aligned}u&=u_0+\varepsilon u_1\\&=c_1\mathrm{e}^{\lambda\bar{t}}+c_2\mathrm{e}^{-\lambda\bar{t}}+\\&\quad\frac{\delta c_1}{\omega_0^2+4\lambda^2}\mathrm{e}^{\lambda\bar{t}}\left(\cos\psi-\frac{2\lambda}{\omega_0}\sin\psi\right)+\frac{\delta c_2}{\omega_0^2+4\lambda^2}\mathrm{e}^{-\lambda\bar{t}}\left(\cos\psi+\frac{2\lambda}{\omega_0}\sin\psi\right)\end{aligned} \tag{2.77}$$

在给定支撑相系统运动初值 $\{\bar{r}_{\mathrm{TD}},\bar{r}'_{\mathrm{TD}},\theta_{\mathrm{TD}},\theta'_{\mathrm{TD}}\}$ 的条件下，式(2.77)的待定系数 c_1、c_2 可通过求解下述线性方程组被唯一确定，即

$$\begin{bmatrix}\sigma_{11}&\sigma_{12}\\\sigma_{21}&\sigma_{22}\end{bmatrix}\begin{bmatrix}c_1\\c_2\end{bmatrix}=\begin{bmatrix}\bar{r}_{\mathrm{TD}}\theta_{\mathrm{TD}}\\\bar{r}'_{\mathrm{TD}}\theta_{\mathrm{TD}}+\bar{r}_{\mathrm{TD}}\theta'_{\mathrm{TD}}\end{bmatrix}=\begin{bmatrix}u_{\mathrm{TD}}\\u'_{\mathrm{TD}}\end{bmatrix} \tag{2.78}$$

其中，σ_{ij} 的具体表达式为

$$\begin{cases}\sigma_{11}=1+\dfrac{\delta\varepsilon}{\omega_0^2+4\lambda^2}\left(\cos\beta-\dfrac{2\lambda}{\omega_0}\sin\beta\right)\\ \sigma_{12}=1+\dfrac{\delta\varepsilon}{\omega_0^2+4\lambda^2}\left(\cos\beta+\dfrac{2\lambda}{\omega_0}\sin\beta\right)\\ \sigma_{21}=\lambda+\dfrac{\delta\varepsilon}{\omega_0^2+4\lambda^2}\left(-\lambda\cos\beta-\left(\omega_0+\dfrac{2\lambda^2}{\omega_0}\right)\sin\beta\right)\\ \sigma_{22}=-\lambda+\dfrac{\delta\varepsilon}{\omega_0^2+4\lambda^2}\left(\lambda\cos\beta-\left(\omega_0+\dfrac{2\lambda^2}{\omega_0}\right)\sin\beta\right)\end{cases} \tag{2.79}$$

在此基础上求解式(2.78)，获得待定系数 c_1、c_2 的具体表达式为

$$\begin{cases}c_1=\dfrac{\sigma_{11}u_{\mathrm{TD}}-\sigma_{12}u'_{\mathrm{TD}}}{\sigma_{11}\sigma_{22}-\sigma_{12}\sigma_{21}}\\ c_2=\dfrac{-\sigma_{21}u_{\mathrm{TD}}+\sigma_{11}u'_{\mathrm{TD}}}{\sigma_{11}\sigma_{22}-\sigma_{12}\sigma_{21}}\end{cases} \tag{2.80}$$

最终应用摄动方法获得摆腿角度变量 $\theta(\bar{t})$ 的解析式为

$$\theta(\bar{t})=\frac{u_0(\bar{t})+\varepsilon u_1(\bar{t})}{\bar{r}(\bar{t})} \tag{2.81}$$

到此为止，无量纲 SLIP 系统的动力学模型支撑相近似解析解的推导已全部完毕，式(2.60)、式(2.81)构成了无量纲系统的解析化描述。与前文阐述的 Picard 迭代法、角动量守恒法及重力修正法相比较，摄动方法所获得的近似解析解在形式上具有直观、显式的解析式，这一点与 Geyer 的近似解析解特点类似。在预测支撑相质心的运动轨迹方面，摄动解和重力修正解均适用于对称、非对称轨迹。为定量评价摄动解的求解精度，有必要对所有近似解析解进行预测性能测试，以全面地比较各类算法的优劣。

2.4.3　近似解析解预测性能分析

SLIP 系统动力学模型的近似解析表达式最重要的作用是代替原始不可积系统的动力学方程，对矢状面的质心运动状态进行预测，为后续运动控制策略的设计提供关键理论支持。由此可见，对系统质心运动特征点状态的预测精度，以及支撑相非对称轨迹的有效预测范围大小，是衡量近似解析解预测性能的核心指标。基于此，本节在进行各近似解析解特征对比分析的基础上，选择实验生物学分析的标准模型数据作为实验样本，以上述系统运动参数为主要评价指标，对近似解析解的预测性能进行全面的测试与分析。

1. 近似解析解的特征对比与实验样本选择

各种近似解析解的特征对比见表 2.1。从近似解析解求取过程对 SLIP 系统的假设角度分析，Picard 迭代解对系统的结构参数/运动参数要求最为宽松，由于其采用离散迭代的方式直接求解 Hamiltonian 动力学方程，因此无须对角动量、弹簧压缩量进行任何假设；而其他三种近似解析解均需要对 Lagrange 动力学方程中的耦合项进行近似处理，故需要腿部弹簧小压缩量的理论支持。从解的表达形式分析，Picard 迭代解和重力修正解均采用迭代格式描述支撑相径向长度 r、摆角 θ 与时间的函数关系，摄动解的解析式更为直观，容易进行参数化分析。最后比较各近似解析解适用的质心运动场合，由于 Geyer 的

角动量守恒解依赖支撑相期间的系统角动量守恒，因此该解只适用于质心的对称轨迹运动；而其他近似解析解亦可适用于质心的非对称轨迹运动。

表 2.1 各种近似解析解的特征对比

近似解析解类型	基本假设	表达式形式	适用场合
Picard 迭代解	无	迭代格式	质心对称与非对称轨迹
角动量守恒解	角动量守恒 小弹簧压缩量	直观显式	质心对称轨迹
重力修正解	小弹簧压缩量	迭代格式	质心对称与非对称轨迹
摄动解	小弹簧压缩量	直观显式	质心对称与非对称轨迹

为检测近似解析解对 SLIP 模型的质心轨迹及运动特征点状态的预测精度，需对其进行数值计算验证。通用的数值检测方法需要针对不同的近似解析表达式选择统一的运动模型样板。文献[66]、文献[128]中详细阐述了有关近似解析表达式的测试标准，即以人体奔跑实验的大量统计量平均化后的实验数据为蓝本，对 SLIP 模型的一个完整运动周期进行数据比对测试。本节结合人体相关运动学文献的实验模板，选用统一标准模型数据对所有近似解析解进行运动预测性能测试（近似解析解性能测试的 SLIP 模型参数见表 2.2）。

表 2.2 近似解析解性能测试的 SLIP 模型参数

质量/kg	腿长/m	触地角/(°)
80	1	65～85
腿部等效刚度/(N·m^{-1})	腾空相顶点高度/m	腾空相顶点速率/(m·s^{-1})
20 000～50 000	0.95～1.05	2～6

2. 近似解析解预测性能的测试流程

由于 SLIP 模型腾空相的顶点状态是表征系统整体运动的关键状态，因此能否对系统的顶点状态进行精确估计，将直接影响 SLIP 系统的整体运动性能。因此，系统的顶点状态是近似解析解性能测试所关注的重点。

在表 2.2 给出的 SLIP 模型参数的基础上，对所有支撑相近似解析解的预测性能进行测试（近似解析解腾空相顶点预测性能测试流程如图 2.4 所示）。在测试的初始阶段，需要对 SLIP 模型的初始参数进行设置。对于参数集合 $\{\alpha_{\mathrm{TD}}, k, \dot{x}_0, y_0\} \subset P_{\alpha_{\mathrm{TD}}} \times P_k \times P_{\dot{x}_0} \times P_{y_0} \subset \mathbf{R}^4$，按照表 2.2 给出的参数区间将参数区间 $P_{\alpha_{\mathrm{TD}}}$、P_k、$P_{\dot{x}_0}$、P_{y_0} 依次配置为 $[65,85]$、$[2\times10^4, 5\times10^4]$、$[0.95, 1.05]$ 和 $[2,6]$。根据文献[65]所提供的方法，对各参数区间进行细分：$P_{\alpha_{\mathrm{TD}}}$、P_k、$P_{\dot{x}_0}$、P_{y_0} 的细分步长分别定为 1°、1 kN/m、0.01 m 和

0.1 m/s，则 $P_{\alpha_{TD}} \times P_k \times P_{\dot{x}_0} \times P_{y_0}$ 共生成 24 000 个初始参数集合，即 24 000 个测试组。对所有测试组进行如图 2.4 所示的计算流程，每组测试以初始参数作为 SLIP 模型的结构/运动初始条件，依次计算顶点→触地、支撑相、腾空→顶点三个阶段的质心运动轨迹，最后得到一个完整步态周期的顶点状态值。对于四种近似方法，支撑相的运动解算需调用各自的解析表达式（Picard 迭代法采用 10 次迭代格式以保证其数值的逼近精度），同时采用 4 阶 Runge-Kutta 法数值解算 SLIP 支撑相方程，所获得的数值解作为评价近似解析解预测性能的参照值。本节采用腾空相顶点状态的相对误差作为衡量诸近似解析解预测性能优劣的主要指标，其表达式为

$$e_a(s_{appr}) = \frac{|s_{true} - s_{appr}|}{s_{true}} \times 100\% \tag{2.82}$$

式中　e_a——顶点状态预测的相对误差；

s_{true}——通过 Runge-Kutta 法计算得到的顶点状态（水平速率或垂向高度）；

s_{appr}——通过近似解析解预测的顶点状态（水平速率或铅直高度）。

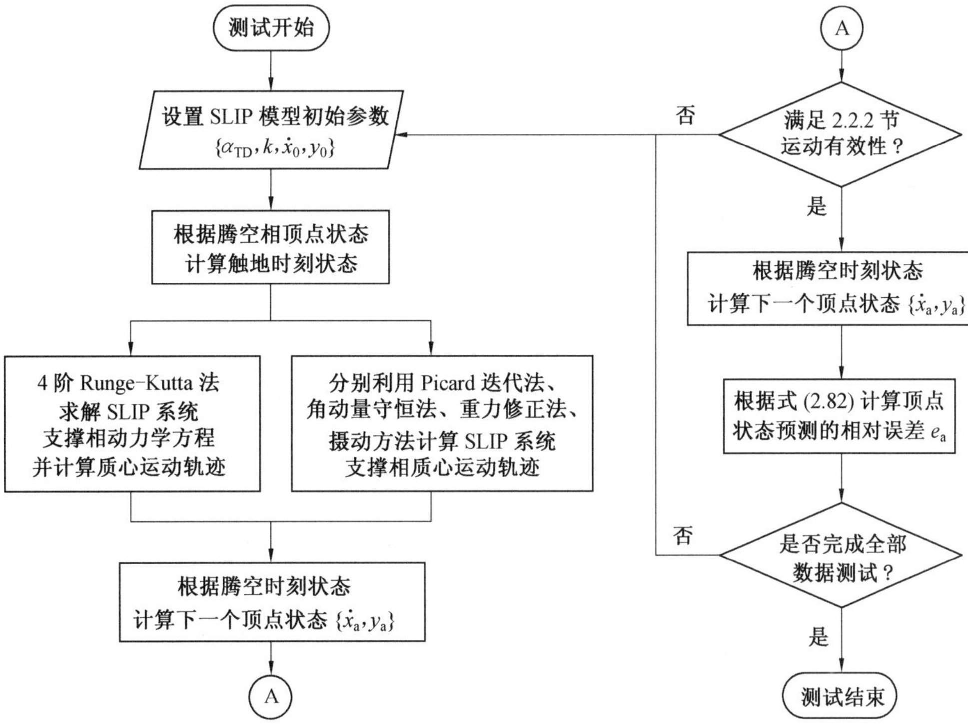

图 2.4　近似解析解腾空相顶点预测性能测试流程

在计算过程中，需对系统状态进行监测，按照 2.3.2 节 SLIP 模型运动失效性的判定准则剔除不满足系统运动有效性的测试组，在所有 24 000 个测试组中，最终保留了 22 092个有效测试组。

3. 性能测试实验结果与分析

对各近似解析表达式进行的腾空相顶点状态预测结果如图 2.5～2.7 所示。对每种近似解析解分别计算其顶点铅直高度误差 $e_a(y_a)$和水平速率误差 $e_a(\dot{x}_a)$。图 2.5 显示了 22 092 组有效测试数据的误差总体统计结果，对每种近似解析解分别计算其在$e_a(y_a)$和 $e_a(\dot{x}_a)$下的统计量：误差均值 μ_e、标准差 σ_e及最大预测误差值 M_e，计算公式为

$$\begin{cases} \mu_e = \dfrac{1}{N}\displaystyle\sum_{j=1}^{N} e_{a_j} \\ \sigma_e = \sqrt{\dfrac{1}{N}\displaystyle\sum_{j=1}^{N} (e_{a_j} - \mu_e)^2} \\ M_e = \max\limits_{j}(e_{a_j}) \end{cases} \tag{2.83}$$

式中 μ_e——顶点状态预测值的误差均值；

σ_e——顶点状态预测值误差的标准差；

M_e——顶点状态预测值的最大误差值；

N——测试样本容量，N=22 092。

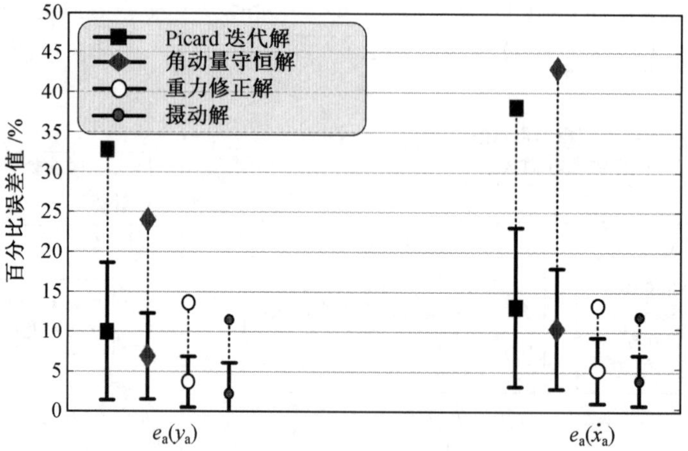

图 2.5 各近似解析表达式对顶点状态预测的总体误差

从误差带($\mu_e \pm \sigma_e$)的整体分布可见：摄动解在所有支撑相近似解析解中具有最佳的预测性能，其预测误差被控制在 5%以内(2.51%±3.07%和 4.86%±3.68%)；而 Picard 迭代解对顶点状态进行预测所产生误差值最高(10.02%±9.78%)，其最大误差值分别为 34.42%和 39.18%；最大预测误差出现在角动量守恒解预测顶点水平速率上，其误差值接近 45%；重力修正解的预测性能略逊于本书所提出的摄动解。通过比较角动量守恒解与重力修正解的误差均值、标准差指标可见，重力修正项的引入对近似解析解的预测精度有显著提升。该现象间接说明，对重力矩的估计的合理性是影响 SLIP 模型近似解析解精度的关键因素。此外，重力修正解与摄动解的标准差明显低于其他两种近似解析解，说明二者的误差值波动较为平缓。综上所述，本书采用摄动方法处理 SLIP 模型重力项对系统角动量的扰动作用，所获得的近似解析表达式可以有效地对 SLIP 系统的运动关键

点状态进行预测，在保证数值计算精度的同时，可以控制误差带，抑制误差数据的波动，体现了良好的计算一致性。

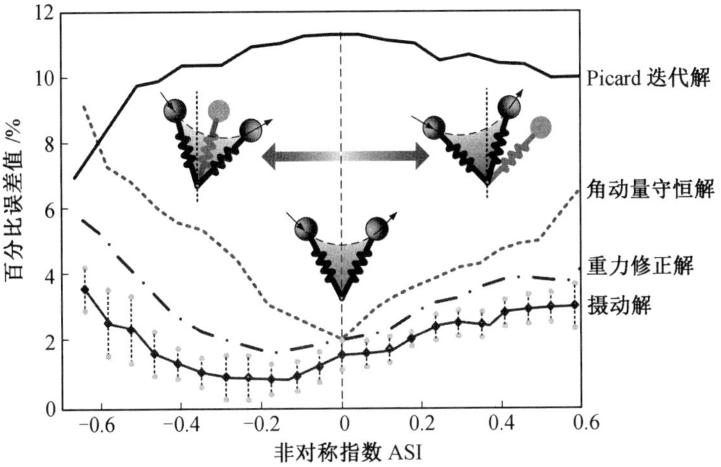

图 2.6　近似解析解的顶点铅直高度预测误差对非对称指数的分布

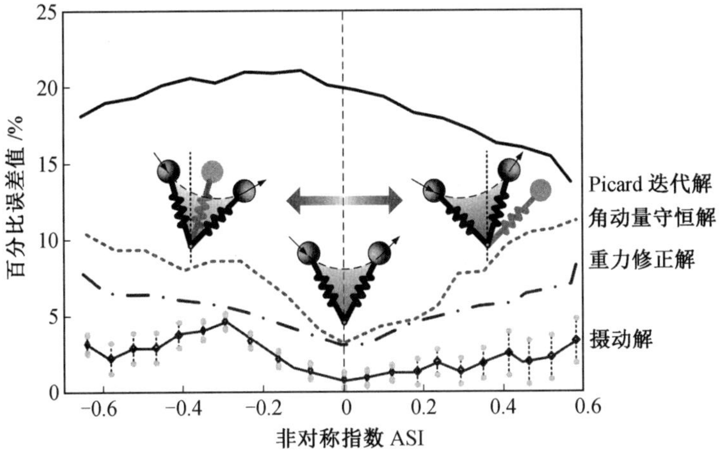

图 2.7　近似解析解的顶点水平速率预测误差对非对称指数的分布

图 2.5 仅提供了四种近似解析解在模型参数空间下的预测误差总体概况，为进一步深入分析所有近似解析解在支撑相质心不同运动轨迹（对称、非对称轨迹）下的预测性能，需对预测误差在不同轨迹下的分布情况进行考核。首先，定义质心在支撑相的运动轨迹不对称性衡量指标 ASI（asymmetry index，非对称指数）为

$$\mathrm{ASI}=\frac{\theta_{\mathrm{TD}}+\theta_{\mathrm{LO}}}{\max(|\theta_{\mathrm{TD}}|,|\theta_{\mathrm{LO}}|)} \tag{2.84}$$

式中　ASI——质心支撑相运动轨迹的非对称指数；

θ_{TD}——触地时刻腿部摆角（rad）；

θ_{LO}——腾空时刻腿部摆角（rad）。

式（2.84）具有明确的物理意义：支撑相入射角和出射角的差值占支撑相扫描角幅值

的比例。对 ASI 进行归一化处理，故取 θ_{TD} 与 θ_{LO} 绝对值较大者作为扫描角的幅值(以足端与地面接触点所在的铅直线为度量标准)。原则上，对任意的 SLIP 模型的有效运动皆有 $-1<\text{ASI}<1$ 且 ASI=0 意味着质心完全对称运动；ASI>0 表示质心的后向偏移，即 $y_{TD}<y_{LO}$(图 2.3(c))；ASI<0 表示质心的前向偏移，即 $y_{TD}>y_{LO}$(图 2.3(b))；|ASI|的数值越大，质心轨迹的不对称性越明显。

在 ASI 对 SLIP 系统质心运动不对称性的度量下，将样本空间的误差测试结果以 ASI 为标准，分别拆解为顶点铅直高度误差 $e_a(y_a)$ 和水平速率误差 $e_a(\dot{x}_a)$ 对 ASI 的分布图(图 2.6、图 2.7)。摄动解在非对称度区间([−0.6, 0.6])范围内的预测效果明显优于其他三种近似解析解。由图中误差曲线的波动情况可见，Picard 迭代解和角动量守恒解的误差受 ASI 的影响较为严重，其中角动量守恒解在对称轨迹(ASI = 0)下的性能明显优于其在非对称轨迹(ASI≠0)下的预测性能。该现象与前文对角动量守恒解的分析结果相吻合：非对称度越高，重力矩对系统的扰动量越大，于是关于角动量守恒的假设被破坏的程度越严重，从而造成角动量守恒解的预测误差较大。在 ASI=0 处，角动量守恒解和重力修正解具有相同的误差值，造成该现象的原因是：在对称轨迹条件下，角动量守恒的假设在支撑相两个端点成立，此时重力补偿项为零，故两种近似解析解的表达式完全相同。

与以上两种近似解析解所不同的是，摄动解在求解过程中并不严格依赖 SLIP 模型系统角动量守恒的假设条件，因此在整个[−0.6, 0.6]区间内的误差分布不受 ASI 的影响。在各种运动条件下，摄动解均可保持较高的顶点状态预测精度且误差波动较为平缓，该现象与图 2.5 所反映的摄动解整体误差带分布相一致。需要指出的是：当 ASI=±0.6 时，考虑极端情况(触地角以 65°计算)，支撑相的扫描角接近 90°(此时 $\Delta\theta$ 远大于 0)，关于小幅度扫描角的假设早已被打破。角动量守恒解在此状态下的误差已接近 6%(顶点高度)和 10%(顶点速率)，但摄动解在此条件下仍具有较高的预测精度，整体误差水平可控制在 5%以内，这是同类近似解析解所无法达到的。与此同时，ASI 在[−0.6, 0.6]范围内的运动几乎覆盖了 SLIP 模型矢状面支撑相的全部运动轨迹，该事实从侧面证实了摄动解相比于现有近似解析解具有更为宽泛的运动适用空间，这些优势条件为后续的 SLIP 模型运动性能分析和运动控制策略研究提供了重要的理论支持。

2.5 SLIP 模型的回归映射与运动稳定性分析

运动稳定性是足式仿生机器人最核心的研究内容。SLIP 系统的稳定运动一般呈现周期性，其数学本质可提炼为在确定相空间下的闭轨。因此，从动力系统分析的角度切入，将周期轨的概念引入 SLIP 模型的运动体系，利用解析化手段建立 SLIP 模型的回归映射并分析其不动点的动力学行为，是深入探寻 SLIP 模型动态运动稳定性的重要技术途径。

2.5.1　回归映射的建立

回归映射属于 Poincaré 映射的一种特殊形式，当系统由向量场空间退化至一维标量系统时，Poincaré 映射可转化为具有简单形式的回归映射形式，便于对系统周期轨迹的动力学行为进行定量分析。通常情况下，SLIP 模型完整步态周期的划分始于当前腾空相的顶点状态(apex)、腾空相(下落)(flight downward，fd)、支撑相(st)、腾空相(上升)(flight upward，fu)，最后回至顶点(图 2.8)。给定能量层级 E_s 下，条件 SLIP 系统的状态可由腾空相顶点高度 y_a 与水平速率 $\dot{x}_{a_i}$ 联合定义。

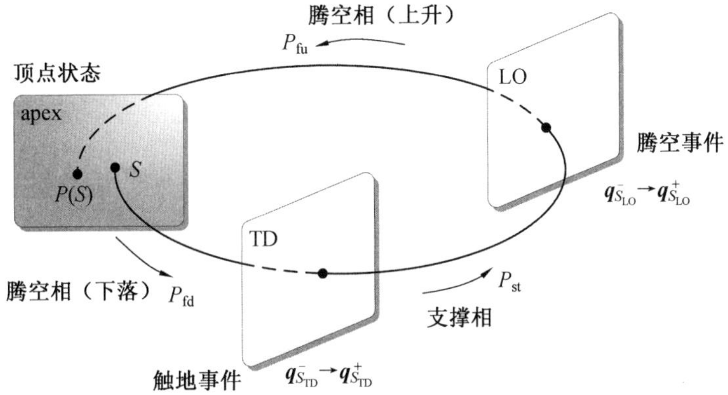

图 2.8　SLIP 模型顶点的回归映射示意图

下面建立 SLIP 模型的顶点回归映射(apex return map，ARM)。给定系统的当前顶点状态 $\boldsymbol{S}_i=(y_a(i),\dot{x}_a(i))^T\in\boldsymbol{Q}_a\subset\mathbf{R}^2$，ARM 定义为 $P:\boldsymbol{Q}_a\to\boldsymbol{Q}_a$ 满足

$$\boldsymbol{S}_{i+1}=P(\boldsymbol{S}_i) \tag{2.85}$$

其中，ARM 可根据图 2.8 的运动顺序分解为三个子映射。

(1)从当前顶点状态(apex)到触地(TD)的运动子映射 P_{fd}，其定义为 $P_{fd}:\boldsymbol{Q}_a\to\boldsymbol{Q}_s$ 满足

$$P_{fd}:\boldsymbol{S}_i=\begin{bmatrix}y_a(i)\\ \dot{x}_a(i)\end{bmatrix}\to\begin{bmatrix}\dot{x}_{TD}\\ y_{TD}\\ \dot{y}_{TD}\end{bmatrix}=\begin{bmatrix}\sqrt{\dfrac{2}{m}(E_s-mgy_a(i))}\\ r_0\sin\alpha_{TD}\\ -\sqrt{2g(y_a(i)-y_{TD})}\end{bmatrix}\to\begin{bmatrix}r_{TD}\\ \theta_{TD}\\ \dot{r}_{TD}\\ \dot{\theta}_{TD}\end{bmatrix}=\boldsymbol{q}_{S_{TD}} \tag{2.86}$$

(2)从触地(TD)到腾空(LO)的支撑相运动子映射 P_{st}，其定义为 $P_{st}:\boldsymbol{Q}_s\to\boldsymbol{Q}_s$，满足

$$P_{st}:\boldsymbol{q}_{S_{TD}}=\begin{bmatrix}r_{TD}\\ \theta_{TD}\\ \dot{r}_{TD}\\ \dot{\theta}_{TD}\end{bmatrix}\to\begin{bmatrix}r_{LO}\\ \theta_{LO}\\ \dot{r}_{LO}\\ \dot{\theta}_{LO}\end{bmatrix}=\boldsymbol{q}_{S_{LO}} \tag{2.87}$$

(3)从腾空(LO)到下一个顶点状态(apex)的运动子映射 P_{fu}，其定义为 $P_{fu}:\boldsymbol{Q}_s\to\boldsymbol{Q}_a$，满足

$$P_{\mathrm{fu}}:\boldsymbol{q}_{S_{\mathrm{LO}}}=\begin{bmatrix}r_{\mathrm{LO}}\\ \theta_{\mathrm{LO}}\\ \dot{r}_{\mathrm{LO}}\\ \dot{\theta}_{\mathrm{LO}}\end{bmatrix}\to\begin{bmatrix}\dot{x}_{\mathrm{LO}}\\ y_{\mathrm{LO}}\\ \dot{y}_{\mathrm{LO}}\end{bmatrix}\to\begin{bmatrix}y_{\mathrm{LO}}+\dfrac{1}{2g}\dot{y}_{\mathrm{LO}}\\ \dot{x}_{\mathrm{LO}}\end{bmatrix}=\begin{bmatrix}y_{\mathrm{a}}(i+1)\\ \dot{x}_{\mathrm{a}}(i+1)\end{bmatrix}=\boldsymbol{S}_{i+1} \tag{2.88}$$

需要指出的是：在 P_{fd} 与 P_{st}、P_{st} 与 P_{fu} 间存在状态的切换面（switching surface）。由假设 2－Ⅱ可知，系统状态变量在接触（TD）和腾空（LO）两个切换面上不存在跳变，即满足

$$\begin{cases}\boldsymbol{q}_{S_{\mathrm{TD}}}^{-}=\boldsymbol{q}_{S_{\mathrm{TD}}}^{+}\\ \boldsymbol{q}_{S_{\mathrm{LO}}}^{-}=\boldsymbol{q}_{S_{\mathrm{LO}}}^{+}\end{cases} \tag{2.89}$$

综合式(2.86) ～ (2.88)，可将完整的 ARM 表示为

$$P=P_{\mathrm{fd}}\circ P_{\mathrm{st}}\circ P_{\mathrm{fu}}:\boldsymbol{S}_i\to\boldsymbol{S}_{i+1} \tag{2.90}$$

在 ARM 的具体计算过程中，腾空相的两个子映射 P_{fd} 和 P_{fu} 可直接通过式(2.86)、式(2.88)求取。对于支撑相的子映射 P_{st}，采用基于摄动方法的支撑相近似解析解式(2.60)、式(2.81)直接计算式(2.87)。如此处理可充分发挥近似解析表达式在顶点预测精度、直观数学表达形式两方面的优势。从参数化程度分析，首先，数值解（一般采用 Runge-Kutta 法求取）无法在获得结果的同时保留系统相关结构参数/运动参数间的函数关系；其次，常规的数值解一般采用递推的离散格式（这一点与 Picard 迭代法类似），可观的在线计算量给 SLIP 系统的运动控制器设计带来一定困难。利用解析表达式可以有效回避数值积分对表达式参数关系的破坏，与此同时，高精度的近似解析表达式亦为 SLIP 模型的稳定性分析与后续参数化研究提供了便利的研究条件。

2.5.2 不动点及其稳定性分析

SLIP 系统的稳定运动对应运动空间的周期性闭轨。对于已经完成系统降维处理的回归映射，周期轨迹在其 Poincaré 截面上退化为不动点。不动点及其邻域内的动态性能将直接影响 SLIP 系统周期运动的稳定性。在顶点回归映射的基础上，给出系统不动点的定义如下。

定义 2.3（不动点） 给定 SLIP 系统顶点的回归映射 $P:\boldsymbol{Q}_{\mathrm{a}}\to\boldsymbol{Q}_{\mathrm{a}}$，$\boldsymbol{S}_{i+1}=P(\boldsymbol{S}_i)$，称 $\boldsymbol{S}^*\in\boldsymbol{Q}_{\mathrm{a}}$ 为映射 P 的不动点，当且仅当 $\boldsymbol{S}^*$ 满足

$$\boldsymbol{S}^*=P(\boldsymbol{S}^*) \tag{2.91}$$

对于已退化至低维系统的回归映射 $\boldsymbol{S}_{i+1}=P(\boldsymbol{S}_i)$，其不动点 $\boldsymbol{S}^*$ 的稳定性问题可从其邻域分析入手。将映射 P 在 $\boldsymbol{S}=\boldsymbol{S}^*$ 处局部线性化处理，可得

$$\boldsymbol{S}_{i+1}-\boldsymbol{S}^*\approx\boldsymbol{J}(\boldsymbol{S}^*)(\boldsymbol{S}_i-\boldsymbol{S}^*) \tag{2.92}$$

式中 $\boldsymbol{J}(\boldsymbol{S}^*)$——$\boldsymbol{S}_{i+1}=P(\boldsymbol{S}_i)$ 在 $\boldsymbol{S}=\boldsymbol{S}^*$ 处的 Jacobian 矩阵。

利用文献[132]对回归映射不动点的局部稳定性判定准则：映射 P 的不动点 $\boldsymbol{S}^*$ 在其邻域 $U_\delta(\boldsymbol{S}^*)=\{\boldsymbol{S}\in\boldsymbol{Q}\mid\ \|\boldsymbol{S}^*-\boldsymbol{S}\|<\delta\}$ 稳定的充分必要条件为 $\boldsymbol{J}(\boldsymbol{S}^*)$ 的所有特征根 $\boldsymbol{\lambda}_i(i=1,2)$ 满足

$$\|\boldsymbol{\lambda}_i\|<1 \tag{2.93}$$

在系统机械能守恒的条件下，顶点状态 $\boldsymbol{S}_i=(y_a(i),\dot{x}_a(i))^T$ 可由 $y_a(i)$或 $\dot{x}_a(i)$描述。从运动的直观性考虑，选择顶点的弹跳高度值 $y_a(i)$ 作为考察变量，此时回归映射式(2.85)可进一步转化为一维映射，即

$$y_a(i+1)=P(y_a(i)) \tag{2.94}$$

同理，可推出系统不动点满足

$$y^*=P(y^*) \tag{2.95}$$

将 $y_a(i+1)=P(y_a(i))$在 $y_a(i)=y^*$ 处局部线性化，得到

$$y_a(i+1)-y^*\approx \boldsymbol{J}(y^*)(y_a(i)-y^*) \tag{2.96}$$

式中　$\boldsymbol{J}(y^*)$——映射 P 在 $y_a(i)=y^*$ 处的 Jacobian 矩阵，满足

$$\boldsymbol{J}(y^*)=\left.\frac{\mathrm{d}y_a(i+1)}{\mathrm{d}y_a(i)}\right|_{y*} \tag{2.97}$$

由于 $\boldsymbol{J}(y^*)$为标量函数，因此回归映射 P 的不动点稳定性判据可化简为

$$-1<\left.\frac{\mathrm{d}y_a(i+1)}{\mathrm{d}y_a(i)}\right|_{y*}<1 \tag{2.98}$$

判据式(2.98)表明：y^* 为稳定不动点(stable fixed point)，等价于 $y_a(i+1)=P(y_a(i))$在 $y_a(i)=y^*$ 处的切线斜率绝对值小于 1。根据 ARM 式(2.90)可获得 $\boldsymbol{J}(y^*)$的完整表达式为

$$\boldsymbol{J}(y^*)=1+\left(r_0\cos\alpha_{TD}+2\sqrt{(y_a(i)-r_0\sin\alpha_{TD})\left(\frac{E_s}{mg}-y_a(i)\right)}\right)\left.\frac{\delta\theta_{TD}}{\delta y_a(i)}\right|_{y*} \tag{2.99}$$

将式(2.99)代入判据式(2.98)，最终得到不动点 y^* 为稳定不动点的约束条件为

$$-2\left(r_0\cos\alpha_{TD}+2\sqrt{(y_a(i)-r_0\sin\alpha_{TD})\left(\frac{E_s}{mg}-y_a(i)\right)}\right)^{-1}<\left.\frac{\delta\theta_{TD}}{\delta y_a(i)}\right|_{y*}<0 \tag{2.100}$$

下面以具体标准运动模型为例分析，对 SLIP 模型顶点回归映射的不动点及其稳定性进行定量分析。标准模型的参数配置为：质量 $m=80$ kg，腿长 $r_0=1$ m，腿部等效刚度 $k=3\times10^4$ N/m，重力加速度 $g=9.81$ m^2/s，触地角 $\alpha_{TD}=71°$，腾空相顶点初始高度 $y_a=1$ m，系统机械能 $E_s=1.78\times10^3$ J(相当于在 $y_a=1$ m 的条件下，以 5 m/s 的速率奔跑时的系统机械能)。根据上述参数绘制 SLIP 模型的顶点回归映射如图 2.9(a)所示。在 $y_a(i)$—$y_a(i+1)$所张成的运动空间上，深色区域为根据失效判定条件所确定的运动失效区。边界 A 为触地时刻发生跌倒的临界状态(由式(2.22)确定)，边界 B 为支撑相发生回弹的临界状态(由式(2.26)确定)。回归映射曲线 $y_a(i+1)=P(y_a(i))$与 $y_a(i+1)=y_a(i)$的两个交点即为 ARM 的不动点，对应 SLIP 系统式(2.9)的周期轨迹。观察 ARM 的局部视图(图 2.9(b))可知，系统存在一个稳定不动点 $y_a=0.989$ m(实心点)和一个不稳定不动点 $y_a=1.204$ m(空心圈)。利用式(2.99)分别计算两不动点 Jacobian 矩阵的特征值，稳定点为 $\lambda=0.622\,4$，不稳定点为 $\lambda=1.288\,2$。计算结果与判据式(2.98)相吻合。

为考察 ARM 对初值的敏感性，对顶点高度选择了三个测试点(图 2.9(b)中的 a、b、c 三点)。SLIP 系统在不同初值下，分别利用式(2.94)进行顶点映射，图 2.9(b)中折线描述了具体的迭代过程。观察 a、b、c 三点的变化趋势，a 点($y_a=0.970$ m)和 b 点($y_a=$

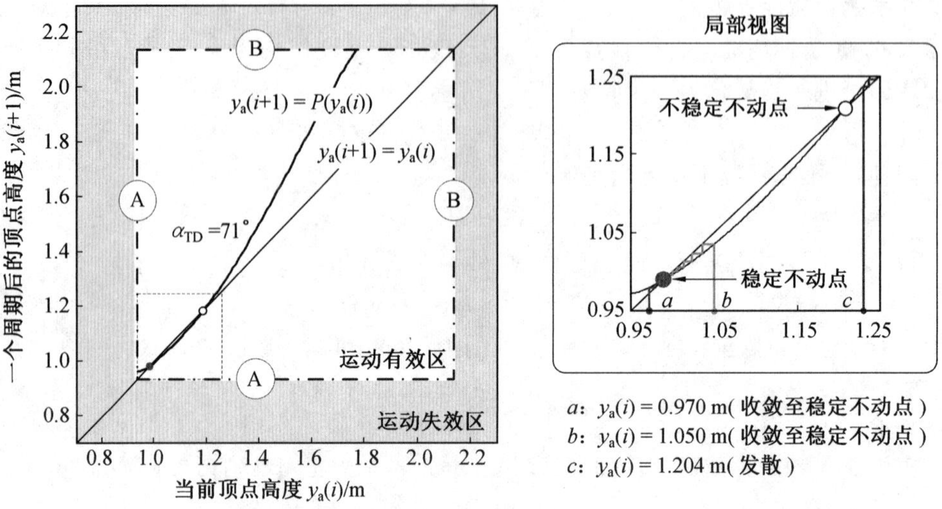

(a) 顶点回归映射　　(b) 稳定与不稳定不动点

图 2.9　SLIP 模型的顶点回归映射与不动点

1.050 m)随着映射次数的增加最终收敛至稳定不动点 $y_a=0.989$ m;c 点($y_a=1.204$ m)则发散直至系统运动失效(超过边界 B,发生支撑相回弹现象)。图 2.10 显示了不动点顶点高度值随步态周期变化的轨迹(图中横坐标亦可表示 ARM 的映射次数),由图易见,测试点 a、b 在不同初值下,在 14 个周期内分别达到以0.989 m为顶点固定弹跳高度的周期性运动;测试点 c 在经过 9 次跳跃后超越边界 B 而发生运动失效。此外,a、b 两点收敛至稳定不动点的速度略有差别,即 ARM 曲线上初值点的斜率近似反映了其收敛(或逃逸)至不动点的快慢程度。考察不动点的邻域,其 ARM 曲线的斜率表征了不动点附近区域

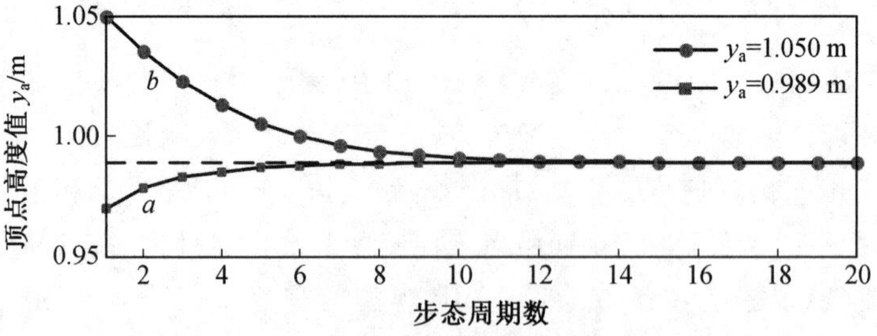

(a) 稳定不动点的收敛过程

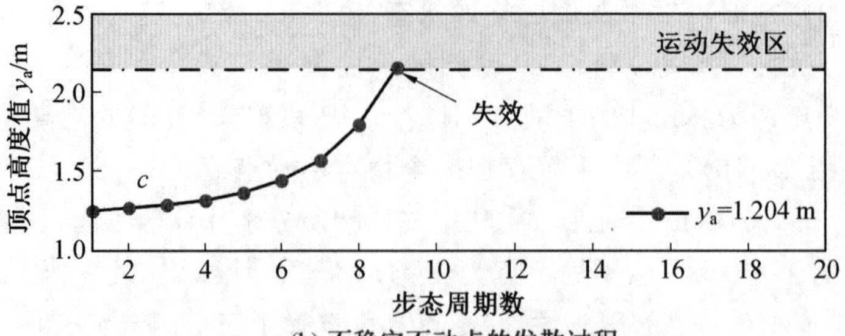

(b) 不稳定不动点的发散过程

图 2.10　不动点顶点高度值随步态周期变化的轨迹

的动态性能。稳定不动点 $y_a=0.989$ m 对其附近一定邻域范围内的初值不敏感，经历有限时长后可收敛至不动点本身；不稳定不动点 $y_a=1.204$ m 则截然相反，初值的微小变化会造成系统后续运动的发散。

综上所述，测试点运动轨迹收敛性质间的显著差别表明：对于 SLIP 系统顶点回归映射的不动点而言，其稳定性将直接影响该点所确定的周期运动对 SLIP 系统初值的敏感性。稳定不动点会形成具有"吸引"效果的区域；不稳定不动点则在其邻域内形成具有"排斥"效果的区域。

2.5.3　极限环分析及其吸引域的确定

1. 相图分析与运动极限环

如前文所述，顶点映射的不动点与 SLIP 模型的周期运动相对应。在系统的运动空间观察，周期运动在空间内会形成闭轨，即极限环。在笛卡儿空间内观察质心的周期运动，将可达运动空间 $\boldsymbol{Q}_s\subset\mathbf{R}^2$ 解构为质心铅直高度变量 y、水平位置变量 x 的低维空间 $\{y,\dot{y}\}\subset\mathbf{R}^2$ 及 $\{x,\dot{x}\}\subset\mathbf{R}^2$。在 $y-\dot{y}$（高度一速率）相平面内观察系统的极限环更为直观，图 2.11、图 2.12 分别绘制了测试点 a、b 和 c 的 $y-\dot{y}$ 相图，图中存在三条关键的区域分界线。

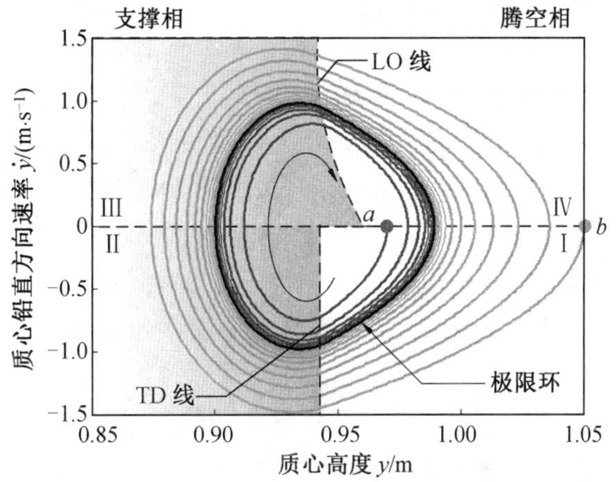

图 2.11　测试点 a 和 b 的质心 $y-\dot{y}$ 相图

（1）零速线（相图 $\dot{y}=0$ 所在直线）。SLIP 模型的质心铅直方向速率为零的状态点集合，表征系统步态周期内的运动极限位置：腾空相为最高腾空点（顶点），支撑相为最低着地点（弹簧压缩量达到最大值）。

（2）TD 线（支撑相与腾空相的交线在 $\dot{y}=0$ 的下方部分）。区分腾空相与支撑相的分界线，表征系统的触地状态。按照相平面轨迹的运动方向，若腾空相内的轨线跨越此线，则进入支撑相。

（3）LO 线（支撑相与腾空相的交线在 $\dot{y}=0$ 的上方部分）。区分支撑相与腾空相的分界线，表征系统的腾空离地状态。与 TD 线相对应，若支撑相内的轨线跨越此线，则进入腾空相。

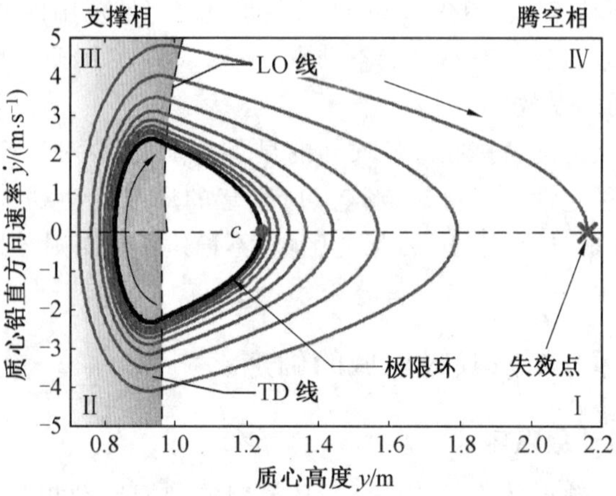

图 2.12　测试点 c 的质心 $y-\dot{y}$ 相图

以上三条分界线在支撑相一腾空相划分的基础上，将整个相平面拆分为物理意义更加明确的四个区域：Ⅰ区（腾空相下落）、Ⅱ区（支撑相弹簧压缩）、Ⅲ区（支撑相弹簧伸长）和Ⅳ区（腾空相上升）。Ⅰ～Ⅳ区的划分建立在 SLIP 模型有效运动（2.3.1 节的定义）的基础上，与系统质心运动轨迹收敛、发散无关。

与通过建立顶点回归映射来观察质心运动的方法相比，相图分析可以提供更为全面、详细的质心运动信息。图 2.11 展示了测试点 a 和 b 的相平面轨线，其中实心点代表轨迹的初始点，箭头表示轨迹随时间的运动方向。由图可见，a、b 两条轨线最终收敛至中心的闭轨（黑色环）即稳定不动点 $y_a=0.989$ m 所对应的极限环。而测试点 c 在经历一系列逃逸运动后，远离 $y_a=1.204$ m 所对应的极限环。下面给出极限环的数学定义。

定义 2.4(极限环)　给定一个 n 维动力系统 $\dot{x}=F(x:t)$，其中 $F:\mathbf{R}^n\to\mathbf{R}^n$ 为光滑向量场函数，记 $\varphi(t;x_0)$ 为系统 $\dot{x}=F(x:t)$ 在 $x(0)=x_0$ 条件下的解，称 $\varphi(t;x_0)$ 为系统 $\dot{x}=F(x:t)$ 的极限环当且仅当 $\exists\, T\in\mathbf{R}^+$，使得对任意时间序列 $t\in\mathbf{R}^+$ 满足

$$\varphi(t;x_0)=\varphi(t+T;x_0)$$

在定义 2.4 的基础上可进一步给出稳定极限环的定义。

补充定义 2.4.1(稳定极限环)　在定义 2.4 的基础上，取 $\varphi(t;x_0)$ 的邻域 $B(\varphi,r)=\{x\in\mathbf{R}^n \mid \|x-\varphi(t;x_0)\|<r\}$ 为考察对象，称 $\varphi(t;x_0)$ 为系统 $\dot{x}=F(x:t)$ 的稳定极限环当且仅当满足：对 $\forall\,\varepsilon>0$，$\exists\, x\in B(\varphi,r)$ 及依赖 x 的时间变量 t_r，使得当 $t>t_r$ 时，均有 $\|x(t)-\varphi(t;x_0)\|<\varepsilon$ 成立。

类似地，可定义不稳定极限环如下。

补充定义 2.4.2(不稳定极限环)　在定义 2.4 的基础上，取关于 $\varphi(t;x_0)$ 的开集 $B(\varphi,r)=\{x\in\mathbf{R}^n \mid \|x-\varphi(t;x_0)\|<r\}$ 为考察对象，称 $\varphi(t;x_0)$ 为系统 $\dot{x}=F(x:t)$ 的不稳定稳定极限环当且仅当满足：对 $\forall\, M>0$，$\exists\, x\in B(\varphi,r)$ 及依赖 x 的时间变量 t_r，使得当 $t>t_r$ 时，均有 $\|x(t)-\varphi(t;x_0)\|>M$ 成立。

2. 吸引域的定义

由上述三个定义易知，稳定极限环的附近存在着一系列向该极限环闭轨处收敛的轨

线；而不稳定极限环附近的轨线则逐渐远离该闭轨。在动力系统的概念中，稳定极限环周围的这些随着时间变量的演化而最终趋向极限环闭轨的点集被称为吸引域（basin of attraction，BoA）。BoA 是相平面上最重要的区域，其边界范围及其内部点集的动力学特性对系统的周期运动稳定性具有举足轻重的影响。

下面给出吸引域的完整数学定义。

定义 2.5（吸引域）　给定一个 n 维动力系统 $\dot{\boldsymbol{x}}=\boldsymbol{F}(\boldsymbol{x};t)$，其中 $F:\mathbf{R}^n\to\mathbf{R}^n$ 为光滑向量场函数，$\varphi(t;\boldsymbol{x}_0)$ 为其相空间内的稳定极限环，称集合 $\mathbf{A}\subset\mathbf{R}^n$ 为极限环 $\varphi(t;x_0)$ 的吸引域当且仅当满足：对 $\forall\varepsilon>0$，$\forall\boldsymbol{x}\in\mathbf{A}$，存在依赖 $\boldsymbol{x}$ 的时间变量 t_A、t_s，使得当 $t>t_A$ 时，均有 $\|\boldsymbol{x}(t)-\varphi(t+t_s;\boldsymbol{x}_0)\|<\varepsilon$ 成立。

SLIP 系统的吸引域描述了相平面上可收敛到稳定极限环上的状态量集合。为避免系统的高能量层级所带来的极限环对 BoA 分析的干扰，本节不失一般性地将 SLIP 系统的能量层级 E_s 设定为 1 785 J，以便分析其普遍规律。在此能量层级下，腾空相的顶点状态 $\boldsymbol{S}$ 的两个分量 y_a、$\dot{x}_a$ 将不再相互独立。若以顶点高度变量 y_a 作为主变量，BoA 实际上定义了维持 SLIP 系统稳定周期运动的顶点高度 y_a 的最大变化区间。图 2.13 记录了不同顶点初始高度下 SLIP 系统收敛至不动点（$y_a=0.989$ m）所需的步态周期数。图中左右两侧的灰色区域不存在周期运动，其中左侧为腾空相磕绊造成的运动失效，右侧为不稳定不动点的发散区域。对于固定能量层级 E_s 在 1 785 J 的 SLIP 系统，从区间[0.946，1.204]内的任意 y_a 值开始，SLIP 系统经历有限周期（最大周期值为 27）皆可实现恒定弹跳高度 $y_a=0.989$ m 的稳定运动。

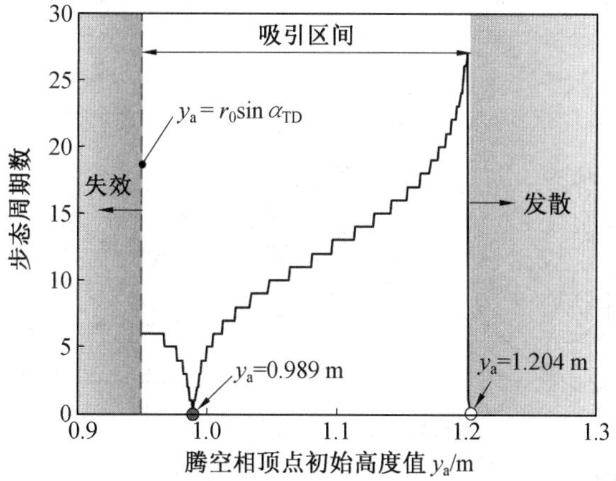

图 2.13　不同顶点初始高度下 SLIP 系统收敛至不动点所需的步态周期数

3. 吸引域边界的确定

从系统抵抗扰动的角度分析，由 SLIP 模型极限环所定义的相平面吸引域体现了在腾空相期间系统所能容忍的初值扰动范围。因此，确定 BoA 的边界对于 SLIP 模型周期运动稳定性及后续运动控制策略的研究起到重要的理论推进作用。BoA 在相平面上的边界完全依赖通过吸引域的定义对轨迹收敛属性的判断。通常情况下，高维动力系统的 BoA 边界的确定属于极度耗时且复杂程度高的计算任务。对于低维 SLIP 模型的 BoA

边界，由稳定、不稳定极限环及运动有效区三方面决定。

如图 2.14 所示，在 $y-\dot{y}$ 相平面上，记稳定、不稳定极限环所围成的内部区域（即沿封闭轨线始终在其右侧的封闭面积）分别为 Ω_{st}、Ω_{ust}；腾空相磕绊、支撑相回弹失效边界所围成的内部区域分别为 Ω_{lb}、Ω_{hb}；另记 Ω 的外部区域为 $\overline{\Omega}$。

首先根据 2.3.2 节关于 SLIP 模型运动失效的判定条件，确定 $y-\dot{y}$ 相平面上的有效区域 Ω_{er} 为

$$\Omega_{er}=\Omega_{hb}\cap\overline{\Omega}_{lb} \tag{2.101}$$

然后确定系统极限环在 $y-\dot{y}$ 相平面上的两条闭轨线所覆盖的收敛状态全集 Ω_{fp} 为

$$\Omega_{fp}=\Omega_{st}\cup\Omega_{ust} \tag{2.102}$$

最后得到 $y-\dot{y}$ 相平面上 SLIP 模型稳定极限环的吸引域 Ω_{BoA} 为

$$\Omega_{BoA}=\Omega_{er}\cap\Omega_{fp}=(\Omega_{hb}\cap\overline{\Omega}_{lb})\cap(\Omega_{st}\cup\Omega_{ust})=\Omega_{ust}\cap\overline{\Omega}_{lb} \tag{2.103}$$

回归映射的不动点与微分方程稳定性理论中的奇点相类似。从奇点的类型分析，SLIP 模型顶点回归映射（式(2.94)）的稳定不动点可视为结点(node)；不稳定不动点可视为鞍点(saddle)。观察图 2.9 的顶点高度 y_a 易见，鞍点将 y_a 沿回归映射的横轴分为两个区间：鞍点右侧的排除区间和左侧的吸引区间。将式(2.103)所确定的 BoA 范围换算至 SLIP 系统的顶点高度可知，在给定能量层级 E_s 下，系统顶点高度 y_a 的吸引区间为

$$r_0\sin\alpha_{TD}<y_a<y_{saddle} \tag{2.104}$$

式中 y_{saddle}——回归映射的不稳定不动点（鞍点）。

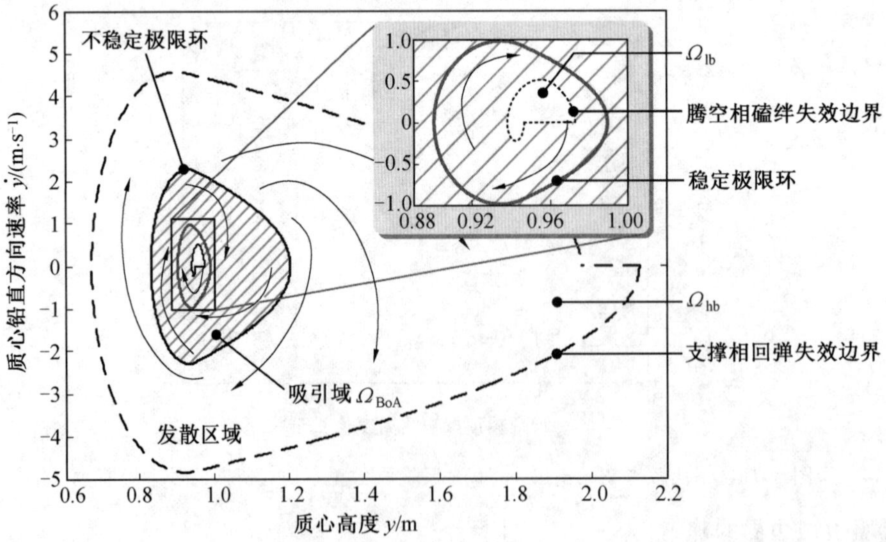

图 2.14　能量层级 E_s=1 785 J 下的相平面极限环吸引域

式(2.104)的吸引区间与通过计算步态周期数来估计顶点吸引区域的范围相一致。该结果表明：与通过 BoA 定义计算顶点高度的收敛过程，进而确定 SLIP 系统周期运动（极限环）BoA 范围的烦琐过程相比，采用基于近似解析解的顶点回归映射（式(2.90)）及不动点的特征值分析（式(2.99)）的方法确定 BoA，计算量得到显著降低，同时，高精度的

支撑相近似解析表达式确保了系统回归映射不动点及其特征值计算的可靠性，为 SLIP 系统周期运动所对应的极限环稳定性研究及 BoA 范围的界定提供了有效的理论基础。

2.6　本章小结

本章围绕着 SLIP 模型的解析化分析而展开研究工作，重点研究了全被动状态下 SLIP 系统动力学方程的解析化数学表达及相关稳定性分析的理论体系构建。在统一化 SLIP 模型的基础上，对系统的运动有效性及失效情况进行了分析和界定；采用量纲分析消除模型结构参数的冗余性；应用常规摄动技术推导出具有封闭形式的 SLIP 模型支撑相近似解析表达式，并对摄动解的预测性能与现有近似解析解进行了对比分析，验证了摄动解具有高精度的预测能力；在稳定性分析的理论体系构建方面，建立了基于摄动解的顶点回归映射；通过对不动点进行特征值分析，建立了 SLIP 系统周期运动的稳定性评判准则；最后确定了稳定极限环的吸引域边界。作为后续章节的基础，本章所推导的 SLIP 模型支撑相近似解析解及所构建的稳定性分析体系将为后续 SLIP 模型的参数化分析与顶点运动控制策略研究提供了数学基础和理论依据。

第3章　SLIP 模型的参数化分析与顶点运动控制策略研究

3.1　概　述

SLIP 模型的运动性能是 SLIP 模型研究所关注的主要目标。在系统的运动过程中，SLIP 模型与环境交互所体现的足一地接触力学特性及笛卡儿空间下的质心运动稳定性是考量系统运动性能的重要指标。上述运动性能受模型结构参数/运动参数的影响十分显著。模型的结构参数包括等效质量、等效腿长及腿部等效刚度；运动参数为腾空相触地角。由前文对系统动力学模型进行的无量纲分析可知，上述结构参数最终归结为模型的无量纲腿部弹簧刚度，因此触地角与等效刚度两参数是决定完全被动状态下 SLIP 模型运动性能的关键因素。为深入探究各结构参数/运动参数对系统性能影响的内在作用机制，对系统进行参数化分析是十分必要的。采用常规的数值方法对 SLIP 模型进行参数化分析，其缺点在于数值方法割裂了系统参数与性能之间的内在联系，所获得的分析结果不便于直接应用于系统运动控制器的设计。作为沟通参数化分析与运动控制系统设计的桥梁，第 2 章所推导的支撑相近似解析表达式极大程度地保留了 SLIP 模型各结构参数/运动参数与质心运动间的数学联系，同时依托于近似解析解所建立的基于回归映射不动点的稳定性分析体系可为系统运动性能的评价及运动控制器设计提供理论支撑和设计准则。

本章将在第 2 章 SLIP 动力学模型解析化研究成果的基础上，进一步深入挖掘系统结构参数、运动参数对系统运动性能的影响。重点分析 SLIP 模型的腾空相触地角及支撑相腿部单元的等效刚度对足一地接触性能指标、运动稳定性评价指标的影响规律，探究系统参数的内在作用机制并为 SLIP 模型的自稳定性(self-stability)提供理论解释。在定量参数化分析的基础上，以顶点运动状态为控制目标，开展基于支撑相近似解析解的 SLIP 系统 dead-beat 运动控制策略研究，在结构参数/运动参数控制层面为全面提升 SLIP 系统的运动性能提供有效解决方案。

3.2　SLIP 模型的运动性能评价指标

考虑到 SLIP 模型的结构具有集中质量和无质量/惯性弹性腿部单元的特点，在绝大多数情况下，SLIP 模型在笛卡儿空间下的运动属于动步态。系统的质心及腿部弹性单元在动步态运动过程中所展现的运动学、力学特性决定了其运动性能。因此，基于以上考虑，SLIP 模型的运动性能评价也自然从足一地接触力学特性和笛卡儿空间下的质心运动稳定性两方面展开。

3.2.1　足一地接触性能指标

作为常规运动状态下足式系统与环境进行交互的唯一途径，支撑足与接触地面所展现出的力学特性不仅对系统质心的支撑相运动起着关键性作用，还决定了 SLIP 模型由支撑相进入腾空相的状态，进而影响整个步态周期的运动。足一地接触力亦称为地面反作用力(GRF)，是生物运动力学研究领域重要的实验测量物理量。如图 3.1(a)所示，GRF 为地面作用力 F_x、F_y的合力，方向沿腿部径向方向指向系统质心。考虑到 SLIP 模型的无质量/惯性的腿部结构，在支撑相阶段，GRF 与腿部单元的弹性力相平衡，即

$$\mathrm{GRF}(t)=F_{\mathrm{spr}}(t)=k(r_0-r(t)) \tag{3.1}$$

将 GRF 正交分解，可获得水平与铅直方向的地面作用力 F_x、F_y分别为

$$\begin{cases}F_x=\mathrm{GRF}\sin\theta\\F_y=\mathrm{GRF}\cos\theta\end{cases} \tag{3.2}$$

GRF 及 F_x、F_y的计算可借助于支撑相近似解析解来求取，通过径向长度 $r(t)$表达式(2.60)可直接计算 GRF；同时，结合式(2.81)可获得 F_x与 F_y，具体计算表达式此处不再赘述。为便于 SLIP 模型的参数化分析，要求性能指标在数学形式上具有简洁性，在物理意义上具有直观性。基于此，本节所选择的足一地接触性能指标如下。

(1)足一地接触力峰值 $\mathrm{GRF_m}$。

在支撑相阶段，SLIP 系统的足端与地面相接触，地面的支反力直接作用于承担机体绝大部分质量的腿部单元。随着运动的持续，GRF 的折算力/力矩有可能引起单腿的触地破坏(touchdown damage，TDD)。大量动物学、人体疲劳测试实验结果表明：过高(或超限)的 GRF 峰值是造成腿部肌肉(或关键部件)受损甚至运动破坏的主要原因。因此，合理地配置系统的结构及运动参数，有效地降低足一地接触过程中的 GRF 峰值是规避 TDD，保护系统关键部件的重要举措。$\mathrm{GRF_m}$的定义为

$$\mathrm{GRF_m}=\max_{t_{\mathrm{TD}}<t<t_{\mathrm{TD}}+T_{\mathrm{st}}}(\mathrm{GRF}(t)) \tag{3.3}$$

式中　$\mathrm{GRF_m}$——足一地接触力峰值(N)，其无量纲形式为

$$\overline{\mathrm{GRF_m}}=\frac{\mathrm{GRF_m}}{mg} \tag{3.4}$$

T_{st}——支撑相持续时间(s)；

t_{TD}——触地时间(s)。

(2)足一地接触力比率峰值 $\mathrm{CFR_m}$。

在 SLIP 模型的统一化构建前提出了假设 2－Ⅰ，即将足与地面接触点处的运动约束视为完全理想的固定铰支座来处理。在实际的生物及机器人系统中，足端与地面间的运动约束在极大程度上依赖于足与环境间的接触力学。为避免过度细化足一地接触颗粒度造成的计算量剧增，本节以支撑相阶段内的足一地接触力比率(contact force ratio，CFR)

作为考察足一地接触情况的主要参数。CFR 峰值与接触地面所能提供的最大静摩擦系数 μ 间的大小关系是决定足端能否满足假设 2－Ⅰ的重要判定依据。CFR_m的定义为

$$CFR_m = \max_{t_{TD}<t<t_{TD}+T_{st}} \left| \frac{F_x(t)}{F_y(t)} \right| \tag{3.5}$$

以集中质量 $m=80$ kg，腿长 $r_0=1$ m，腿部单元等效刚度 $k=30$ kN/m，初始顶点高度 $y_0=1$ m，触地角 $\alpha_{TD}=71°$及系统能量层级 $E_s=1\ 785$ J 为 SLIP 模型参数，计算一个支撑相内 GRF 与 F_x、F_y，GRF 与 CFR 随时间变化的曲线，如图 3.1(b)所示(其中 GRF_m和 CFR_m见箭头标记处)。曲线所在的坐标系皆采用无量纲标度，目的是消除各性能指标的计算结果对不同 SLIP 模型结构参数选取的依赖性。

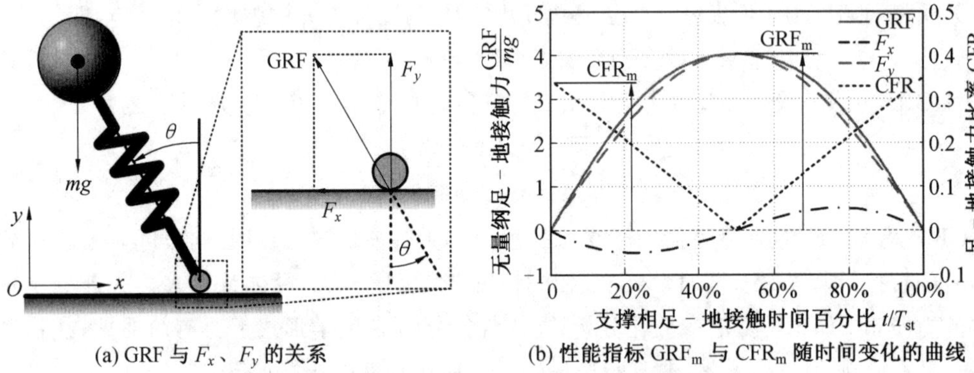

图 3.1　足一地接触力 GRF 的分解示意图与性能指标

3.2.2　运动稳定性评价指标

运动稳定性与鲁棒性是 SLIP 模型运动稳定性评价重点考察的两个方面。SLIP 系统具有独特的基于离散事件(TD 与 LO)驱动的双状态(腾空相与支撑相)交替运动模式，其运动稳定性与鲁棒性在实质上体现了系统抵抗来自外界环境、内部状态的干扰，维持周期运动(极限环)的能力。在 2.5 节基于回归映射不动点的 SLIP 模型稳定性分析理论架构下，稳定不动点所定义的 BoA 区域反映了系统的宏观、整体运动性能；不动点邻域内的区域则体现了系统的微观、局部动力学特性。因此，要全面而深入地对系统的运动性能进行综合评价，需要在宏、微两种尺度下制订 SLIP 模型运动稳定性的评价准则。本节所选择的运动稳定性评价指标如下。

(1)BoA 的区域大小。

BoA 是 SLIP 系统所有可收敛到稳定极限环的状态的集合。BoA 与系统对状态扰动(state disturbance)的敏感性有密切关系。BoA 只界定了相空间内系统收敛状态集的最大范围，因此，BoA 实质上从宏观上描述了系统运动的全局稳定性(global stability)。

(2)Floquet 乘数 λ_F。

欲衡量 SLIP 系统局部的运动稳定性能，需要重点研究稳定极限环(即周期运动)附近的动力学行为。Floquet 乘数是对系统进行极限环局部收敛性能评价的最佳指标选

择，在双足仿生机器人系统的周期运动分析中得到了广泛的应用。借助前文对 ARM 的不动点邻域进行局部线性化，式(2.92)中 $\boldsymbol{J}(\boldsymbol{S}^*)$ 矩阵的特征值即为系统的 Floquet 乘数 λ_F。因此在数学形式上，SLIP 系统的 Floquet 乘数 λ_F 与其顶点回归映射上不动点的特征值相同。λ_F 定量地刻画了系统在不动点邻域内的收敛速率，亦可理解为系统在微小的初始轨道偏差下恢复至稳定极限环的能力。

需要指出的是：二维系统式(2.85)有且仅有两个 Floquet 乘数，由于 SLIP 系统在整个运动过程中机械能守恒，因此其中一个在数值上等于 1；另一个 Floquet 乘数即作为在稳定极限环邻域内，评价系统在微小扰动下的收敛速率的重要指标。

(3)最大容许扰动量(maximum tolerance disturbance，MAD)。

BoA 与 Floquet 乘数两个指标是从极限环分析的角度考察 SLIP 系统的运动稳定性能：前者体现了系统整体的大范围渐近收敛特性；后者则表征了极限环邻域内局部收敛的快慢。最大容许扰动量可以直观、便捷地描述 SLIP 系统对外界扰动的抵抗能力。通常情况下，系统的外界扰动可根据作用形式分为地面高度扰动和系统状态扰动：地面高度扰动包括相对于地面基准线的上下起伏量变化；系统状态扰动包括对质心运动速率的瞬时增速与减速。

上述扰动的具体实现方式如下。

对地面高度扰动，其受扰状态可表示为

$$y_{dis}=y_0+e_g \tag{3.6}$$

式中　y_{dis}——质心受扰后的瞬时高度(m)；

y_0——质心受扰前的瞬时高度(m)；

e_g——地面高度扰动量(m)。

通常情况下，对系统的状态扰动描述为对质心水平速率的瞬时干扰，即

$$\dot{x}_{dis}=\dot{x}_0+e_v \tag{3.7}$$

式中　$\dot{x}_{dis}$——质心受扰后的瞬时速率(m/s)；

$\dot{x}_0$——质心受扰前的瞬时速率(m/s)；

e_v——质心速率的扰动量(m/s)。

在式(3.6)中，地面高度扰动量 e_g 的定义与地面上凸、下凹高度 Δy_{up}、Δy_{dn} 相对应，即 $e_g<0$ 对应 Δy_{up}，而 $e_g>0$ 对应 Δy_{dn}。此外，式(3.7)中，质心速率的扰动量 e_v 可理解为在腾空相受到瞬时的水平冲量 I。对于质量为 m 的 SLIP 系统，扰动量 e_v 的具体物理含义可表示为

$$e_v=\frac{I}{m} \tag{3.8}$$

结合前文对系统运动失效性进行的定量分析，SLIP 系统在运动过程中所能抵抗的最大扰动量由最大上凸高度(MTUS)、最大下凹深度(MTDS)及式(3.7)所确定的最大质心速率扰动量三部分组成。

从动力系统不动点的角度分析，可形象地将 BoA 区域、Floquet 乘数与最大容许扰动

量等相关性能评价指标间的关系描述为图 3.2 所示的示意关系。图中黑色曲线表示 SLIP 系统所定义的状态空间；红色、绿色圆圈分别表示系统的不稳定、稳定(不动点)运动状态。由局部视图可以直观地理解 Floquet 乘数的实际意义，即 λ_F 确定了稳定不动点附近区域收敛至该点的“恢复速度”。BoA 及 MTDS、MTUS 与系统状态空间的“形状”密切相关，其中在 e_g 产生的正向扰动 Δy_{dn} 和负向扰动 Δy_{up} 的作用下，系统回归至稳定周期运动的具体过程如图 3.2 右侧视图所示。观察轨迹可见，所谓系统的最大容许扰动量实质上是稳定不动点至 BoA 边界的距离。根据运动空间各坐标基(或独立变量)的定义，该距离具有不同的物理意义。特别地，若取系统广义坐标 $\boldsymbol{q}$ 和 $\dot{\boldsymbol{q}}$ 为一组坐标基，则稳定不动点 $\boldsymbol{S}^*$ 沿各自坐标基方向至 BoA 边界的距离，即为系统的最大容许扰动量 e_g 和 e_v。

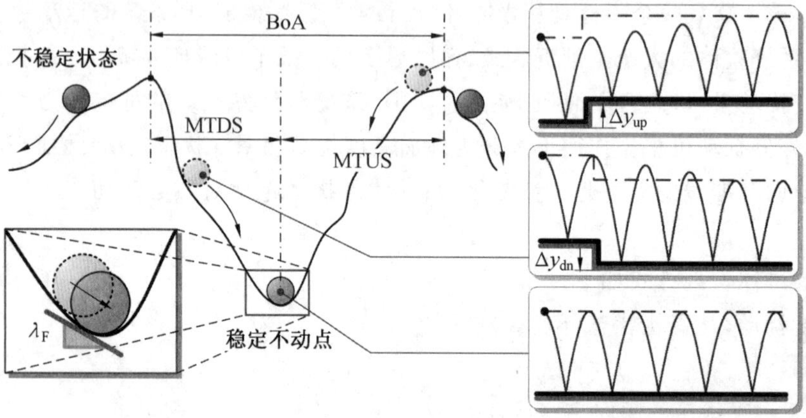

图 3.2　各运动稳定性指标与 SLIP 系统运动的示意关系

3.3　触地角对运动性能的影响分析

3.3.1　模型参数设置与计算分析流程

根据支撑相近似解析解性能分析的相关测试数据，将 SLIP 模型的相关参数设置为：质量 m=80 kg、腿部等效刚度 k=30～50 kN/m、腿长 r_0=1 m、初始顶点高度 y_0=1 m，系统机械能 E_s=1 785 J。触地角对 SLIP 系统运动性能影响的计算流程如图 3.3 所示。在求解 SLIP 系统支撑相动力学的过程中，利用所获得的支撑相近似解析解对系统变量 $r(t)$、$\theta(t)$及顶点状态进行预测，充分发挥近似解析解在计算精度与参数化直观表达两方面的优势。最后，对所得数据进行参数变异性检测(parameter variation test)，以检验分析结果的一致性，消除参数选择的影响。

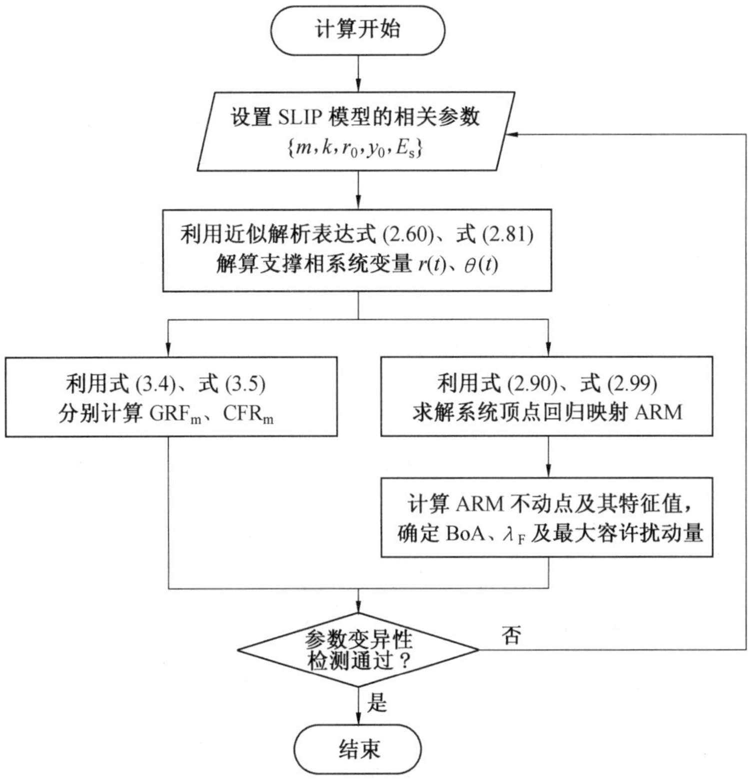

图 3.3　触地角对 SLIP 系统运动性能影响的计算流程

3.3.2　对足一地接触性能指标的影响分析

1. 对 $\mathrm{GRF_m}$ 的影响

利用支撑相径向长度变量 $r(t)$ 可方便地对 $\mathrm{GRF_m}$ 进行计算，将式(2.60)代入式(3.1)并取其无量纲形式可推出

$$\overline{\mathrm{GRF}}(t)=\frac{kr_0}{mg}\left(1-\frac{r(t)}{r_0}\right)=\bar{k}(1-\bar{r}(t))=\bar{k}(1-r_b-a\cos(\omega_0 t+\beta)) \tag{3.9}$$

进一步可求得峰值$\overline{\mathrm{GRF}}$即$\overline{\mathrm{GRF}_\mathrm{m}}$为

$$\overline{\mathrm{GRF}_\mathrm{m}}=\bar{k}(1-r_b+a) \tag{3.10}$$

其中，$\bar{k}$ 为系统无量纲腿部等效刚度；r_b 和 a 与式(2.60)、式(2.61)中的定义相同。

r_b 和 a 与触地角 α_{TD} 的函数嵌套关系可表示为下面的关联形式，即

$$\begin{aligned}&r_b\rightarrow C_r\\&a\rightarrow\left\{\begin{matrix}r_b\\C_r\end{matrix}\right\}\rightarrow C_r\rightarrow\theta'_{\mathrm{TD}}\rightarrow\left\{\begin{matrix}y_{\mathrm{TD}}\rightarrow\alpha_{\mathrm{TD}}\\y'_{\mathrm{TD}}\rightarrow y_{\mathrm{TD}}\end{matrix}\right\}\rightarrow\alpha_{\mathrm{TD}}\end{aligned} \tag{3.11}$$

由式(3.11)可知，在给定 SLIP 模型参数集合$\{E_s, m, k, r_0, y_0\}$的条件下，指标$\overline{\mathrm{GRF}_\mathrm{m}}$由触地角 α_{TD}唯一决定。在计算过程中，α_{TD}的取值范围应保证 SLIP 系统始终处于

有效运动状态下，需防止模型发生支撑相回弹，即 α_{TD}满足

$$\tan\alpha_{TD} < |\dot{y}_{TD}/\dot{x}_{TD}| = \sqrt{\frac{mg(y_0 - r_0\sin\alpha_{TD})}{E_s - mgy_0}} \tag{3.12}$$

在式(3.12)的约束条件下，利用式(3.10)及式(3.11)可计算触地角与$\overline{GRF_m}$的函数关系，并进行相关参数的变异性检测(具体计算结果如图 3.4～3.6 所示)。分别观察在腿部等效刚度、顶点初始高度及质量变化下的 $\alpha_{TD}-\overline{GRF_m}$曲线可见，尽管 SLIP 系统的结构参数/运动参数存在差异，但$\overline{GRF_m}$随 α_{TD}的增大而逐渐减小的普遍规律保持不变，即适当增大触地角有助于减小支撑相期间内足端与地面接触力的峰值，进而可有效地降低足一地接触过程中过高的 GRF 对机体造成的损伤。

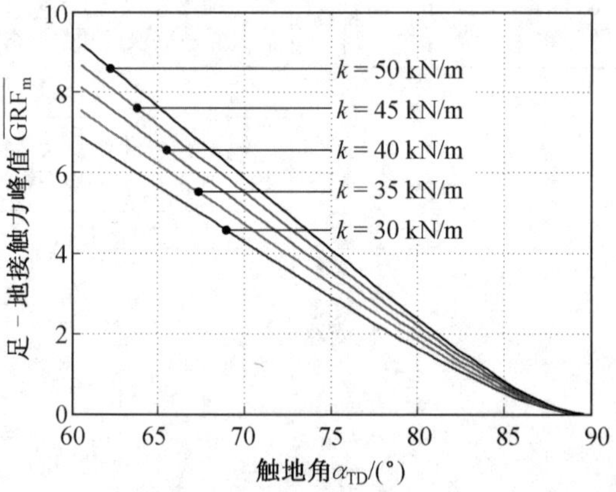

图 3.4　不同腿部等效刚度下的触地角 α_{TD}与$\overline{GRF_m}$的关系

在宏观评估触地角 α_{TD}对$\overline{GRF_m}$影响的基础上，对 $\alpha_{TD}-\overline{GRF_m}$曲线按照 SLIP 系统的腿部等效刚度 k、顶点初始高度 y_0及系统质量 m 的顺序进行参数变异性测试。图 3.4 显示了腿部等效刚度 k 在 30～50 kN/m 下的 $\alpha_{TD}-\overline{GRF_m}$曲线。五条曲线的变化趋势表明：系统腿部等效刚度值的改变对 $\alpha_{TD}-\overline{GRF_m}$曲线的基本走势毫无影响，$\overline{GRF_m}$随 α_{TD}的增大最终趋近于零。对该现象的解释为：模型的腿长与顶点初始高度设置相同，故当 $\alpha_{TD}\approx 90°$时，有 $y_{TD}=r_0\sin\alpha_{TD}\approx r_0=y_0$。SLIP 系统的整体位姿已接近铅直方向，质心 Y 轴方向速率接近零而在 X 轴方向依然存在正向的水平速率。弹性单元在触地瞬时保持原长，质心在水平速率下向前倾倒，即系统已临近支撑相前扑的失效状态，故$\overline{GRF_m}$近似为零。

图 3.5 为触地角 α_{TD}与$\overline{GRF_m}$在不同顶点初始高度下的曲线。与图 3.4 的不同之处在于，顶点初始高度 y_0将影响 α_{TD}的取值范围，即

$$\max(\alpha_{TD}) = \min\left(90°, \arcsin\frac{y_0}{r_0}\right) \tag{3.13}$$

由图 3.5 中曲线可见，在给定系统能量层级下，减小 y_0会降低系统触地时刻的铅直方向速率，增大水平方向速率；进而通过式(2.60)、式(2.61)增大 r_b、减小 a，最终通过式(3.10)减小$\overline{GRF_m}$，使 $\alpha_{TD}-\overline{GRF_m}$曲线整体下降。图 3.6 为不同质量下的 α_{TD}与$\overline{GRF_m}$曲线，根据式(3.10)可推出：增大 m 将直接通过式(3.9)减小腿部无量纲刚度 $\bar{k}$，最终导致

$\alpha_{TD}-\overline{GRF_m}$曲线的整体下降。

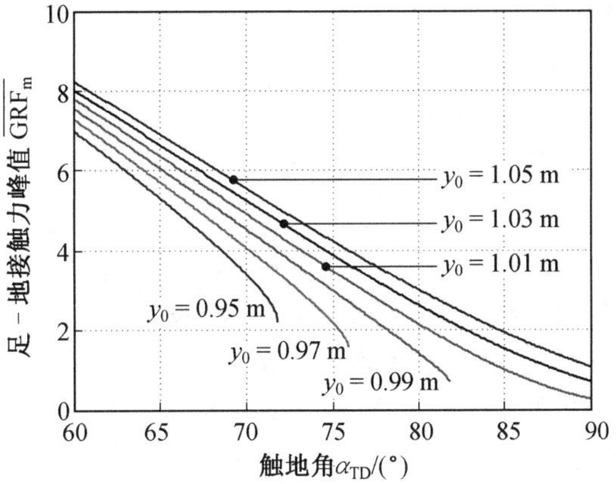

图 3.5　不同顶点初始高度下的触地角 α_{TD}与$\overline{GRF_m}$的关系

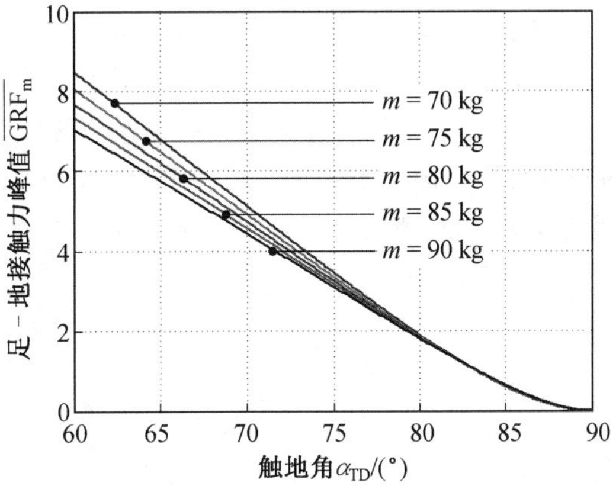

图 3.6　不同质量下的触地角 α_{TD}与$\overline{GRF_m}$的关系

基于上述计算及对 SLIP 系统进行的结构参数/运动参数变异性分析，触地角 α_{TD}对$\overline{GRF_m}$的影响规律可归纳为：①在固定 SLIP 系统能量层级下，$\overline{GRF_m}$随 α_{TD}的增大而减小；②SLIP 系统的质量、腿部等效刚度及顶点初始高度的参数变异对 $\alpha_{TD}-\overline{GRF_m}$曲线的整体趋势无影响。

2. 对 CFR_m的影响

CFR_m依赖于 GRF 的两个正交分量 F_x和 F_y。在 SLIP 系统支撑相摆角变量$\theta(t)$解析表达式(2.81)的基础上，CFR_m可获得显示的计算表达式，具体计算过程为

$$CFR_m=\max\left|\frac{F_x(t)}{F_y(t)}\right|=\max\left|\frac{GRF\sin\theta(t)}{GRF\cos\theta(t)}\right|=\max|\tan\theta(t)| \tag{3.14}$$

考虑到 SLIP 系统在支撑相期间内摆角变量 $\theta(t)$为单调递减，式(3.14)可进一步推导为

$$CFR_m=\max(\tan|\theta(t)|)=\tan(\max|\theta(t)|)=\tan(\max(|\theta_{TD}|,|\theta_{LO}|)) \tag{3.15}$$

由式(3.15)可见，CFR_m实质上取决于 θ_{TD}和 θ_{LO}绝对值的较大者。借助于关于支撑

相质心运动轨迹不对称性的刻画指标 ASI,可对支撑相摆角 $\theta(t)$ 与 CFR_m 的关系进行较为深入的分析。当 ASI = 0 时,有 $\theta_{TD} = |\theta_{LO}|$;ASI > 0 时,有 $\theta_{TD} < |\theta_{LO}|$;反之当 ASI < 0时,有 $\theta_{TD} > |\theta_{LO}|$。结合式(3.15),$CFR_m$ 可表示为

$$CFR_m = \begin{cases} |\theta_{LO}| & (-1 < ASI < 0) \\ |\theta_{LO}| \text{ 或 } \theta_{TD} & (ASI = 0) \\ \theta_{TD} & (0 < ASI < 1) \end{cases} \tag{3.16}$$

利用式(3.16)可直接计算 $\alpha_{TD} - CFR_m$ 关系曲线,图 3.7 所示为不同腿部等效刚度下的触地角与足-地接触力峰值的关系。对确定的刚度 k,$\alpha_{TD} - CFR_m$ 可分为不动点前、后两阶段:其中,在第一阶段,α_{TD} 由 60°逐渐增大至不动点的过程中,入射角 θ_{TD} 逐渐减小,此阶段 SLIP 系统支撑相的轨迹始终处于 ASI < 0 的非对称状态,利用式(3.16)可判断出此时 CFR_m 由 θ_{TD} 决定;当 α_{TD} 增至临界状态(即满足 $\theta_{TD} = |\theta_{LO}|$ 条件)时,ASI 达到零值,此时系统质心在支撑相将呈现出完全对称的运动轨迹,即达到不动点运动状态;α_{TD} 超过不动点的状态为第二阶段,此阶段系统的轨迹处于 ASI<0 的状态,CFR_m 由 θ_{LO} 决定,故曲线呈波动的状态;最后当 α_{TD} 达到 90°时,入射角 θ_{TD} 减小至最小值零(即 $F_x = 0$),故 CFR_m 回归至零值。从系统不动点的角度分析,腿部等效刚度 k 的变动将直接影响系统不动点的位置,进而改变 $\alpha_{TD} - CFR_m$ 曲线上两阶段分割触地角区间的比例。CFR_m 随 α_{TD} 的增大呈现出一种非单调变化的复杂"分段"特性,且不动点处的 CFR_m 在附近触地角邻域内具有局部极小值的特点。后续对顶点初始高度及质量的参数变异性测试再次印证了该现象。

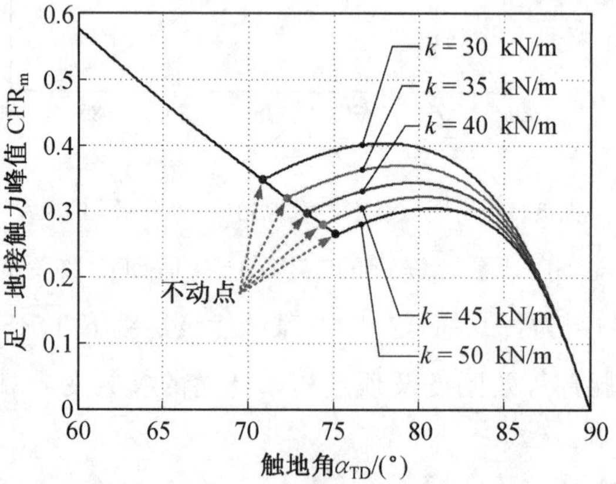

图 3.7　不同腿部等效刚度下的触地角 α_{TD} 与 CFR_m 的关系

图 3.8、图 3.9 分别为不同顶点初始高度、质量下的 $\alpha_{TD} - CFR_m$ 曲线,CFR_m 随 α_{TD} 的变化趋势与图 3.7 大致相同。观察图 3.8 可见:不动点的位置随顶点初始高度 y_0 的增大而逐渐向左移动;同时,与图 3.5 的分析类似,α_{TD} 的最大许用值受式(3.13)的限制。当 $y_0 = 0.95$ m时,$\max(\alpha_{TD}) = 71.81°$,结合前文对 ARM 不动点的分析可判断:系统在此区间内无不动点,故 $\alpha_{TD} - CFR_m$ 曲线尚不存在"分段"现象,曲线被完全限定在单调递减阶段内(图 3.8 中虚线圈定的单调下降直线部分)。由此可进一步推出:触地角 α_{TD} 许用区间与系统不动点的包含关系对 $\alpha_{TD} - CFR_m$ 曲线形态的影响十分显著。从图 3.9 中 α_{TD} -

CFR_m曲线变化趋势可见，系统质量参数的变异对不动点的影响较小（不动点的位置移动如图 3.9 的局部视图所示）且不影响 α_{TD}的许用区间大小，即不改变其许用区间对不动点的包含关系，故 $\alpha_{TD}-CFR_m$的曲线始终保持“分段”形态，亦从另一层面验证了上述推论。

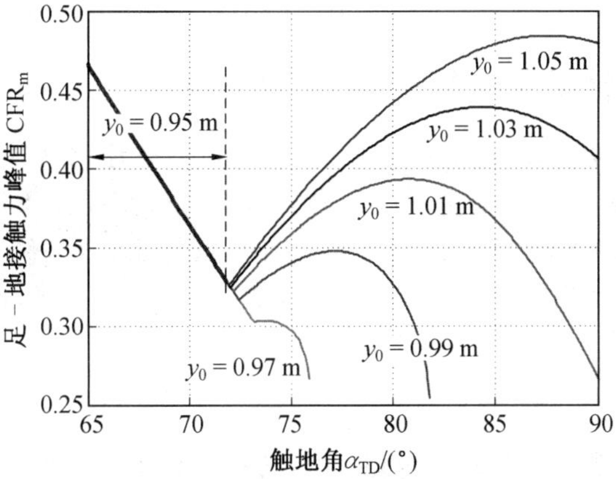

图 3.8　不同顶点初始高度下的触地角 α_{TD}与 CFR_m的关系

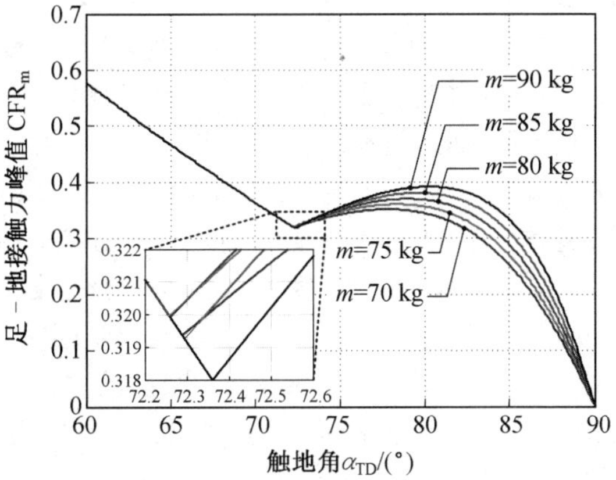

图 3.9　不同质量下的触地角 α_{TD}与 CFR_m的关系

从足－地接触与摩擦的角度重新审视触地角 α_{TD}对 CFR_m的影响，CFR_m本质上定量描述了系统在支撑相足端发生打滑的风险程度。根据式(2.1)可知：足端在地面不发生打滑的安全条件为 $CFR_m < \mu$。因此，较高的 CFR_m意味着 SLIP 系统对地面摩擦系数的要求较高，反之亦然。仅考虑到由足端打滑引起的运动失效，图 3.7～3.9 的曲线族表明：最安全的足－地接触状态为触地角为 90°时的垂直下落，然而该状态已达到 SLIP 系统腾空相运动的极限状态。通常情形下，SLIP 系统的触地角介于 65°和 85°之间。从比较 CFR_m与 μ 相对大小的角度考虑，SLIP 系统在地面摩擦系数变动下皆存在足端打滑的风险。因此，单纯地增加 α_{TD}并不能有效地减小 CFR_m，降低足端打滑的可能性。根据足－地接触的摩擦特性及 SLIP 系统的相关结构参数/运动参数，合理地选择腾空相的触地角才是改善足－地接触特性的有效方式。

基于以上分析，触地角 α_{TD}对 CFR_m的影响规律可归纳为：①在固定 SLIP 系统能量层级下，$\alpha_{TD}-CFR_m$曲线会被系统不动点拆分为两部分，CFR_m在第一部分随 α_{TD}的增大而减小，在第二部分随 α_{TD}的增大而呈现出波动特性；②触地角 α_{TD}的许用变化区间是否包含 SLIP 系统回归映射的不动点将直接影响 $\alpha_{TD}-CFR_m$曲线的走势；③α_{TD}达到不动点状态时所对应的 CFR_m具有局部极小值，但 CFR_m的大小同时受到 SLIP 系统结构参数/运动参数的影响。

3.3.3 对运动稳定性评价指标的影响分析

触地角对 SLIP 系统运动性能的影响集中体现在当触地角变化时，系统 BoA 区域范围的增减、Floquet 乘数大小的变化及最大容许扰动量的变动。本节的计算分析主要依赖于前文所建立的 SLIP 模型回归映射及稳定性分析体系，通过解析化计算手段对系统的初值敏感性、不动点邻域内的收敛性及系统抵抗外界扰动的能力进行定量分析，最后通过参数变异性分析对结果的普遍性进行检验。

1. 对 BoA 的影响

前文已对 SLIP 系统稳定周期运动的 BoA 边界进行了明确界定。在分别计算系统回归映射稳定、不稳定不动点的基础上，利用式(2.104)可直接确定 BoA 区域的大小，在系统参数 $E_s=1\ 785$ J、$m=80$ kg、$k=35$ kN/m 及 $r_0=1$ m 的条件下所获得的计算结果如图 3.10所示。基于前文对 SLIP 系统运动有效性的分析，顶点高度 y_0的变动范围上、下界分别由发生支撑相回弹及腾空相磕绊的临界条件确定(如图中长虚线所示)，其中局部视图显示了触地角－不动点曲线的下分支与下边界($r_0\sin\alpha_{TD}$)的位置关系。观察图中 BoA 区域的变化可知：自 $\alpha_{TD}=71.88°$(鞍结分岔(saddle-node bifurcation))起，BoA 区域随触地角 α_{TD}的增大而迅速增长；当 $\alpha_{TD}=74.13°$(稳定与不稳定不动点的分界点)时，BoA 区域达到该参数集合$\{E_s, m, k, r_0\}$下的最大值；此后，由于稳定不动点的消失，BoA 区域也随即消失。结合 BoA 区间的判别式(2.104)可知，对于确定的触地角 α_{TD}而言，其稳定不动点(结点)的 BoA 上、下界分别为该点所在回归映射的不稳定不动点(鞍点)及腾空相不发生磕绊的临界值。对以上结果进行附加参数 k 的变异性测试，结果如图 3.11 所示。图中分别绘制了腿部等效刚度在 30 kN/m、35 kN/m 及 50 kN/m 条件下的 $\alpha_{TD}-y_0$曲线，可见尽管 k 值不同，但 BoA 随 α_{TD}增大而增长的基本规律保持不变。因此，参数变异性测试的结果表明：α_{TD}对 BoA 的影响规律具有普遍性。

综合以上分析，在给定 SLIP 系统的能量层级 E_s、质量 m、腿长 r_0参数下，触地角对 BoA 的影响规律可归纳为：①在由稳定不动点所定义的区间内(介于鞍结分岔与稳定、不稳定不动点切换处之间的触地角)，稳定不动点所对应的 BoA 的区域随 α_{TD}的增大而增长；②当 α_{TD}在稳定不动点所定义的区间外时，BoA 区域消失。

从 SLIP 系统运动稳定性的角度考虑，BoA 区域大小直接决定系统运动的初值敏感性，即较大的 BoA 区域会降低系统对运动状态初值的敏感程度，增大其收敛至稳定周期运动的许用运动状态范围。根据腾空相磕绊的判定公式 $y=r_0\sin\alpha_{TD}$，BoA 的下界随 α_{TD}增长的变化幅度较小；而不稳定不动点(鞍点)作为 BoA 的上界，与之相比却变化显著。从式(2.104)易见，调整 α_{TD}增大 BoA 的实质主要在于增大同一触地角所对应的不稳定不动点与稳定不动点间的差值。因此，欲提高系统稳定周期运动的 BoA 区域，降低其对运动状态初值敏感性的措施为：在具有稳定不动点的触地角许用区间内，尽可能增大触

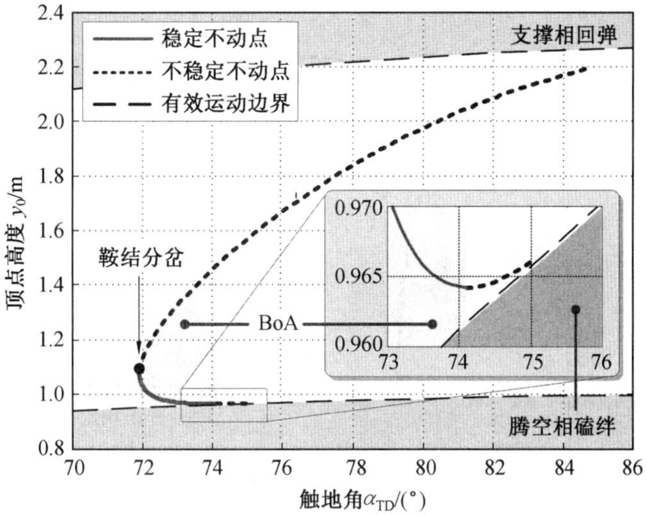

图 3.10　SLIP 系统回归映射的不动点、BoA 随触地角的变化曲线

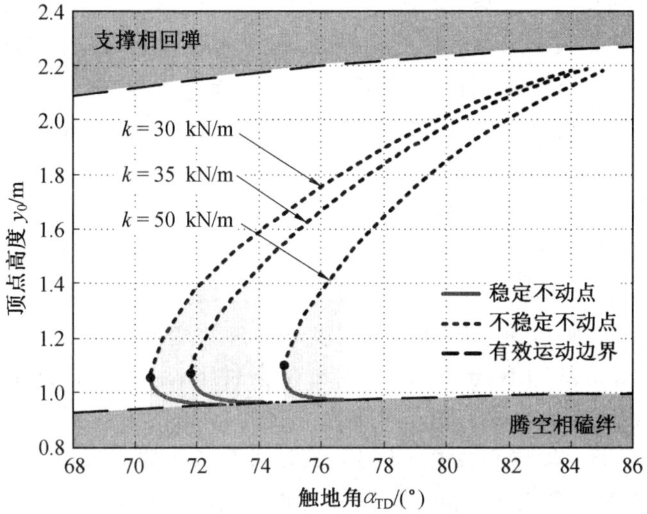

图 3.11　SLIP 系统等效刚度参数变异下的不动点、BoA 随触地角的变化曲线

地角，以获得较大的 BoA 区域。

2. 对 λ_F 的影响

考虑到 Floquet 乘数 λ_F 在数学形式上与不动点的特征值相同，故利用式(2.99)对 λ_F 进行统一计算，E_s＝1 785 J、m＝80 kg、k＝35 kN/m 及 r_0＝1 m 的条件下所获得的 $\alpha_{TD}-\lambda_F$ 曲线如图 3.12 所示。稳定不动点的 λ_F 介于±1 之间，即满足 $|\lambda_F|<1$，不稳定不动点则位于 $|\lambda_F|<1$ 的区间之外；前者为稳定不动点的收敛区域，后者则为不稳定不动点所在的发散区域。

观察 $\alpha_{TD}-\lambda_F$ 曲线所得到最重要的现象为鞍结分岔，如图中实心点标记所示。由 $\lambda_F=1$ 处的鞍结分岔点开始，随着触地角 α_{TD} 的逐渐增大，系统的不动点出现分支。在收敛

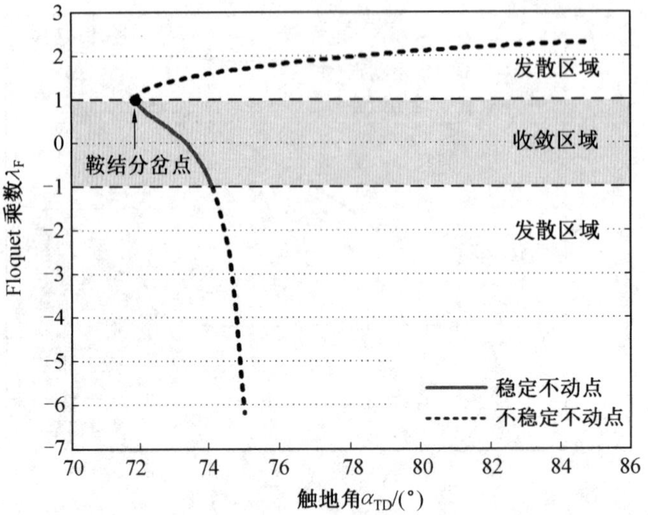

图 3.12 Floquet 乘数 λ_F 随触地角的变化曲线

区域内，$|\lambda_F|$随 α_{TD}的增长呈现先减小后增大的趋势，在$|\lambda_F|=1$ 处达到收敛区域的最大值。该现象表明：在收敛－发散区域的临界处，稳定不动点具有最高的局部收敛速率，亦即系统由小扰动恢复至稳定周期运动的能力最强。以系统顶点回归映射（ARM）的几何意义作为切入点，可以更直观地对鞍结分岔现象进行剖析。结合 ARM 曲线（与图 2.9 相类似）可知，鞍结分岔点实际上是 $y_a(i+1)=P(y_a(i))$与 $y_a(i+1)=y_a(i)$的切点，故其 Floquet 乘数 λ_F为 1。随着 α_{TD}的增大，$y_a(i+1)=P(y_a(i))$与 $y_a(i+1)=y_a(i)$的交点个数由一个（鞍点）增至两个（稳定、不稳定不动点各一个），同时，λ_F逐渐减小。当稳定不动点的斜率达到最小值－1 时，系统处于收敛与发散区域的临界状态，继续增大 α_{TD}将导致系统发散。对 $\alpha_{TD}-\lambda_F$曲线进行腿部等效刚度 k 的参数变异性测试结果如图 3.13 所示，在 k 分别为 30 kN/m、35 kN/m 及 50 kN/m 的条件下，$\alpha_{TD}-\lambda_F$曲线的变化趋势基本相同。所有曲线在收敛区域内的 λ_F值均介于±1 之间，k 值的变化只改变鞍结分岔点所对应的 α_{TD}位置，并不影响收敛区域内 λ_F随 α_{TD}的增大而减小的普遍规律。

结合以上分析触地角对 Floquet 乘数 λ_F的影响规律可归纳为：①在$|\lambda_F|=1$ 处为系统收敛与发散区域的分界，$|\lambda_F|<1$ 对应于系统的收敛区域，而$|\lambda_F|>1$ 对应于发散区域，此外，触地角所对应的 $\lambda_F=1$ 处为鞍结分岔点；②在收敛区域内，λ_F值随触地角的增大而逐渐减小。

实际上，真正衡量 SLIP 系统在不动点邻域内收敛速率的是$|\lambda_F|$而非 λ_F数值本身。在触地角增大的条件下，系统在稳定不动点收敛区域内的收敛速率先减小后增大，且在$|\lambda_F|=1$处取得最大值。综合触地角对 BoA 区域的作用规律可见，BoA 区域及 Floquet 乘数随触地角增大的变化趋势不同，在 $\lambda_F=-1$ 处，系统具有最大的 BoA 区域及 λ_F数值。因此，欲通过改变触地角来改善 SLIP 系统的运动稳定性能，兼顾 BoA 区域大小及 Floquet 乘数两项指标，需将 α_{TD}配置在 $\lambda_F=-1$ 的单侧附近（λ_F不小于－1 的邻域）。系统在该状态对运动状态初值的敏感性较低且具有较高的局部收敛速率。未将 α_{TD}配置在 $\lambda_F=-1$ 的原因在于 $\lambda_F=-1$ 已达到收敛与发散区域的分界处，α_{TD}配置稍有偏差将造成

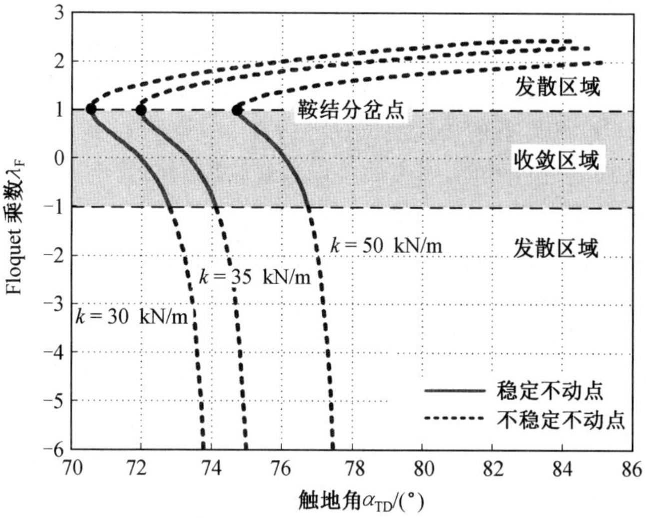

图 3.13　SLIP 系统等效刚度参数变异下的 Floquet 乘数随触地角的变化曲线

系统发散，合理配置 α_{TD}值应考虑在 $\lambda_F=-1$ 单侧留有一定裕度，以避免微小偏差引起的系统运动失效。

3. 对最大容许扰动量的影响

根据系统 BoA 区域的边界及地面高度、质心水平速率扰动量的定义式(3.6)、式(3.7)可计算在给定触地角 α_{TD}的条件下，SLIP 系统在 e_g 和 e_v 作用下由受扰状态回归至稳定运动状态所经历的步态周期数，进而可分析触地角 α_{TD}对系统最大容许扰动量的影响。考虑到系统能量层级固定在 $E_s=1\ 785$ J 水平下，因此对质心顶点状态的瞬时扰动量 e_g 和 e_v 应满足机械能守恒的约束条件，即

$$E_s \equiv \frac{1}{2}m(\dot{x}_a+e_v)^2+mg(y_a+e_g) \tag{3.17}$$

式中　$\dot{x}_a$——稳定不动点所对应的质心顶点处水平速率(m/s)；

y_a——稳定不动点所对应的质心顶点高度(m)。

为避免瞬时扰动量对系统能量守恒的破坏，在对极限环所在顶点状态 $\boldsymbol{S}^*$ 的某一分量($\dot{x}_a$ 或 y_a)施加单一扰动量时，需同时对另一分量的数值进行调整。以分量 y_a 为例，在腾空相最高点(顶点)处对其施加瞬时地面扰动量 e_g(此时 y_a 满足式(3.6)的约束)，故采用如下方法对 $\dot{x}_a$ 进行数值调整，即

$$\dot{x}_a=\sqrt{\frac{2(E_s-mg(y_a+e_g))}{m}} \tag{3.18}$$

判断系统在扰动量作用下能否回归至稳定周期运动，需对顶点高度值进行监控。本节采用计算相邻两个顶点高度的迭代误差对收敛与发散情形进行具体判别，即

$$|y_a(N+1)-y_a(N)|<e_a \tag{3.19}$$

式中　N——SLIP 系统顶点运动周期数；

e_a——稳定不动点(顶点高度 y_a)的迭代误差阈值(m)，取 $e_a=10^{-5}$ m。

关于收敛周期数 N 的确定，本书参考文献[66]提供的判定方法：在利用式(3.19)进行迭代过程中设置计算周期的上限值(本书取 $N=50$)，即顶点高度 y_a 在 50 个周期内满足式(3.19)，则视为系统收敛至稳定周期运动，同时记录迭代周期数 N 并终止在系统该参数集合$\{E_s, \alpha_{TD}, e_g(e_v)\}$下的迭代测试；反之，若 N 超过 50，则视系统为发散状态。采用上述方法对迭代周期进行处理，一方面可以通过收敛周期数 N 的数值大小定量刻画系统在大范围状态扰动下的收敛速率；另一方面，通过设置周期上限可以有效地确定系统最大扰动量的边界，简化迭代值 y_a 进入 BoA 区域后被成功识别为收敛状态的过程，进而避免后续不必要的迭代计算。

在地面高度扰动量 e_g、质心水平速率扰动量 e_v 的作用下，SLIP 系统收敛周期数 N 随触地角 α_{TD}的分布分别如图 3.14、图 3.15 所示。观察迭代周期数 N 随 α_{TD}的宏观变化趋势可见：随着 α_{TD}逐渐增大，N 逐渐减小，即适当地增加触地角有助于提高系统在地面高度扰动及质心水平速率扰动作用下的自恢复能力。迭代周期数最小值 $N=0$ 分别出现在 $e_g=0$ 及 $e_v=0$ 处，即系统已达到稳定状态。随着 α_{TD} 的逐渐减小，系统在正向的扰动($e_g>0$及 $e_v>0$)作用下的 N 变化更加剧烈。对地面高度扰动量 e_g 而言，由于 MTUS 及 MTDS 随 α_{TD}增大的变化趋势截然相反，因此调整触地角无法同时兼顾正、反向地面容许扰动量。

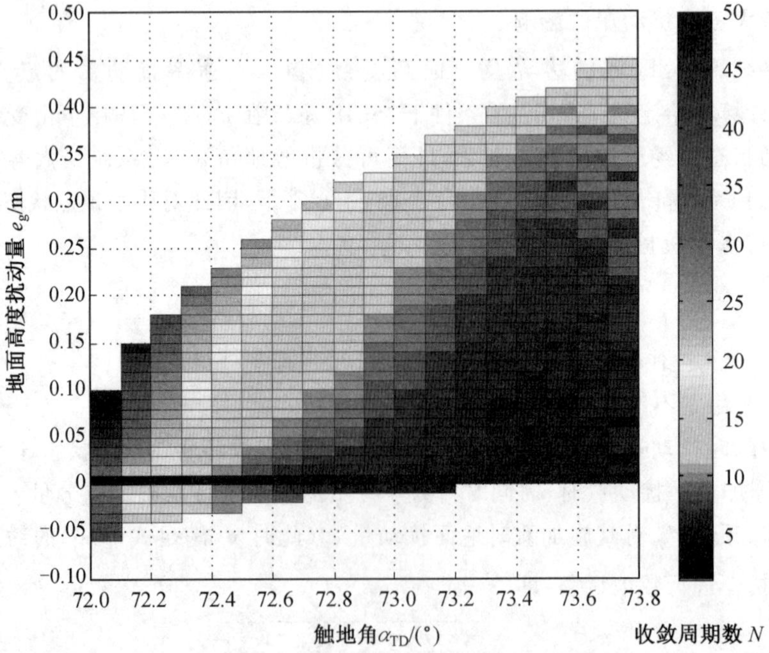

图 3.14　在地面高度扰动下的 SLIP 系统收敛周期数 N 随触地角 α_{TD}的分布

此外，对比 $\alpha_{TD}-e_g$ 和 $\alpha_{TD}-e_v$ 的上下边界可见，$\alpha_{TD}-e_g$ 的上边界($e_g>0$ 部分)与 $\alpha_{TD}-e_v$下边界($e_v<0$ 部分)的形状类似，但增减趋势截然相反($\alpha_{TD}-e_g$ 的下边界与 $\alpha_{TD}-e_v$ 上边界的情况与之类似)。考虑到 SLIP 系统机械能守恒的因素，在式(3.17)的限制条件下，正向的 e_g(或 e_v)与负向的 e_v(或 e_g)相对应，即二者满足

$$\begin{cases} e_g = -\dfrac{(\dot{x}_a + e_v)^2 - \dot{x}_a^2}{2g} \\ e_v = \sqrt{\dfrac{2E_s - mg(y_a + e_g)}{m}} - \sqrt{\dfrac{2E_s - mgy_a}{m}} \end{cases} \tag{3.20}$$

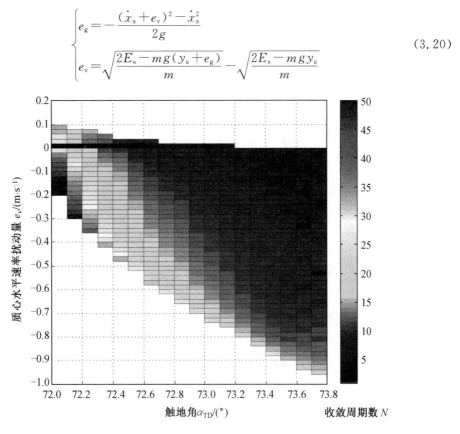

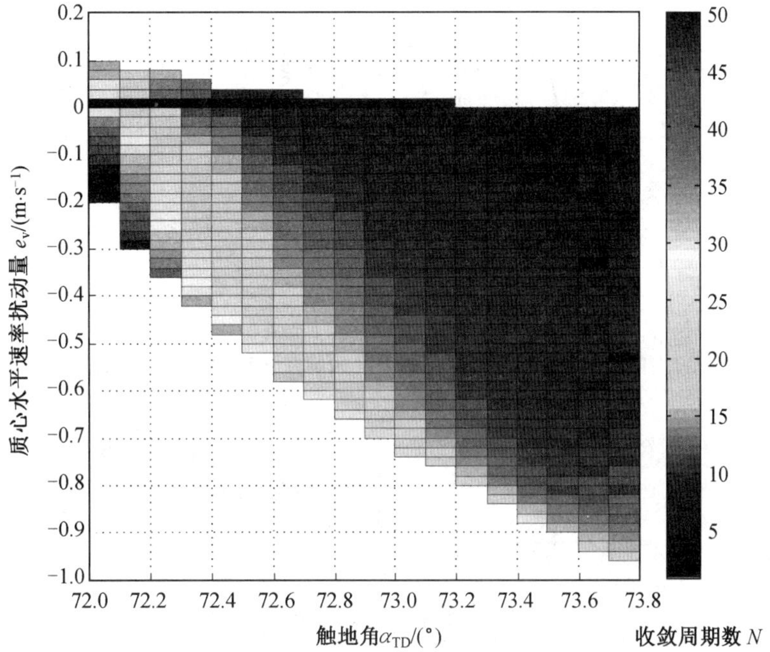

图 3.15 在质心水平速率扰动下的 SLIP 系统收敛周期数 N 随触地角 α_{TD}的分布

由此可见，e_g 和 e_v 无法同时兼顾，欲获得较大的正向地面高度容许扰动量，需要以牺牲正向水平速率扰动量为代价，反之亦然。

基于上述分析，触地角 α_{TD}对系统最大容许扰动量的影响规律可归纳为：①在固定能量层级 E_s 下，增大 α_{TD}可有效缩短系统在地面高度扰动量 e_g、质心水平速率扰动量 e_v 下回归至稳定周期运动的收敛步数；②在固定能量层级 E_s 下，增大 α_{TD}可以扩充系统的 e_g 正向边界及 e_v 负向边界，同时缩小其 e_g 负向边界及 e_v 正向边界；③单纯调节 α_{TD}无法同时兼顾系统的地面高度容许扰动量与水平速率扰动量，即在固定 E_s 水平下，e_g 和 e_v 二者此消彼长。

3.4 腿部等效刚度对运动性能的影响分析

3.4.1 模型参数设置与计算分析流程

腿部等效刚度 k 属于 SLIP 模型的结构参数。与模型参数设置类似，其中，SLIP 模型的质量 m、腿长 r_0、初始顶点高度 y_0 以及系统机械能 E_s 同前文。考虑到常规运动情况下 SLIP 模型触地角的变化范围，将 α_{TD} 设置为 65°～85°。在此基础上，按照图 3.16 所示的计算分析流程依次对系统的足一地接触性能指标（GRF_m与CFR_m）及运动稳定性能指标（BoA区域、Floquet乘数及最大容许扰动量）进行计算，最后结合参数变异测试对腿部等效刚度如何影响系统的运动性能进行全面的分析。

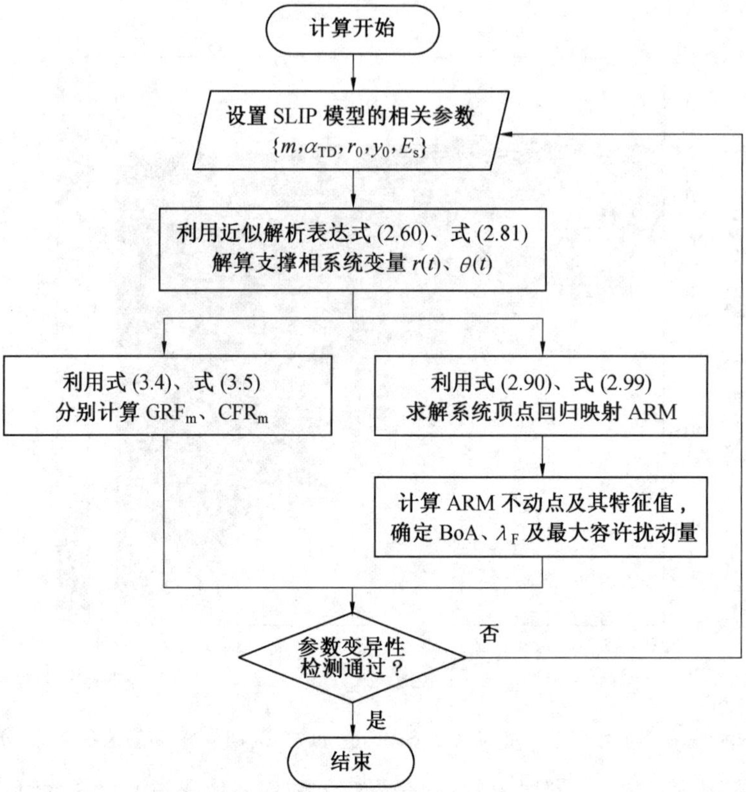

图3.16　分析腿部等效刚度对SLIP系统运动性能影响的计算流程

3.4.2　对足一地接触性能指标的影响分析

1. 对GRF_m的影响

在前文对GRF_m分析的基础上，利用式(3.10)及式(3.11)可直接计算在腿部等效刚度k变化下的GRF无量纲峰值$\overline{GRF_m}$。图3.17～3.19分别为触地角α_{TD}、顶点初始高度y_0和质量m变异下的$k-\overline{GRF_m}$曲线。观察各曲线$\overline{GRF_m}$随k的变化趋势可见，尽管各曲线族中SLIP系统的参数集合$\{\alpha_{TD}, y_0, m\}$配置不尽相同，但$\overline{GRF_m}$随k的增大而增长的整体趋势保持不变。由$\overline{GRF_m}$的计算式(3.10)清晰可见，虽然k值变化将影响无量纲值r_b和a，但其变化量有限，对$\overline{GRF_m}$起主导作用的是比例系数k本身。从系统受力角度分析，k的增大意味着在支撑相阶段弹性单元在相同压缩量下会对地面产生更大的作用力，因此$\overline{GRF_m}$与k保持相同的增减性。

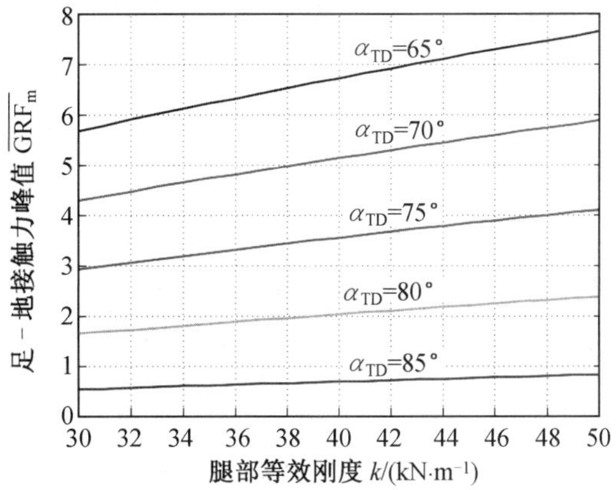

图 3.17　在不同触地角下的腿部等效刚度 k 与 $\overline{GRF_m}$ 的关系

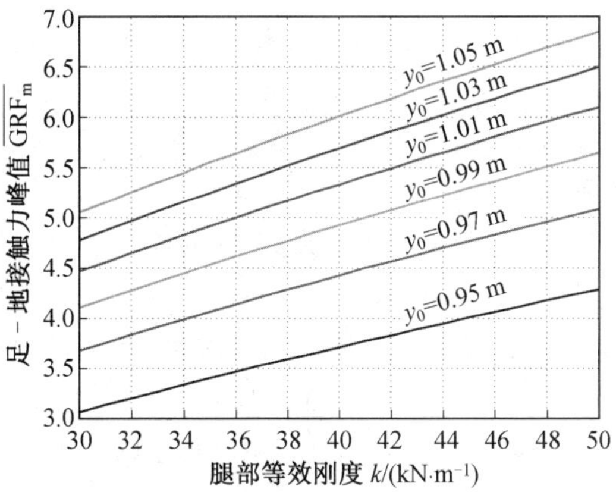

图 3.18　在不同顶点初始高度下的腿部等效刚度 k 与 $\overline{GRF_m}$ 的关系

结合上述分析，腿部等效刚度 k 对 $\overline{GRF_m}$ 的影响规律可归纳为：①在固定 SLIP 系统能量层级下，$\overline{GRF_m}$ 随等效刚度 k 的增大而增大；②SLIP 系统的质量、触地角及顶点初始高度的参数变异对 $k-\overline{GRF_m}$ 曲线的整体趋势无影响。从 SLIP 系统足一地接触的力学性能考虑，上述规律意味着等效刚度的增大将造成较高的地面作用力(由图 3.17 可见，在 k 为 50 kN/m 时，峰值 GRF 可达到系统质量的 7 倍以上)，使系统存在着触地破坏的风险。故在实际机器人系统的设计及控制阶段，应对系统腿部单元等效刚度的上限进行合理限制，以减小甚至避免系统在支撑相运动过程中由于 GRF 过高对结构造成的损坏。

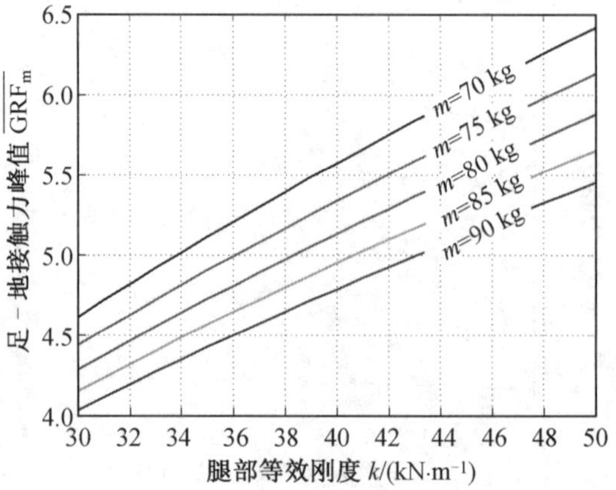

图 3.19　在不同质量下的腿部等效刚度 k 与$\overline{GRF_m}$的关系

2. 对 CFR_m 的影响

与触地角 α_{TD} 对 CFR_m 的影响规律相比较，腿部等效刚度 k 对 CFR_m 的影响略微复杂。在前文分析的基础上，结合式(3.15)可直接计算 k 变化下的 CFR_m，计算结果如图 3.20～3.22所示。与前文中 $\alpha_{TD}-CFR_m$ 曲线呈现基本一致的变化趋势所不同，CFR_m 随 k 的变化所呈现出多种曲线形态。图 3.20 为 $m=80$ kg、$y_0=1$ m 条件下的 $k-\alpha_{TD}-CFR_m$ 曲面，由图可见 $k-CFR_m$ 曲线的形态受 α_{TD} 的影响。为方便说明且不失一般性，在 $k-\alpha_{TD}-CFR_m$ 曲面上选择与 α_{TD} 为 68°、74°、80°截面的交线(分别对应图中 A、B、C 曲线)作为特征曲线。曲线 A 中，k 的变化不影响 CFR_m；曲线 B 中，随着 k 的增大，CFR_m 呈现出先减小后保持的趋势；曲线 C 中，CFR_m 随 k 的增大而逐渐减小。通过观察 $k-\alpha_{TD}-CFR_m$ 曲面上的特征曲线可知，腿部等效刚度 k 对 CFR_m 的影响不仅取决于 k 的值本身，

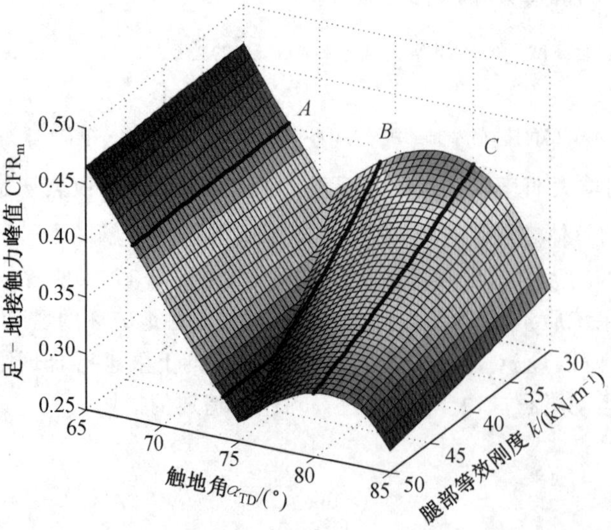

(a) $k-\alpha_{TD}-CFR_m$ 曲面

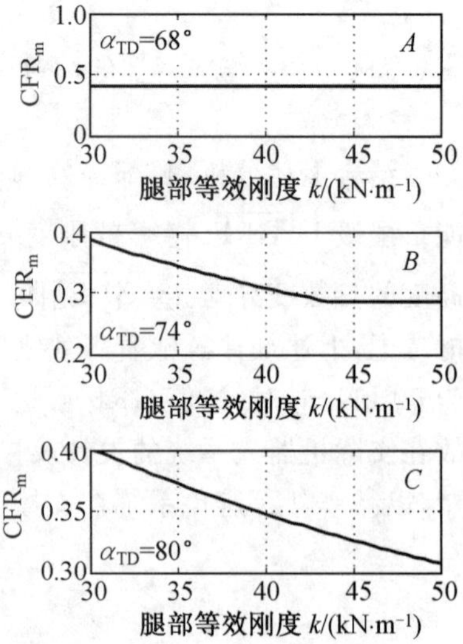

(b) $k-CFR_m$ 曲线

图 3.20　在不同触地角下的腿部等效刚度 k 与 CFR_m 的关系

其辅助参数 α_{TD} 的数值配置差异将对 $k-\alpha_{TD}$ 曲线的走势产生根本性改变。

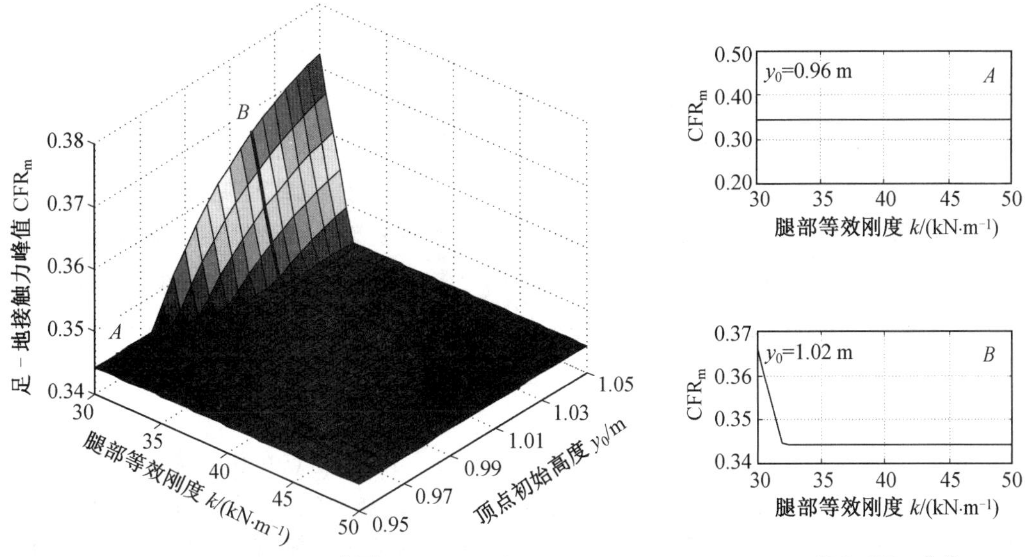

(a) k-y_0-CFR_m 曲面　　(b) k-CFR_m 曲线

图 3.21　在不同顶点初始高度下的腿部等效刚度 k 与 CFR_m 的关系

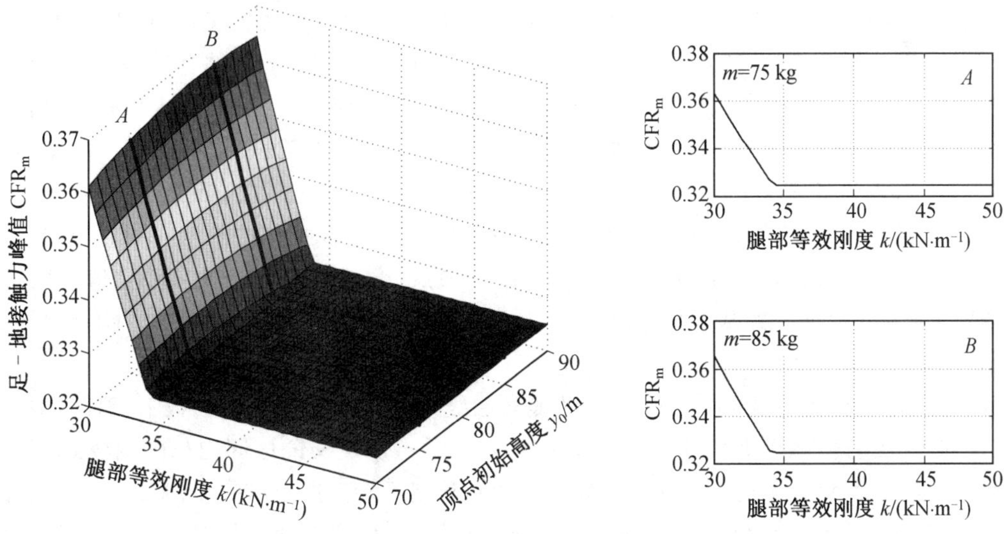

(a) k-m-CFR_m 曲面　　(b) k-CFR_m 曲线

图 3.22　在不同质量下的腿部等效刚度 k 与 CFR_m 的关系

类似的结果出现在顶点初始高度 y_0 的参数变异性测试中。图 3.21 为 $m=80$ kg、$\alpha_{TD}=71°$条件下的 $k-y_0-CFR_m$ 曲面，且在曲面上选取两条特征曲线作为观察对象。在 $y_0=0.96$ m处（图 3.21 中 A 曲线），CFR_m 在 k 变化下保持不变；在 $y_0=1.02$ m 处（图 3.21中 B 曲线），CFR_m 随 k 增大呈现先减小后保持的变化趋势，与图 3.20 中曲线 B 走势相同。

$k-m-CFR_m$ 曲面的变化较前两种曲面相对简单，在 $y_0=1$ m、$\alpha_{TD}=71°$条件下的曲面形态如图 3.22 所示。观察 m 为 75 kg、80 kg 处的两条特征曲线可见，在系统质量 m 的参数变异下，$k-\mathrm{CFR}_m$ 曲线的走势基本趋同，即随着 k 值的增大呈现出先减小后保持的变化趋势，m 值的变化将对曲线分界点的位置产生影响。

结合上述分析，腿部等效刚度 k 对 CFR_m 的影响可总结为：在固定 SLIP 系统能量层级下，CFR_m 与 k 值的函数关系依赖于 SLIP 系统的质量 m、触地角 α_{TD} 和顶点初始高度 y_0 三个辅助参量的配置；对比上述 $k-\mathrm{CFR}_m$ 曲线与 $\alpha_{TD}-\mathrm{CFR}_m$ 曲线可见，腿部等效刚度的变化对 CFR_m 的影响远小于触地角。因此，调节系统的腿部等效刚度不会显著改变足—地接触特性。

3.4.3 对运动稳定性能指标的影响分析

1. 对 BoA 的影响

与前文类似，利用式(2.104)计算 SLIP 系统 ARM 的不动点在腿部等效刚度变化下 BoA 区域的大小，在系统参数 $E_s=1\ 785$ J、$m=80$ kg、$\alpha_{TD}=75°$ 及 $r_0=1$ m 的条件下所获得的 BoA 区域如图 3.23 所示。图中实线、虚线分别表示不同腿部等效刚度所对应的稳定、不稳定不动点，阴影区域为稳定不动点所对应的 BoA 区域。对于具有某一固定腿部等效刚度 k 的 SLIP 系统，其 BoA 的上、下界分别由该系统所在的不稳定不动点及腾空相不发生磕绊的临界值所确定。由于触地角 α_{TD} 在计算过程中保持恒定，故顶点高度 y_0 的上、下确界分别由式(2.19)、式(2.26)计算为恒定值(对应图 3.23 中的有效运动边界线)。观察图中 BoA 区域的变化可见：自 k 值在鞍结分岔点(对应 k 值为 52.18 kN/m)开始，稳定不动点的 BoA 区域随 k 值的减小而逐渐增大；当 k 值减小至稳定、不稳定不动点的分界处时，BoA 达到该参数集合$\{E_s,\ m,\ \alpha_{TD},\ r_0\}$下的最大值；此后，由于稳定不动点的消失，BoA 区域也随即消失。对上述结果进行附加参数 α_{TD} 的变异性测试，结果如图 3.24 所示。图中分别绘制 α_{TD} 在 68°、71°及 75°条件下的 $k-y_0$ 曲线，可见尽管 α_{TD} 值不同，但 BoA 随 k 减小而增长的基本规律保持不变，说明腿部等效刚度 k 对 BoA 的影响规律具有普遍性。

综合以上分析，在给定 SLIP 系统的能量层级 E_s、质量 m、腿长 r_0 参数下，腿部等效刚度 k 对 BoA 的影响规律可归纳为：①在由稳定不动点所定义的区间内(介于鞍结分岔与稳定不动点、不稳定不动点切换处之间的 k 值)，稳定不动点所对应的 BoA 的区域随 k 的减小而增长；②当 k 在稳定不动点所定义的区间外时，稳定不动点的 BoA 区域消失。从 SLIP 系统运动稳定性的角度考虑，在适当地降低腿部等效刚度值有助于提高系统稳定周期运动的 BoA 区域，降低其对初值的敏感性。注意到，在 BoA 区域达到最大值时，系统的腿部等效刚度值已处于稳定不动点与不稳定不动点的临界处，继续减小 k 值将导致稳定不动点消失，在完全被动状态下将导致系统运动发散。因此，欲通过调整腿部等效刚度来增大 SLIP 系统稳定不动点的 BoA 区域，应在该参数配置下系统稳定不动点所涵盖的 k 值区间内，适当地降低等效刚度值；同时，过度地追求 BoA 区域的极限值所造成的安全隐患为在临界处 k 值配置的微小负向偏差将导致系统由具有最大 BoA 区域的稳定周期运动状态进入发散状态，彻底颠覆其运动稳定性。

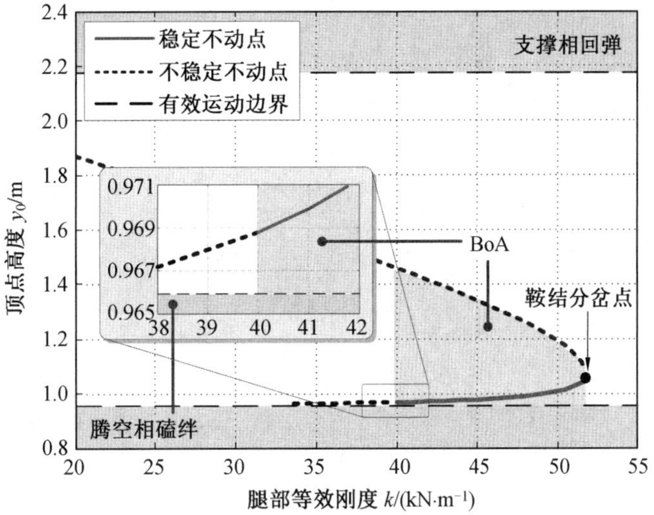

图 3.23　SLIP 系统回归映射的不动点、BoA 随腿部等效刚度的变化曲线

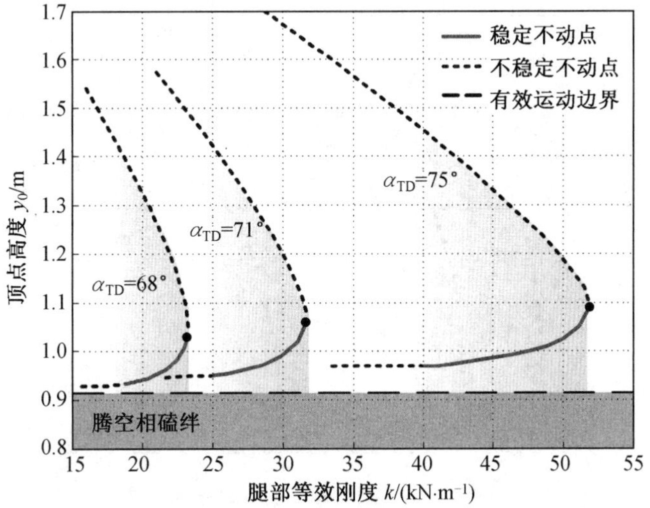

图 3.24　SLIP 系统触地角参数变异下的不动点、BoA 随腿部等效刚度变化曲线

2. 对 λ_F 的影响

在相同参数配置下，与图 3.23 所对应的 Floquet 乘数 λ_F 随腿部等效刚度 k 变化的计算结果如图 3.25 所示。与前文类似，$\lambda_F=1$ 和 $\lambda_F=-1$ 将 $k-\lambda_F$ 曲线分为三部分。在 $\lambda_F=1$ 处的鞍结分岔点开始，系统的不动点随 k 值的增大出现分支。在收敛区域内，$|\lambda_F|$ 随 k 值减小呈现先减小后增大的趋势，在 $|\lambda_F|=1$ 处达到收敛区域的最大值。该现象与触地角对 λ_F 的影响规律并无本质差别。对 $k-\lambda_F$ 曲线进行触地角 α_{TD} 的参数变异性测试结果如图 3.26 所示，可见基本变化趋势保持不变。

基于上述分析，腿部等效刚度 k 对 Floquet 乘数 λ_F 的影响规律可归纳为：①在 $|\lambda_F|=1$ 处为系统收敛区域与发散区域的分界，$|\lambda_F|<1$ 对应于系统的收敛区域而 $|\lambda_F|>1$ 对应

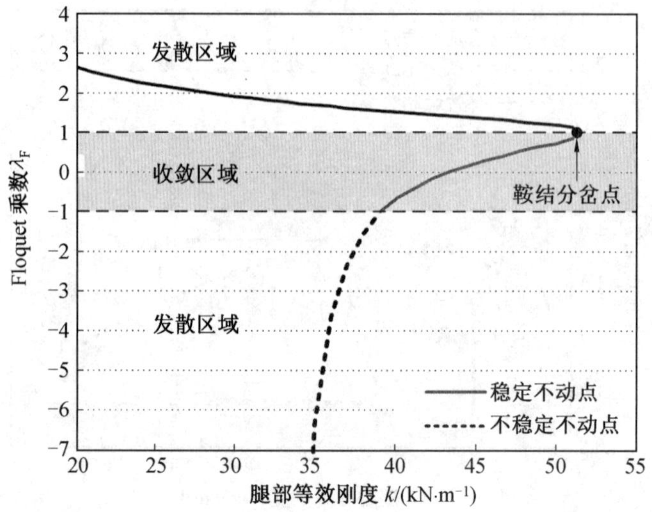

图 3.25　Floquet 乘数 λ_F 随腿部等效刚度 k 的变化曲线

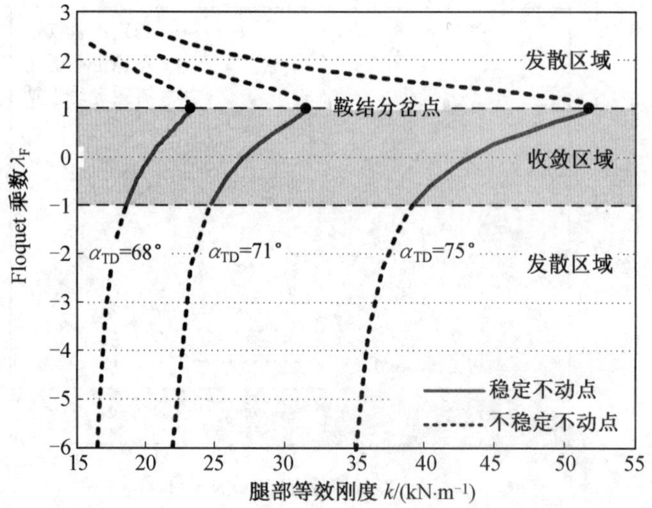

图 3.26　SLIP 系统触地角参数变异下的 Floquet 乘数随腿部等效刚度变化曲线

于发散区域，k 所对应的 $\lambda_F=1$ 处为鞍结分岔点；②在收敛区域内，λ_F 与 k 保持相同的增减性。从 SLIP 系统运动稳定性的角度考虑，应将腿部等效刚度值配置在 $\lambda_F=-1$ 所对应 k 的右侧附近，该方案可兼顾系统周期运动的 BoA 区域大小与微小状态扰动下的收敛速率。相比于触地角 α_{TD}，系统的腿部等效刚度 k 在实际机器人系统的实现过程中更为困难，因此配置刚度系数时应在 $\lambda_F=-1$ 的右侧保留一定裕量，避免参数配置的偏差（λ_F 略小于 -1）对系统的稳定性造成恶劣影响。

3. 对最大容许扰动量的影响

在前文对 SLIP 系统最大容许扰动量计算分析的基础上，结合式(3.6)、式(3.7)可方便计算在给定腿部等效刚度 k 的条件下，SLIP 系统在 e_g 和 e_v 的作用下由受扰状态回归至稳定运动状态所经历的步态周期数。在系统能量层级 E_s 为 1 785 J，质量 m 为80 kg，腿长 r_0 为 1 m，触地角 α_{TD} 为 75°的参数设置下，$k-e_g-N$、$k-e_v-N$ 的计算结果分别如图 3.27、图 3.28 所示，其中稳定不动点(顶点高度 y_a)的迭代误差阈值 e_a 取为 10^{-5} m。观察图 3.27 中收敛周期数 N 随 k 值的总体变化趋势可见：在同一地面高度扰动量 e_g 的作用下，N 值随腿部等效刚度值 k 的增大而逐渐增大；同时，SLIP 系统的容许正向地面高度扰动量($e_g>0$)逐渐减小，而负向地面高度扰动量($e_g<0$)逐渐增大。利用 SLIP 系统 BoA 区域的判定式(2.104)可获得下列推论：①对于给定腿部等效刚度 k 的 SLIP 系统，其地面高度扰动量 e_g 的上边界取决于 ARM 上鞍点与稳定不动点间的距离；②地面高度扰动量 e_g 的下边界则由稳定不动点与腾空相磕绊的临界值($r_0\sin\alpha_{TD}$)间的距离决定。基于上述事实，对 $k-e_g$ 有效区域的上、下边缘随 N 的增减幅度进行比较，不难发现：虽然 $k-e_g$ 的下边缘界限随 N 的增大有所扩大，但受制于 $r_0\sin\alpha_{TD}$，导致其变化幅度十分有限，远不及 $k-e_g$ 的上边缘界限的较小程度。因此，随着 k 值的增大，系统可承受地面高度扰动量的总体范围逐渐降低。

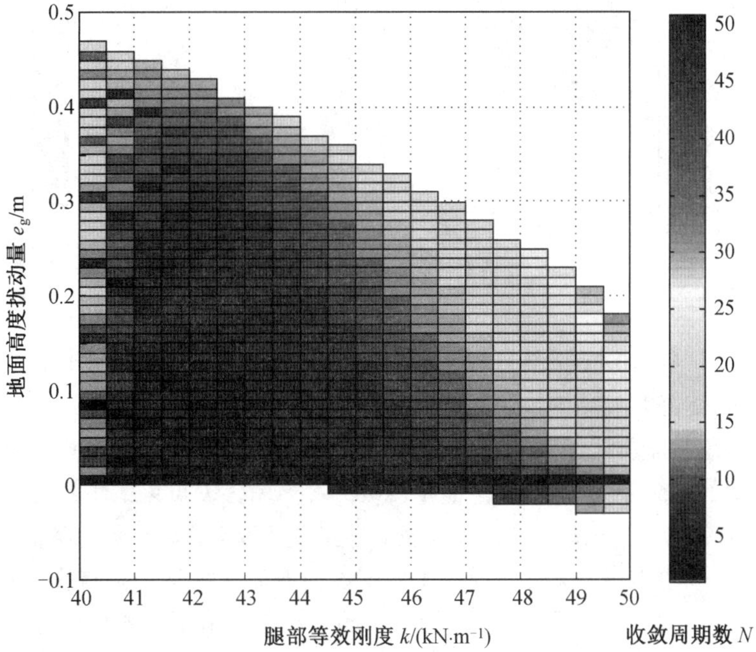

图 3.27　在地面高度扰动下的 SLIP 系统收敛周期数 N 随腿部等效刚度 k 的分布

在给定系统配置参数集合$\{E_s, m, r_0, y_0, \alpha_{TD}\}$下，计算 SLIP 系统在质心水平速率扰动量 e_v 作用下收敛周期数 N 随腿部等效刚度 k 的分布如图 3.28 所示。由图可见，$k-e_g$ 的上边界(或 $k-e_g$ 的下边界)与 $k-e_v$ 的下边界(或 $k-e_v$ 的上边界)的形状大致相同，但边界随 k 值增大的走势却截然相反。考虑到在对 SLIP 系统进行最大扰动量的运动测试过程中，系统的总体机械能 E_s 保持恒定，该条件表明系统的地面高度扰动量 e_g 与质心水平速率扰动量 e_v 满足关系式(3.20)，故 e_g 与 e_v 可进行相互转换。观察 $k-e_v-N$ 的总体走势可见：在固定扰动量 e_v 的作用下，SLIP 系统的收敛周期数 N 随 k 值的增大而逐渐增大，即较高的腿部等效刚度值将降低系统在质心水平速率扰动下的恢复速率；同时，负向扰动量（$e_v<0$）的边界范围将随 k 的增大而显著缩小，正向边界范围将小幅提升，但系统可承受的质心水平速率扰动量总体范围将逐渐降低。上述现象表明：提高 SLIP 系统的等效腿部刚度 k 不但会增加系统在质心水平速率扰动量作用下的恢复时间，同时将减小系统最大容许扰动量的范围，进而降低其抵抗外界扰动的能力。

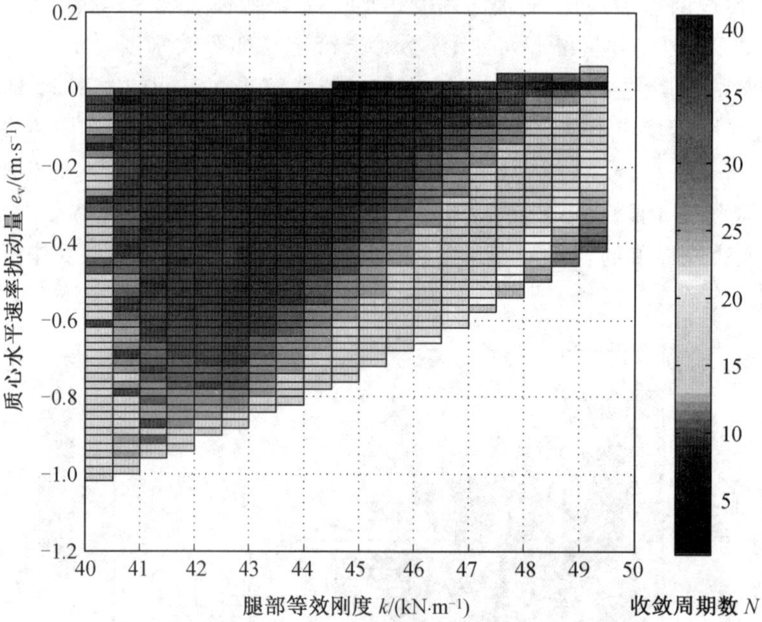

图 3.28　在质心水平速率扰动下的 SLIP 系统收敛周期数 N 随腿部等效刚度 k 的分布

综上分析，腿部等效刚度 k 对系统最大容许扰动量的影响规律可归纳为：①在固定能量层级 E_s 下，增大 k 将延长系统在地面高度扰动量 e_g、质心水平速率扰动量 e_v 下回归至稳定周期运动的收敛步数；②在固定能量层级 E_s 下，增大 k 可以缩小系统的 e_g 正向边界及 e_v 负向边界，同时扩充其 e_g 负向边界及 e_v 正向边界，但总体趋势为降低系统的最大容许扰动量范围；③单纯调节 k 无法同时兼顾系统的地面高度扰动量与质心水平速率扰动量，即在固定 E_s 水平下，e_g 和 e_v 二者此消彼长，在相同 k 值下欲获得较高的正向 e_g（或负向 e_v），需以牺牲正向 e_v（或正向 e_g）为代价，反之亦然。综合前文及本节的分析结果可见：腿部等效刚度与触地角对系统最大扰动量的影响规律截然相反。在实际针对 SLIP 系统进行结构参数/运动参数配置时，需根据不同的应用场合联合调整 α_{TD} 与 k，使系统获得最佳的运动性能。

3.5　SLIP 模型的自稳定性与 dead-beat 控制策略研究

SLIP 模型的结构参数/运动参数配置直接影响其运动性能。系统分析结果表明：通过合理配置系统的触地角 α_{TD} 及腿部等效刚度 k，可以改善 SLIP 模型在运动过程中的足一地接触性能及运动稳定性能。本节从 SLIP 模型的自稳定性入手，以腾空相顶点期望状态 $\boldsymbol{S}$ 为目标，研究基于支撑相近似解析解的 dead-beat 控制器，提高 SLIP 系统的运动性能并拓展其应用场合。

3.5.1　SLIP 模型的自稳定性及其局限性

SLIP 模型的自稳定性源于 Geyer 等在文献[66]中研究完全被动 SLIP 模型参数集合$\{E_s, \alpha_{TD}, k\}$与不动点的存在性间的关系时所提出的概念。文献指出：在根据 SLIP 模型基本结构参数合理调配$\{E_s, \alpha_{TD}, k\}$的基础上，SLIP 模型可在无任何外力（力矩）输入的条件下实现稳定的周期性跳跃运动，该性质称为 SLIP 模型（或系统）的自稳定性。

作为优越于其他模型最主要的特点，SLIP 模型的自稳定性与足式仿生机器人系统的运动控制联系紧密，由自稳定性可衍生出诸多足式系统的运动控制策略，前文列举的 SLR、ATA 等控制方法均是在 SLIP 模型自稳定性的基础上，经过演变、优选而形成的较为完善的控制体系。从运动控制的角度分析，SLIP 系统的自稳定性得益于以下两方面因素。

（1）无质量、转动惯性的腿部单元。

本书在构建 SLIP 模型部分指出，腿部单元通常情况下被处理为无质量、惯性的弹性模型，故在腾空相阶段腿部摆角 θ 可以自由配置（在实际机器人系统中，可通过基于位置的 PD 控制来实现该运动效果），进而产生触地角自由调整的运动效果。常见的 SLR、ATA 控制方法正是在此条件下应运而生的。

（2）ARM 不动点所对应的 BoA 区域。

BoA 区域定义了以顶点状态变量 S 为基准的邻域空间内收敛状态的集合。从动力系统的角度分析，SLIP 系统实现自稳定性周期运动的过程实质上是在 BoA 区域内自发回归至稳定不动点（或周期运动）的过程。因此，SLIP 系统 ARM 的稳定不动点所定义的 BoA 区域是自稳定性产生的决定性因素。

为直观描述 SLIP 系统的自稳定性，同时进一步挖掘自稳定性与周期运动、BoA 间的内在联系，本节以 SLIP 的具体数值模型作为基本研究对象，对上述问题加以分析。在系统质量 m 为 80 kg，腿长 r_0 为 1 m，腿部单元等效刚度 k 为 30 kN/m，总体机械能为 1 785 J的条件下，SLIP 模型质心在矢状面上的运动轨迹如图 3.29(a)所示。图中阴影部分表示系统处于支撑相运动，虚线标记的高度 $y^* = 0.962\ 6$ m 为系统在上述结构参数/运动参数配置下的不动点高度值。系统在顶点高度 $y_a(0) = 1.02$ m 处开始释放（相当于在 y^* 的基础上增加了 $e_g = 0.057\ 4$ m 的地面高度扰动量），在经历约三个周期的跳跃后自行收敛至稳定不动点 y^* 处并维持在该顶点高度上进行稳定运动。图 3.29(b)展示了回归至 y^* 的前一阶段（即质心调整轨迹）的局部视图。在腾空相运动过程中，系统采用固定触地角策略（fixed touchdown angle policy，FTA），触地角统一设置为 $\alpha_{TD} = 72°$。观察局部视图可见，SLIP 系统每次由腾空相进入支撑相时均保持相同的着地高度 $y_{TD} = r_0 \sin \alpha_{TD}$。

SLIP 模型的质心由扰动状态至稳定周期运动的轨迹收敛过程表明：SLIP 模型的自稳定性与系统 ARM 稳定不动点的 BoA 具有相同的理论内涵，即 Poincaré 映射的稳定不

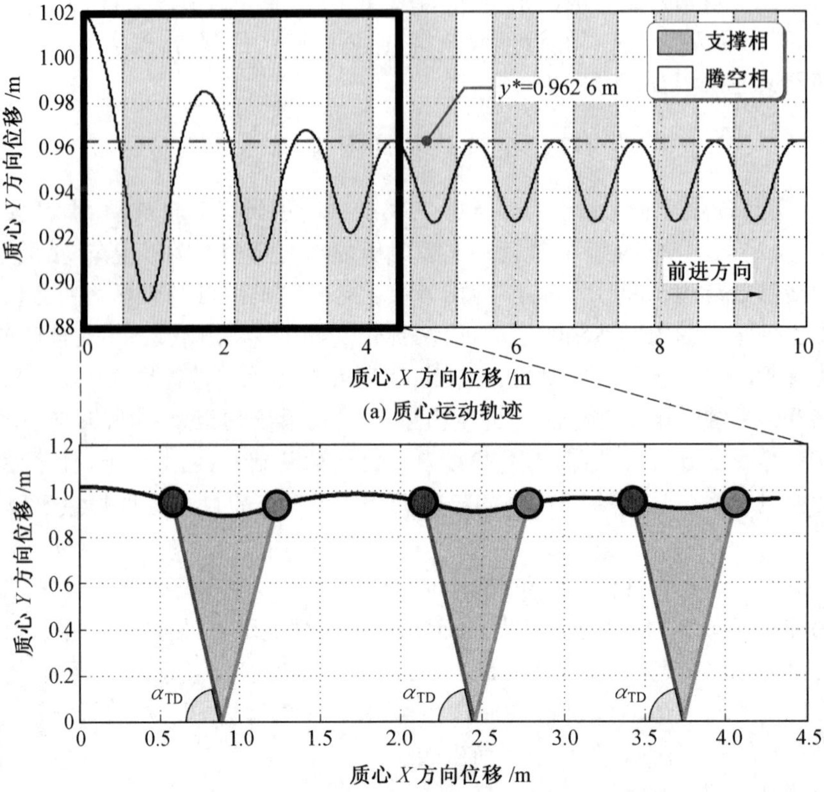

(a) 质心运动轨迹

(b) 固定触地角运动局部视图

图 3.29 SLIP 模型矢状面运动的自稳定性

动点所定义的收敛空间。从该意义上讲，自稳定性是 BoA 所表现出的外在特性。模型的结构参数/运动参数间的匹配关系将对稳定不动点及其 BoA 区域的分布产生重要影响，进而改变系统的自稳定性。值得注意的是：采用 FTA 策略是 SLIP 系统实现自稳定性相对简单、有效的方式，亦为后续复杂运动控制策略研究的基础。

然而，SLIP 系统的自稳定性及 FTA 策略仍存在一定的瓶颈，尚具备进一步拓展的理论空间。现将其局限性归纳为以下两点。

(1)顶点运动状态调节范围有限。

FTA 策略是通过匹配触地角 α_{TD}与刚度 k，在 ARM 上形成稳定不动点的 BoA 区域。通常情况下，该 BoA 在 $\alpha_{TD}-y_a$(或 $k-y_a$)平面上观察其区域十分狭窄，即通过 FTA 策略可调节的顶点状态 $\boldsymbol{S}$ 有限，无法实现较大范围的顶点状态 $\boldsymbol{S}$ 调控。因此，在一定程度上制约了 SLIP 模型在大幅度顶点高度/速度变化下运动性能的提升。

(2)自稳定性的收敛过程冗长。

由图 3.29 可见，在 e_g(或 e_v)的作用下，系统由扰动状态自行恢复至稳定周期运动状态所经历的时间历程长短完全取决于不动点 BoA 区域内的动力学行为。由分析触地角、腿部等效刚度及系统容许扰动量的影响结果可知，α_{TD}与 k 的不合理配置会导致系统收敛周期数剧增，极大程度地降低了在外界扰动作用下的平衡自恢复能力，影响了 SLIP 系统的环境适应能力。

3.5.2　基于支撑相近似解析解的 dead-beat 控制器设计

为弥补 FTA 在顶点状态控制方面的上述局限性，进一步拓展 SLIP 系统自稳定性在动步态运动控制领域的应用，本节将在支撑相近似解析解的基础上，设计基于顶点期望状态的 dead-beat 控制器，以全面改善 SLIP 系统的运动性能，增强其在复杂环境下的运动稳定性。

1. dead-beat 运动控制器的理论基础

dead-beat 控制亦称为无差拍控制或最短时间离散控制（minimum time dead-beat control），是离散控制邻域中较为常用的方法之一，其基本思想是：借助于对系统自身动态特性的分析，考虑外界扰动及当前状态与期望状态间的跟踪误差条件下，合理调节控制量使得系统在最短时间内达到期望输出。尽管 SLIP 系统在矢状面内的动步态跳跃是关于时间变量的连续运动，但从 ARM 角度重新观察 SLIP 系统，其质心的轨迹可被重塑为由当前腾空相顶点状态 $y_a(i)$ 到下一个顶点状态 $y_a(i+1)$ 的离散映射过程，基于 dead-beat 的 SLIP 系统运动控制实质上是使系统由当前顶点状态 $\boldsymbol{S}_i$ 只需经历一个周期便可达到期望顶点状态 $\boldsymbol{S}_d$ 的过程，即

$$\boldsymbol{S}_d=\boldsymbol{S}_{i+1}=P(\boldsymbol{S}_i,\boldsymbol{u}) \tag{3.21}$$

式中　$\boldsymbol{S}$——当前腾空相的顶点状态，且满足 $\boldsymbol{S}=(y_a,\dot{x}_a)^T$；

$\boldsymbol{S}_d$——期望腾空相的顶点状态，且满足 $\boldsymbol{S}_d=(y_d,\dot{x}_d)^T$；

$\boldsymbol{u}$——系统控制输入量的一般形式。

式(3.21)为从 $\boldsymbol{S}_i$ 到 $\boldsymbol{S}_d$ 关于系统控制输入量 $\boldsymbol{u}$ 的 Poincaré 映射，为进一步清晰表达系统输入与当前、期望状态间的函数关系，将式(3.21)改写为 Poincaré 逆映射形式，即

$$\boldsymbol{u}=P^{-1}(\boldsymbol{S}_i,\boldsymbol{S}_d) \tag{3.22}$$

ARM 的构建过程表明：SLIP 模型的支撑相尚无精确解析化数学表达式，故无法推导出逆映射式(3.22)的显示形式，即系统控制输入量 $\boldsymbol{u}$ 通过隐函数关系与 $\boldsymbol{S}_i$ 和 $\boldsymbol{S}_d$ 进行耦合，无法获得其直观表达式。为解决 Poincaré 逆映射造成的上述问题，将式(3.22)转化为关于期望顶点状态的 Poincaré 映射预测误差的优化问题，通过求解单边极值问题获得系统的输入量。以 SLIP 系统的运动参数 α_{TD} 为例，上述优化过程可表述为

$$\alpha_{TD}=\underset{\alpha_{TD}\in(0,\pi/2)}{\operatorname{argmin}}\left|\boldsymbol{S}_d-P(\boldsymbol{S}_i,\alpha_{TD})\right| \tag{3.23}$$

通过优化表达式(3.23)的转化处理，Poincaré 逆映射式(3.22)所形成的关于输入量 $\boldsymbol{u}$ 的复杂超越方程已退化为简单的基本函数计算问题。式(3.23)的优化过程是寻求关于 α_{TD} 的函数 $|\boldsymbol{S}_d-P(\boldsymbol{S}_i,\alpha_{TD})|$ 在区间$(0, \pi/2)$上的极小值问题。采用该方式处理所带来的优点可归纳如下。

(1)回避了逆 Poincaré 映射带来的控制输入量求解困难。

在逆 Poincaré 映射的作用下，方程式(3.22)将形成关于 SLIP 模型运动参数 α_{TD} 的超越代数方程，在无法通过解析方法求解的同时，应用数值方法亦无法保证其计算稳定性且计算量可观。优化函数 $\operatorname{argmin}|\boldsymbol{S}_d-P(\boldsymbol{S}_i,\alpha_{TD})|$ 的引入，有效回避了对复杂超越方程的

求解，仅通过直观的代数运算直接计算 ARM 表达式 $P(\boldsymbol{S}_i, \alpha_{TD})$ 即可，极大程度地降低了控制输入量的求解难度。

(2)期望顶点状态 $\boldsymbol{S}_d$ 的预测误差由高精度的支撑相近似解析解保证。

尽管上述的优化过程回避了超越方程的求解，但计算 $P(\boldsymbol{S}_i, \alpha_{TD})$ 的过程仍然需要面临支撑相动力学的二阶常微分方程的求解。本书所推导的支撑相近似解析解可有效克服这一困难。作为替代数值积分求解系统支撑相动力学的近似解析解，其高精度的顶点预测性能将最大程度弥补逼近精度造成的计算误差；同时，其简洁、直观的数学形式便于实时计算。基于支撑相近似解析解形式的 SLIP 系统运动参数 α_{TD} 的优化表达式为

$$\alpha_{TD} = \underset{\alpha_{TD} \in (0, \pi/2)}{\operatorname{argmin}} \left| \boldsymbol{S}_d - \widetilde{\boldsymbol{S}}_i \right| = \underset{\alpha_{TD} \in (0, \pi/2)}{\operatorname{argmin}} \left| \boldsymbol{S}_d - \widetilde{P}(S_i, \alpha_{TD}) \right| \tag{3.24}$$

式中 $\widetilde{\boldsymbol{S}}_i$——通过支撑相近似解析解预测的顶点状态；

$\widetilde{P}$——基于支撑相近似解析解的 Poincaré 映射。

下面以具体数值算例说明基于 dead-beat 的 SLIP 系统顶点状态控制过程。图 3.30 绘制了在系统能量层级 $E_s = 1\ 785$ J 水平下不同触地角所确定的 ARM 曲线，其中实心点所标记位置为 SLIP 系统腾空相的期望顶点高度（$y_d = 0.985$ m）。图中 ARM 的边界 A、B、C 分别由运动失效类型中的腾空相磕绊、支撑相回弹及支撑相前扑的临界条件所确定。系统由任意的顶点初始高度出发（图中横坐标轴黑色实心点所示）仅经过一次回归映射即可达到期望高度。dead-beat 控制器的作用即为根据当前顶点高度和期望顶点刚度，选择恰当的触地角，使得 SLIP 系统在有效运动区内（由边界 A、B、C 所围成的封闭区域）的任意初始顶点高度开始运动，经历一次完整的步态周期后到达 y_d。由图 3.30 可知，优化表达式 (3.23) 的实质是根据 $\boldsymbol{S}_i$ 和 $\boldsymbol{S}_d$ 确定 α_{TD} 所在的 $y_a(i+1) = P(y_a(i), \alpha_{TD})$ 曲线。与 FTA 策略相比，基于 dead-beat 的顶点控制策略的收敛周期为 1，极大程度地缩短了系统的趋于稳定的时间；另外，在 dead-beat 控制器的作用下，系统的期望顶点状态 $\boldsymbol{S}_d$ 不再

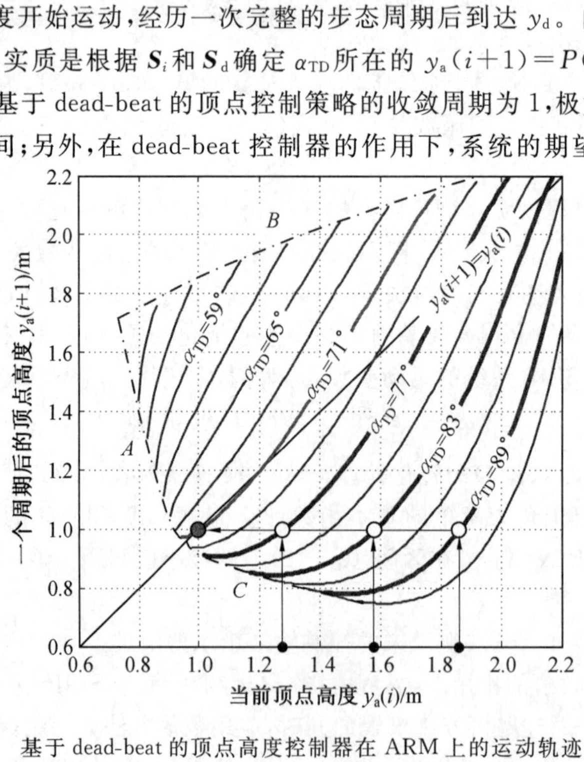

图 3.30 基于 dead-beat 的顶点高度控制器在 ARM 上的运动轨迹示意图

局限在 BoA 区域内而被扩充至整个有效运动区间，故 SLIP 系统的运动状态可调节范围被进一步提高。基于以上分析，关于 SLIP 系统自稳定性与 FTA 策略的局限性得到了有效解决。

2. 固定能量层级下的运动控制器设计

固定能量层级的情形主要针对结构参数固定的常规 SLIP 系统，即在整个运动过程中系统无能量损耗，处于完全被动状态。在系统固定能量层级 E_s 下，质心的顶点高度 $y_a(i)$ 及水平速率 $\dot{x}_a(i)$ 满足定常约束，即

$$\frac{1}{2}m\dot{x}_a^2(i)+mgy_a(i)=E_s \tag{3.25}$$

因此，对系统顶点高度的控制与水平速率的控制可通过式(3.25)进行相互转换。下面将顶点的期望高度 $y_a(i)$ 作为控制目标，详细阐述 dead-beat 控制器的设计过程。基于支撑相近似解析解的 SLIP 系统顶点高度 dead-beat 控制器设计主要分为以下三步。

(1)预测系统支撑相末期的单腿摆角值 θ_{LO}。

根据推导的支撑相近似解析表达式(2.60)可直接计算出系统支撑相的持续时间为

$$t_{st}=t_{LO}-t_{TD}=\frac{2\pi-2\arccos((1-r_b)/a)}{\omega_0}\sqrt{\frac{r_0}{g}} \tag{3.26}$$

式中　t_{st}——系统支撑相持续时间(s)；

t_{LO}——系统支撑相起始时刻，即触地时刻(s)；

t_{TD}——系统支撑相结束时刻，即腾空时刻(s)。

将式(3.26)代入支撑相摆角近似解析解式(2.81)可求取摆角值 θ_{LO} 为

$$\theta_{LO}=\theta(t_{st})=\frac{u_0(t_{st})+\varepsilon u_1(t_{st})}{\bar{r}(t_{st})} \tag{3.27}$$

式中　θ_{LO}——系统支撑相结束时刻腿部摆角值(rad)。

(2)预测系统腾空相顶点高度 $\tilde{y}_a(i+1)$。

在(1)的基础上，根据 ARM 表达式(2.90)及 θ_{LO} 预测经历一个完整步态周期后的顶点高度值 $\tilde{y}_a(i+1)$，具体计算公式为

$$\tilde{y}_a(i+1)=r_0\cos\theta_{LO}+\left(\cos(\theta_{LO}+\theta_{TD})\sqrt{y_a(i)-r_0\cos\theta_{TD}}+\sin(\theta_{LO}+\theta_{TD})\sqrt{\frac{E_s}{mg}-y_a(i)}\right)^2 \tag{3.28}$$

式中　$\tilde{y}_a(i+1)$——顶点高度的预测值(m)；

θ_{LO}——支撑相初始时刻腿部摆角值(rad)，且满足 $\theta_{LO}=\pi/2-\alpha_{TD}$。

(3)确定触地角 α_{TD}。

利用基于近似解析解的顶点预测值(式(3.28))，构造关于顶点期望高度预测误差的有界区间极小值优化函数，即

$$\alpha_{TD}=\underset{\alpha_{TD}\in(0,\pi/2)}{\operatorname{argmin}}\left|y_d-\tilde{y}_a(i+1)\right| \tag{3.29}$$

至此，固定能量层级下 SLIP 系统的 dead-beat 顶点控制器已设计完毕，其控制效果

仅取决于基于支撑相近似解析解的顶点预测值 $\tilde{y}_a(i+1)$ 对期望值 y_d 的预测误差。根据近似解析解预测性能的分析结果可知，利用摄动方法所获得的支撑相近似解析解可保证 SLIP 系统顶点的预测精度，为 dead-beat 顶点控制器的应用提供了充足的理论基础。此外，利用定常约束（式(3.25)）可将控制律（式(3.29)）转化为关于 SLIP 系统腾空相顶点质心水平速率的控制器。具体设计过程与式(3.26)～(3.29)类似，此处不再赘述。

3. 变能量层级的运动控制器设计

固定能量层级下的 SLIP 系统通过定常约束（式(3.25)）限制了质心的顶点高度 $y_a(i)$ 及水平速率 $\dot{x}_a(i)$，使得二者在数学形式上相互绑定。因此，在一定程度上限制了系统运动的调节范围。考虑能量层级的变化将弥补这一不足，释放 $y_a(i)$ 与 $\dot{x}_a(i)$ 的约束关系，可以从根本上解决腾空相系统质心顶点状态的自由调节问题。从控制系统的输入/输出量角度分析，上一节固定能量层级的 dead-beat 控制器可视为以触地角 α_{TD} 为输入、质心顶点高度 $y_a(i)$（或水平速率 $\dot{x}_a(i)$）为输出的 SISO 系统；而变能量层级的 dead-beat 控制器需要同时独立控制 $y_a(i)$ 和 $\dot{x}_a(i)$ 两个变量，属于 MIMO 系统。本节选择 SLIP 系统的腿部等效刚度值 k 作为第二输入变量，由此触地角连同等效刚度构成的输入向量 $\boldsymbol{u}=(\alpha_{TD},k)^T$ 将与输出向量 $\boldsymbol{S}=(y_a(i),\dot{x}_a(i))^T$ 相匹配。

关于等效刚度 k 的调节时机与调节方式，鉴于 SLIP 系统在腾空相时采用腿部摆角控制方式这一特点，故对 k 的调节应在支撑相内进行为妥。根据支撑相近似解析解的具体形式兼顾实际系统结构参数的可实现性，本节提出一种基于能量差异的支撑相刚度控制策略（energy-variation based stiffness adjustment, ESA）。ESA 的核心思想是：将支撑相细分为压缩相与伸展相两个子阶段；在两个子阶段内分别采用恒刚度控制策略，其中第二子阶段即伸展相的等效刚度值是根据当前顶点状态 $\boldsymbol{S}_i$ 及期望顶点状态 $\boldsymbol{S}_d$ 间的能量差异而进行的匹配。如图 3.31 所示，记 SLIP 系统在当前顶点状态 $\boldsymbol{S}_i$ 的能量为 E_{s0}，满足

$$E_{s0}=\frac{1}{2}m\dot{x}_a^2(i)+mgy_a(i) \tag{3.30}$$

另记期望顶点状态 $\boldsymbol{S}_d$ 的能量为 E_{sd}，满足

$$E_{sd}=\frac{1}{2}m\dot{x}_d^2+mgy_d \tag{3.31}$$

压缩相与伸展相的等效刚度分别记为 k_c、k_d。根据各子阶段内 SLIP 系统的腿部等效刚度保持为定值这一约束，k_c、k_d 应满足能量差异的匹配关系为

$$\frac{1}{2}k_d\ (r_0-r_B)^2-\frac{1}{2}k_c\ (r_0-r_B)^2=E_{sd}-E_{s0} \tag{3.32}$$

式中 k_c、k_d——压缩相与伸展相的腿部等效刚度值（N/m）；

r_B——腿部弹性单元处于最大压缩量时的径向长度值（m）。

实际上，这种分段连续的变刚度调节律（式(3.32)）是常规 SLIP 系统恒刚度情形的拓展。考虑到 $\boldsymbol{S}_i$ 与 $\boldsymbol{S}_d$ 所对应的能量间可能存在着差异，故在由压缩相即将进入伸展相的瞬时，对 k 进行调整使系统实现幅度为 $\Delta E=E_{sd}-E_{s0}$ 的能量迁移（图 3.31(b)）。一般情况下 ΔE 不为零，$\Delta E>0$ 与 $\Delta E<0$ 分别与系统能量补充和耗散相对应；$\Delta E=0$ 则为固定能量层级的情形，支撑相前、后两阶段的刚度值相同，系统退化为支撑相恒刚度控制。

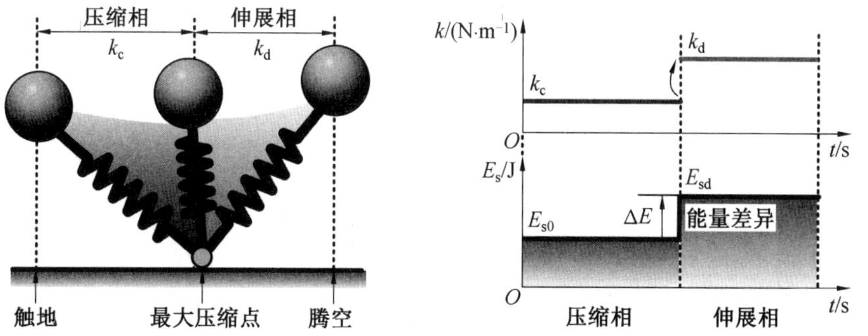

(a) 支撑相两个子阶段的划分　　(b) 能量差异与刚度调节的匹配关系

图 3.31　基于能量差异的支撑相刚度控制策略示意图

以上一节的 dead-beat 控制器设计过程为基础，变能量层级下的顶点运动控制器设计过程分为以下四步。

(1)预测系统支撑相最大压缩点处的径向长度 r_B。

对径向近似解析解(式(2.60))在支撑相区间内取极小值，可获得系统在最大压缩点处的径向长度为

$$r_B = r_0(r_b - a) \tag{3.33}$$

式中　r_B——系统最大压缩点处的径向长度(m)；

r_0、a——径向近似解析解(式(2.60))中的无量纲变量，表达式同前。

同时，可方便求得系统达到最大压缩点所经历的时长为

$$t_{CM} = t_B - t_{TD} = \frac{\pi - \beta}{\omega_0}\sqrt{\frac{r_0}{g}} \tag{3.34}$$

式中　t_{CM}——系统压缩相持续时间(s)；

t_B——系统达到最大压缩相的时刻(s)。

(2)计算支撑相内等效刚度的更新值 k'。

根据系统期望顶点状态 $\boldsymbol{S}_d = (y_d, \dot{x}_d)^T$、当前顶点状态 $\boldsymbol{S}_i = (y_a(i), \dot{x}_a(i))^T$ 计算能量差异 ΔE 为

$$\Delta E = \frac{1}{2}m\dot{x}_d^2 + mgy_d - \frac{1}{2}m\dot{x}_a^2(i) - mgy_a(i) \tag{3.35}$$

将式(3.35)代入变刚度调节律(式(3.32))，可获得伸展相的等效刚度更新值 k' 为

$$k' = k + \frac{2\Delta E}{(r_0 - r_B)^2} \tag{3.36}$$

式中　k——压缩相腿部等效刚度的初始值(N/m)；

k'——伸展相腿部等效刚度的更新值(N/m)。

(3)预测系统腾空相顶点高度 $\tilde{y}_a(i+1)$。

在获得支撑相腿部等效刚度的调节规律后，SLIP 系统的运动状态将只由触地角 α_{TD} 决定。注意到 $r(t_{CM}) = r_B$ 时，有 $dr(t_{CM})/dt = 0$，由这两个初始条件可确定伸展相的径向长度 $r(t)$ 满足

$$r(t) = r_0(r_b' + (\bar{r}_B - r_b')\cos(\omega_0'(\sqrt{r_0/g}t - t_B))) \tag{3.37}$$

式中　r'_b——更新后的无量纲径向偏移量，且满足

$$r'_b=(\bar{k}'+4C_r^2-1)/(\bar{k}'+3C_r^2)$$

$\bar{k}'$——更新后的无量纲腿部等效刚度，表达式为

$$\bar{k}'=k'r_0/mg$$

$\bar{r}_{\mathrm{B}}$——无量纲最大压缩点处的径向长度；

ω'_0——更新后的径向振动频率，满足

$$\omega'_0=\sqrt{\bar{k}'+3C_r^2}$$

注意到在伸展相阶段由于系统的等效刚度值已有所调整，故在此期间的支撑相近似解析解中所有变量中的 k 需更新为 k'（对腿部摆角 $\theta(t)$ 亦采用相同操作，后文不再详述）。考虑到 $r(t_{\mathrm{LO}})=r_0$，进而推算出伸展相的持续时间为

$$t_{\mathrm{DM}}=t_{\mathrm{LO}}-t_{\mathrm{B}}=\frac{\arccos((1-r'_b)/(\bar{r}_{\mathrm{B}}-r'_b))}{\omega_0}\sqrt{\frac{r_0}{g}} \tag{3.38}$$

式中　t_{DM}——系统伸展相持续时间(s)。

将 t_{DM} 计算结果（式(3.38)）代入式(2.81)可求取摆角值 θ_{LO} 为

$$\theta_{\mathrm{LO}}=\theta(t_{\mathrm{DM}})=\frac{u_0(t_{\mathrm{DM}})+\varepsilon u_1(t_{\mathrm{DM}})}{\bar{r}(t_{\mathrm{DM}})} \tag{3.39}$$

结合式(3.39)及式(2.88)可求取顶点高度的预测值 $\tilde{y}_{\mathrm{a}}(i+1)$ 为

$$\tilde{y}_{\mathrm{a}}(i+1)=r_0\cos\theta_{\mathrm{LO}}+\frac{1}{2g}(\dot{r}_{\mathrm{LO}}\cos\theta_{\mathrm{LO}}-r_{\mathrm{LO}}\sin\theta_{\mathrm{LO}}\dot{\theta}_{\mathrm{LO}})^2 \tag{3.40}$$

(4)确定触地角 α_{TD}。

在式(3.29)的基础上略加改动，将顶点高度替换为状态变量后可获得极小值优化函数为

$$\alpha_{\mathrm{TD}}=\underset{\alpha_{\mathrm{TD}}\in(0,\pi/2)}{\operatorname{argmin}}\ \|\boldsymbol{S}_{\mathrm{d}}-\tilde{\boldsymbol{S}}_{i+1}\|_2 \tag{3.41}$$

式中　$\tilde{\boldsymbol{S}}_{i+1}$——基于支撑相近似解析解的顶点状态预测值，且满足

$$\tilde{\boldsymbol{S}}_{i+1}=(\dot{\tilde{x}}_{\mathrm{a}}(i+1),\tilde{y}_{\mathrm{a}}(i+1))^{\mathrm{T}} \tag{3.42}$$

式(3.42)中的顶点高度及其速度预测值在系统期望能量层级下可相互转换，即

$$\frac{1}{2}m\dot{\tilde{x}}_{\mathrm{a}}^2(i+1)+m\tilde{g}y_{\mathrm{a}}(i+1)=E_{\mathrm{sd}} \tag{3.43}$$

因此，优化函数（式(3.41)）中的 $\dot{\tilde{x}}_{\mathrm{a}}(i+1)$ 可根据式(3.43)进行解算。至此，变能量层级下的 SLIP 系统的 dead-beat 顶点控制器已设计完毕。

3.5.3　数值仿真实验

1. 仿真实验环境设置与计算流程

SLIP 模型的结构参数/运动参数设置为：质量 $m=80$ kg、腿部长度 $r_0=1$ m、重力加速度 $g=9.81\ \mathrm{m/s^2}$、初始顶点高度 $y_0=1$ m。系统动力学模型式(2.9)调用 ode45 库函数

进行解算，为保证计算精度，设置 4 阶 Runge-Kutta 数值积分器的最大计算步长为 10^{-3}，最大容差为 10^{-8}。基于 dead-beat 的顶点控制策略仿真计算流程如图 3.32 所示。

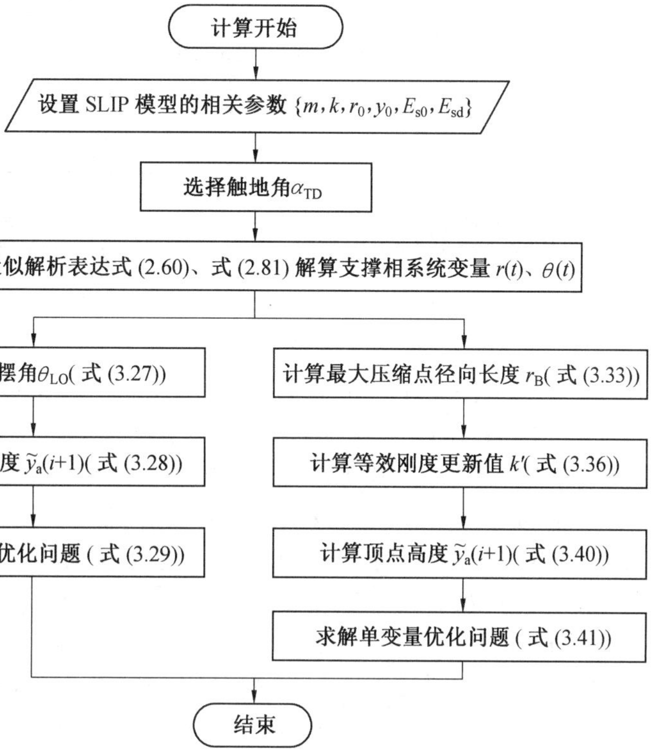

图 3.32　基于 dead-beat 的顶点控制策略仿真计算流程

2. 仿真结果与分析

首先测试固定能量层级下系统的运动性能，其仿真曲线如图 3.33 所示。SLIP 系统由初始顶点状态 $y_a=1$ m 开始运动，在 $t=0$ s、$t=2.82$ s 和 $t=5.44$ s 时刻将期望顶点高度 y_d 设置为 1 m、1.02 m 和 0.96 m(图 3.33(a) 中虚线)。图中阴影标记区域为触地角 α_{TD} 的调整区，dead-beat 顶点控制器在根据当前顶点高度 $y_a(i)$ 和期望顶点高度 y_d 计算最佳触地角(α_{TD} 的调节曲线如图 3.33(b) 所示)，使得系统在被下达期望顶点高度值后仅需通过一个步态周期即可达到期望状态，进而实现对期望顶点高度 y_d 的无差拍跟踪。

观察图 3.33(a) 中 CoM 的高度随时间变化曲线可见，SLIP 系统在期望顶点高度 $y_d=1$ m、$y_d=1.02$ m 和 $y_d=0.96$ m 处分别持续了 3、4、3 个周期。实际上，系统在 y_d 不变的时间段内的轨迹是通过 dead-beat 控制器维持不动点周期运动的过程，故在此阶段系统的 α_{TD} 变化幅度较小。由近似解析解对系统顶点状态的预测误差分析可知，顶点高度 y_d 的跟踪误差来源于近似解析解的引入。从本质上讲，仿真曲线的顶点跟踪误差与预测误差相同。图 3.33(a) 中的跟踪误差均被控制在 5% 以内。由于 y_d 保持恒定，故 α_{TD} 在此阶段的微小调整用于补偿前一周期的跟踪误差。在 y_d 的调整阶段(图 3.33(a) 中阴影区域)，α_{TD} 与恒定 y_d 阶段的触地角变化相比，此间的 α_{TD} 变化更为剧烈。此规律可从触地角随时间的变化曲线(图 3.33(b))得到印证。在固定能量层级下，系统的腾空相顶点高

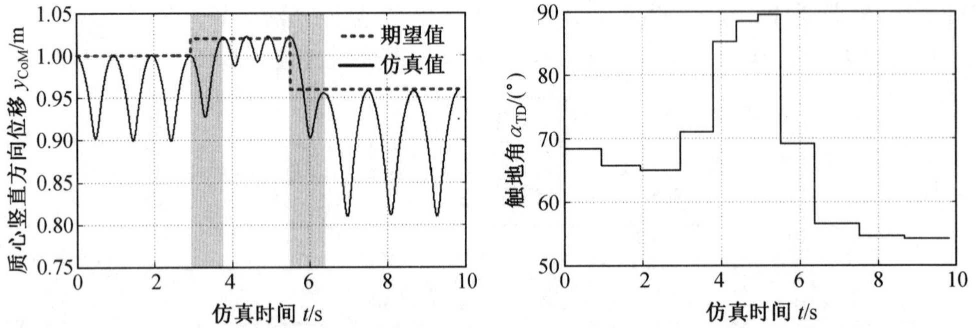

(a) 质心竖直方向位移随时间变化曲线　　(b) 触地角随时间变化曲线

图 3.33　固定能量层级的仿真曲线

度与水平速率互为对偶关系，即通过能量约束(式(3.30))可将关于高度和水平速率的 dead-beat 控制器互相转化；与此同时，该条件的约束导致二者无法单独控制。由此可见，固定能量层级的 SLIP 系统运动状态调节范围十分有限。

变能量层级下的仿真曲线分别如图 3.34、图 3.35 所示。仿真实验时，设置 SLIP 系统的模型参数与固定能量层级下结构参数/运动参数相同。系统由初始顶点状态 $y_a(0)=1$、$\dot{x}_a=2$ m/s 开始运动，期望顶点状态的设置分别经历两次水平速率改变(在 $t=6.20$ s 更新为 3.0 m/s，在 $t=12.80$ s 更新为 2.5 m/s)和三次顶点高度改变(在 $t=2.90$ s更新为 1.1 m，在 $t=6.20$ s 更新为 1.2 m，在 $t=12.80$ s 更新为 1.4 m)。系统质心在此状态下的矢状面运动轨迹如图 3.34 所示，顶点状态的调整区域用阴影部分标记。无论是应对 y_a 或 $\dot{x}_a$ 的期望值更新，系统在 dead-beat 控制器的作用下仅需一个周期便可完成调整且跟踪效果良好。与固定能量层级控制器相比，变能量层级控制器最大的不同在于：前者仅能独立地对 y_a 和 $\dot{x}_a$ 中的一个进行控制；而后者可在 SLIP 系统有效运动范围内对二者进行独立控制。

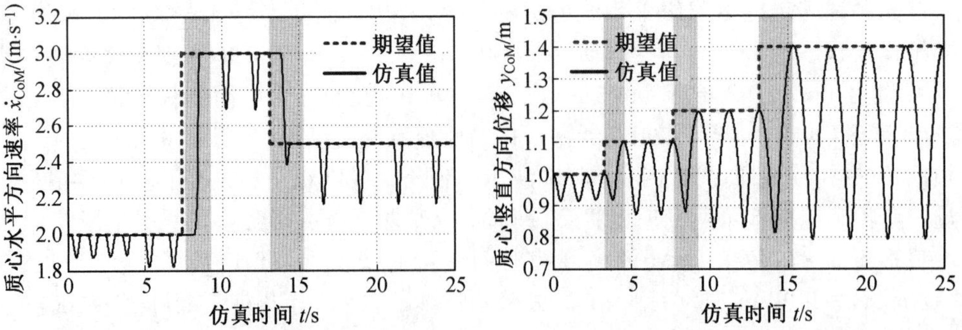

(a) 质心水平方向速率随时间变化曲线　　(b) 质心竖直方向位移随时间变化曲线

图 3.34　变能量层级下的质心运动仿真曲线

SLIP 系统相应的 dead-beat 控制参数随时间的变化曲线如图 3.35 所示。对 y_a 和 $\dot{x}_a$ 的独立调整不影响 SLIP 系统的连续运动，在 25 s 的仿真时间内，系统质心在矢状面始终呈现连续、光滑的运动轨迹。由于 y_a 和 $\dot{x}_a$ 的期望值在整个仿真时长内较为频繁地变化，因此触地角 α_{TD}几乎在每个步态周期均需要进行调整。系统在初始状态下腿部等效刚度

k 设置为 30 kN/m，在每次 y_a 和 $\dot{x}_a$ 出现期望值更新时，α_{TD}和 k 的调节幅度较大。观察图中曲线可见，α_{TD}和 k 的最大调节量均出现在 $t=8.27$ s 处（α_{TD}由 78.8°增长至 88.2°，k 由 25.2 kN/m 增长至 80.4 kN/m），此时系统正经历质心水平速率期望值更新的最大值（$\dot{x}_d$ 由 2 m/s 更新至 3 m/s），亦即系统机械能变异的最大值。若在运动过程中，系统的能量层级不发生变化（即 y_a 和 $\dot{x}_a$ 的期望值保持恒定），α_{TD}和 k 两控制参数变化幅度较小。参数的小幅值调整量用于弥补 dead-beat 控制器中近似解析解造成的顶点状态预测误差。需要指出的是：固定、变能量层级的 dead-beat 控制器在数学形式上略有不同；但当 $\Delta E=0$ 时，变能量层级 dead-beat 控制器的触地角优化函数（式(3.41)）将退化为固定能量层级的函数式(3.29)。由此可见，变量能层级的 dead-beat 控制器是期望顶点状态调控的一般形式，式(3.29)则为式(3.41)在 $\Delta E=0$ 时的特例。

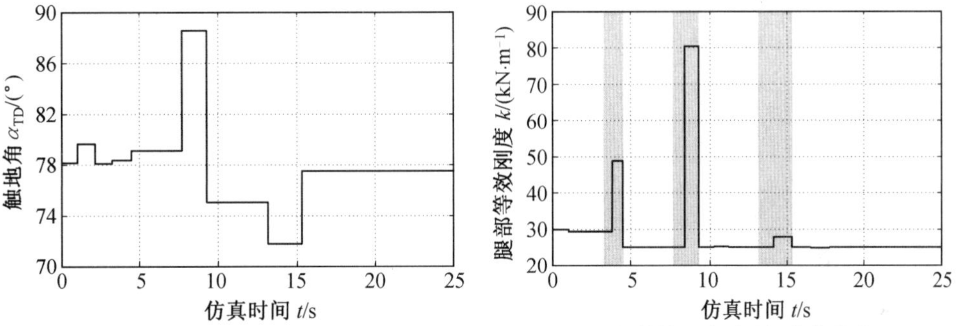

(a) 触地角随时间变化曲线　　(b) 腿部等效刚度随时间变化曲线

图 3.35　变能量层级下的 dead-beat 控制器参数调节曲线

对比固定和变能量层级下 dead-beat 控制器的仿真结果可见，固定能量层级的控制器对系统顶点状态的调节十分有限（在图 3.33 曲线中，对系统顶点高度 y_a 的调节范围是 $-4\%\sim2\%$）；变能量层级情况下这一瓶颈问题可以得到有效改善（在图 3.34 曲线中对 y_a 的调节范围为 $0\%\sim40\%$，对 $\dot{x}_a$ 的调节范围为 $0\%\sim50\%$）。产生上述现象的根本原因在于：由于固定能量层级条件的限制，因此尽管采用了优化触地角 α_{TD}的 dead-beat 控制器，其顶点状态的可调节范围仅取决于 SLIP 系统 BoA 区域的大小。因此，固定能量层级下的 dead-beat 控制方式在实质上仅将完全被动的 SLIP 系统 FTA 运动策略扩展为触地角可调的运动控制策略（ATA）。从控制系统输入/输出角度分析，采用变能量层级的 dead-beat 控制器将 SLIP 系统由 SISO 结构增广为 MIMO 结构。通过调节 α_{TD}、k 可将输出量 y_a 和 $\dot{x}_a$ 解耦，进而实现独立控制。此外，系统总体机械能的改变促使 SLIP 系统顶点状态的可调范围不再受限于单一能量层级下的 BoA 区域，使其有效的运动调节范围得到了极大程度的扩充。

3.6　本章小结

本章在第 2 章对 SLIP 模型解析化研究的基础上，对于 SLIP 系统的结构参数/运动参数如何影响其运动性能进行深入分析。为了对 SLIP 系统的运动性能进行定量化综合分析，根据其运动特点分别建立了以足一地接触力峰值 GRF_m、接触力比率 CFR_m 为组成元素的足一地接触性能评价指标和以 BoA 区域、Floquet 乘数 λ_F 及最大容许扰动量为组成元素的运动稳定性能评价指标。借助于支撑相解析化分析工具，在腾空相触地角和支撑相腿部等效刚度变化条件下分别定量计算各项性能评价指标，获得了 SLIP 系统的结构参数/运动参数对其运动性能的影响规律；同时，为检测上述结果的一致性和普适性，对所得评价数据统一进行参数变异性测试，消除了定量计算过程中由于辅助参数的不同选择对结果造成的影响。

上述参数化分析结果为 SLIP 系统的自稳定性提供了充足的理论解释，为弥补系统自稳定性在顶点运动状态调节范围有限、收敛过程缓慢这两方面的缺陷，进一步拓展其运动性能，分别针对固定能量层级、变能量层级的 SLIP 系统设计了基于支撑相近似解析解的 dead-beat 顶点状态控制器，达到对期望顶点状态的无差拍跟踪效果。最后通过数值仿真实验对上述控制策略进行了运动性能测试，验证了算法设计的正确性和应用于 SLIP 系统运动控制的有效性。

第4章 欠驱动SLIP模型矢状面运动轨迹控制策略研究

4.1 概 述

常规的SLIP模型为无外力输入、完全被动的力学系统，依托于其BoA区域所衍生出的系统运动自稳定性是促使该模型在足式仿生机器人动步态控制领域被广泛应用的基础。在前两章分别对常规SLIP模型的动力学解析化数学描述、运动性能的参数化分析及自稳定性与顶点状态控制等方面进行了定量、深入研究。从机器人系统实现角度分析，常规SLIP模型的全被动特性与实际机器人系统具有驱动单元的特点尚存在一定距离。作为介于全被动与全驱动SLIP模型间的一类特殊力学系统，欠驱动SLIP模型的优势在于：①引入了驱动环节（通常为腿部径向驱动或髋部摆腿驱动），使SLIP模型在接近实际机器人系统的同时，更便于将所获得的研究成果生成实际机器人系统的控制策略；②欠驱动形式的引入在降低系统操控复杂度的同时，保留了系统的弹性单元，促使全被动SLIP模型的高能效运动特性在欠驱动SLIP系统中得到了延续。

从运动控制效果分析，第3章所设计的dead-bead控制器仅实现了对系统腾空相顶点运动状态的调控，类似于“点到点”的控制效果，而对支撑相、腾空相期间内的运动轨迹无法控制。本章在常规SLIP模型上进行扩展，将围绕着欠驱动SLIP模型的矢状面运动控制展开研究，重点研究欠驱动自由度与驱动自由度间的动态耦合，并以此为突破口解决SLIP模型矢状面的运动轨迹控制问题。在欠驱动系统轨迹规划方面，在笛卡儿空间对质心矢状面坐标施加虚拟约束，进而可建立欠驱动自由度与驱动自由度间的动态耦合关系；在欠驱动系统控制策略研究方面，开展输出状态反馈线性化和动态逆的研究，以实现对质心矢状面运动轨迹的跟踪控制，为最终实现基于SLIP模型的足式仿生机器人动步态控制奠定充足的理论基础。

4.2 欠驱动SLIP模型的构建

不同于传统SLIP模型的全被动运动形式，双自由度欠驱动SLIP模型有且仅有一个驱动自由度。根据现有文献记录，按驱动自由度配置方式的不同可将欠驱动SLIP模型大体分为髋关节驱动的SLIP模型（hip actuated SLIP model，HA-SLIP模型）和腿部径向驱动的SLIP模型（leg actuated SLIP model，LA-SLIP模型），系统示意图分别如图4.1(a)、(b)所示。HA-SLIP模型的驱动单元在实际机器人系统中的具体实现方式为：在机器人上平台（机身）与摆动腿的连接处配置旋转自由度，驱动系统通过该旋转副将驱动力矩传递至单腿，进而完成摆动、支撑两种模式的运动，类似ETH研制的ScarlETH。LA-

SLIP 模型驱动单元的具体实现方式则为：①在腿部配置伸缩式直线运动副，并通过驱动装置调节腿部弹性单元的长度，类似于 UCSB 研制的 HopperJC；②通过多连杆机构和旋转运动副结合的方法实现腿部等效长度的调整，类似于 OSU 研制的 ATRIAS 2.0。

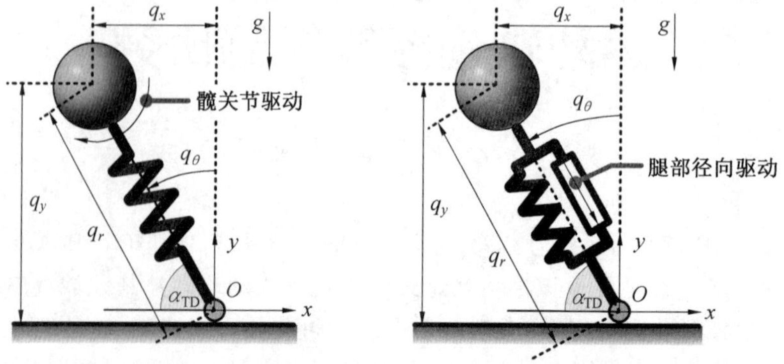

(a) 髋关节驱动的 SLIP 模型　　(b) 腿部径向驱动的 SLIP 模型

图 4.1　两类欠驱动 SLIP 模型示意图

从 SLIP 模型的实用性角度分析，相比于 HA-SLIP 模型，LA-SLIP 模型在足式仿生机器人动步态控制过程中有着更为广阔的应用：①腿部径向长度的主动调节在实际机器人系统中的实现方式简单且种类层出不穷；②无质量、惯性的腿部模型与外部驱动力相结合可将腿部线性弹性单元的固定刚度特性扩展为非线性弹簧所呈现的变（或可调）刚度（variable/adjustable stiffness）特性，该特性将有助于提高 SLIP 系统的运动稳定性及抵抗外界扰动的能力。基于上述考虑，本章以 LA-SLIP 模型为研究对象，围绕其矢状面的轨迹规划和跟踪控制展开研究，进一步拓展 SLIP 模型在崎岖地形条件下的运动能力。

4.2.1　动力学方程的推导

为便于后续相关数学公式的表达，建立 LA-SLIP 模型的坐标系及其相关变量如图 4.1(b)所示。直角坐标系坐标（q_x，q_y）和极坐标系坐标（q_r，q_θ）标记系统质心在矢状面的位置，其中定义极坐标系变量 q_r 以径向伸长方向为“＋”，q_θ 以逆时针方向为“＋”（q_θ 的零位置沿铅直方向与 y 轴正向重合）。两套坐标系满足下列转换关系，即

$$\begin{cases} q_x = -q_r \sin q_\theta \\ q_y = q_r \cos q_\theta \end{cases} \tag{4.1}$$

式中　q_x、q_y——直角坐标系变量；

q_r、q_θ——极坐标系变量。

在 2.2.2 节的基础上考虑腿部弹性单元的径向驱动力 u，LA-SLIP 模型的腿部受力可表示为

$$F_{\mathrm{spr}} = k(q_{r0} - q) + u \tag{4.2}$$

将式(4.2)代入动力学方程（式(2.9)）中，可获得 LA-SLIP 模型的支撑相方程为

$$\begin{cases} m\ddot{q}_r - mq_r\dot{q}_\theta^2 + mg\cos q_\theta + k(q_r - q_{r0}) = u \\ \dfrac{\mathrm{d}}{\mathrm{d}t}(mq_r^2\dot{q}_\theta) - mgq_r\sin q_\theta = 0 \end{cases} \tag{4.3}$$

式中　q_{r0}——腿部弹性单元的静息长度(m)；

u——腿部驱动力(N)；

m、k——质量和等效刚度，意义同式(2.5)。

由于系统在腾空相并无外力/力矩输入而仅受重力作用，故 LA-SLIP 模型的腾空相动力学方程为

$$\begin{cases}\ddot{q}_x=0\\ \ddot{q}_y=-g\end{cases} \tag{4.4}$$

观察式(4.3)和式(4.4)可见，LA-SLIP 模型的动力学方程与全被动 SLIP 模型差别不大，系统变量 q_r和 q_θ通过二阶非线性微分方程(4.2)的第二式形成动态耦合关系。比较式(4.3)和式(2.9)易见，是否存在输入变量 u，系统的角动量 $mq_r^2\dot{q}_\theta$ 随时间的变化形式不变，即 u 并不影响 q_r和 q_θ的动态耦合关系。

4.2.2　基于局部反馈线性化的预处理

局部反馈线性化(partial linearization feedback)是处理强非线性系统的一类有效手段，在足式仿生机器人的运动控制领域得到了较为广泛的应用，其核心思想是借助于对系统状态空间的重构和反馈将一个复杂的非线性系统部分地转化为线性系统，降低数学处理的难度。在进行欠驱动模型的控制系统设计之前，通过局部反馈线性化处理可将原系统动力学方程中的部分非线性项以“输入一状态反馈”的方式消去，尽可能对欠驱动模型进行简化以减轻后续控制系统设计的负担。鉴于此，对系统(式(4.3))引入新的系统输入变量 v，满足

$$v=\frac{1}{m}(u+mq_r\dot{q}_\theta^2-mg\cos q_\theta-k(q_r-q_{r0})) \tag{4.5}$$

将式(4.5)代入 LA-SLIP 模型的系统动力学方程(4.2)，可获得具有简洁形式的动力系统为

$$\begin{cases}\ddot{q}_r=v\\ \ddot{q}_\theta=-\dfrac{2\dot{q}_r\dot{q}_\theta}{q_r}-\dfrac{g\sin q_\theta}{q_r}\end{cases} \tag{4.6}$$

经过局部反馈线性化处理后的系统动力学方程数学形式简洁，其物理意义明确。式(4.6)中第一个方程为主动自由度 q_r在系统输入 v 作用下的驱动方程；第二个方程保留了 q_r和 q_θ的动态耦合关系。从控制系统输入/输出角度分析，双自由度 LA-SLIP 模型通过输入 v 直接控制系统的径向长度 q_r；与此同时，q_r通过角动量方程与摆角变量 q_θ相耦合。根据相关文献报道，LA-SLIP 模型属于主动 SLIP 模型(active SLIP model)，在处理其径向长度的驱动问题时，常规方法是将整个腿部视为长度可变的理想弹性体。文献[144]指出：径向长度的调整可以通过串联于腿部弹簧的位置控制单元来实现，此时腿部的驱动方式相当于一个理想的位置输入源，即满足

$$F_{\text{spr}}=k(q_{r0}-q+q_{\text{act}})=k(q_{r0}-q)+\underbrace{kq_{\text{act}}}_{u} \tag{4.7}$$

式中　q_{act}——腿部理想位置源的输入量(m)。

本节采用广义力 u 来对腿部单元进行建模，可视为对理想位置源情形的推广。仔细比较式(4.2)与式(4.7)不难发现，采用位置和广义力的方式在系统方程中表达式可相互转换。前者在数学形式上更为直观、简洁，而后者则侧重描述腿部驱动的普遍形式。LA-SLIP 模型的支撑相系统动力学方程的一般形式可表述为

$$\boldsymbol{D}(\boldsymbol{q})\ddot{\boldsymbol{q}}+\boldsymbol{C}(\boldsymbol{q},\dot{\boldsymbol{q}})\dot{\boldsymbol{q}}+\boldsymbol{G}(\boldsymbol{q})=\boldsymbol{B}\boldsymbol{v} \tag{4.8}$$

其中，$\boldsymbol{q}=(q_r,\ q_\theta)^{\mathrm{T}}$，$\boldsymbol{D}(\boldsymbol{q})$、$\boldsymbol{C}(\boldsymbol{q},\dot{\boldsymbol{q}})$、$\boldsymbol{G}(\boldsymbol{q})$ 和 $\boldsymbol{B}$ 分别为质量、科氏力与离心力、重力项和驱动力系数矩阵，详细表达式为

$$\boldsymbol{D}(\boldsymbol{q})=\begin{bmatrix}1 & 0\\ 0 & q_r^2\end{bmatrix},\quad \boldsymbol{C}(\boldsymbol{q},\dot{\boldsymbol{q}})=\begin{bmatrix}0 & 0\\ 0 & 2q_r\dot{q}_r\end{bmatrix},\quad \boldsymbol{G}(\boldsymbol{q})=\begin{bmatrix}0\\ gq_r\sin q_\theta\end{bmatrix},\quad \boldsymbol{B}=\begin{bmatrix}1\\ 0\end{bmatrix} \tag{4.9}$$

为后续数学公式推导方便，将系统(式(4.6))改写为状态空间 $\Sigma^S:\boldsymbol{Q}_s\rightarrow T\boldsymbol{Q}_s$，即

$$\begin{aligned}\dot{\boldsymbol{x}}&=\frac{\mathrm{d}}{\mathrm{d}t}\begin{bmatrix}\boldsymbol{q}\\ \dot{\boldsymbol{q}}\end{bmatrix}=\begin{bmatrix}\dot{\boldsymbol{q}}\\ \boldsymbol{D}^{-1}(\boldsymbol{q})(-\boldsymbol{C}(\boldsymbol{q},\dot{\boldsymbol{q}})\dot{\boldsymbol{q}}-\boldsymbol{G}(\boldsymbol{q})+\boldsymbol{B}\boldsymbol{v})\end{bmatrix}\\ &=\boldsymbol{f}(\boldsymbol{x})+\boldsymbol{g}(\boldsymbol{x})\boldsymbol{v}\end{aligned} \tag{4.10}$$

其中，$\boldsymbol{x}=(\boldsymbol{q};\dot{\boldsymbol{q}})^{\mathrm{T}}\in\boldsymbol{Q}_s\subset\mathbf{R}^4$，向量场函数 $\boldsymbol{f}(\boldsymbol{x})$ 和 $\boldsymbol{g}(\boldsymbol{x})$ 的具体数学形式为

$$\boldsymbol{f}(\boldsymbol{x})=\begin{bmatrix}\dot{\boldsymbol{q}}\\ \boldsymbol{D}^{-1}(\boldsymbol{q})(-\boldsymbol{C}(\boldsymbol{q},\dot{\boldsymbol{q}})\dot{\boldsymbol{q}}-\boldsymbol{G}(\boldsymbol{q}))\end{bmatrix} \tag{4.11}$$

$$\boldsymbol{g}(\boldsymbol{x})=\begin{bmatrix}0\\ \boldsymbol{D}^{-1}(\boldsymbol{q})\boldsymbol{B}\end{bmatrix} \tag{4.12}$$

至此，已完成了对 LA-SLIP 模型支撑相动力学方程的预处理工作。考虑到腾空相动力学方程式(4.4)形式较为简单，而针对腾空相的运动控制策略将在后续详细阐述，故本节不再进行特殊处理。上述预处理已将系统动力学方程转化为式(4.10)的简洁形式，接下来的工作将围绕 SLIP 模型矢状面的运动轨迹规划展开。

4.3　SLIP 模型矢状面运动的虚拟约束设计

欠驱动 LA-SLIP 模型控制系统设计的重点在于如何通过调控主动自由度来影响欠驱动自由度，进而实现对欠驱动自由度的控制。常规情况下，动态耦合方程数学形式复杂且非线性强，无法直接获得自由度间的显式解析关系，这是欠驱动系统控制系统设计的难点所在。本节将通过对 LA-SLIP 模型质心在矢状面的运动施加虚拟约束的方式来解决欠驱动－主动自由度间的动态耦合问题。

4.3.1　矢状面运动的虚拟约束与系统的零动态

1. 矢状面运动的虚拟约束

虚拟约束(virtual constraints)是处理欠驱动系统的一种常见手段，在倒立摆、双足及四足步行机器人等一系列典型的欠驱动系统中得到了极为广泛的应用。与常规的轨迹跟

踪控制策略不同，基于虚拟约束的控制策略并不关注依赖于时间尺度的关节空间（或笛卡儿空间）的期望轨迹规划；而强调各自由度间（不对自由度变量是否拥有驱动源加以区分）的内在运动约束关系，这类虚拟的约束关系在数学实现形式上一般不显含时间，属于一类特殊的时不变（time-invariant）约束。因此，对于基于虚拟约束的控制策略而言，其最终的控制效果是在系统的主动自由度与欠驱动自由度间维持一种所谓的“同步性”（synchronization）。从复杂动力学系统维度分析的角度考虑，虚拟约束的实质是在主动自由与欠驱动自由度间施加完整运动约束关系，使得两类自由度间的关系由原始复杂的动态耦合系统转化为形式相对简单的纯代数系统，进而实现对高维度系统的降维效果。

二者的典型控制系统结构对比如图 4.2 所示。在常规轨迹跟踪控制结构中，首先需要根据实际机器人的行走任务需求设计期望跟踪轨迹 $y_d(t)$；再通过闭环控制器实现对机器人系统的实时轨迹控制。由于轨迹 $y_d(t)$ 中显含时间且其组成函数几乎均为基础函数族，故具有此类结构的控制系统容易实现轨迹跟踪的效果。图 4.2(a) 中的箭头表示 $y_d(t)$ 并不是一成不变，而是根据机器人所面临的环境不同进行相应的动态调整。此功能可以看作对传统轨迹跟踪控制架构环境适应能力较差的一定弥补。上述控制结构实际上仍然沿用了传统工业机器人的控制思想，然而由绪论中对足式仿生机器人与工业机器人的对比分析不难发现，图 4.2(a) 所示的控制器结构应用于足式仿生机器人的劣势明显。

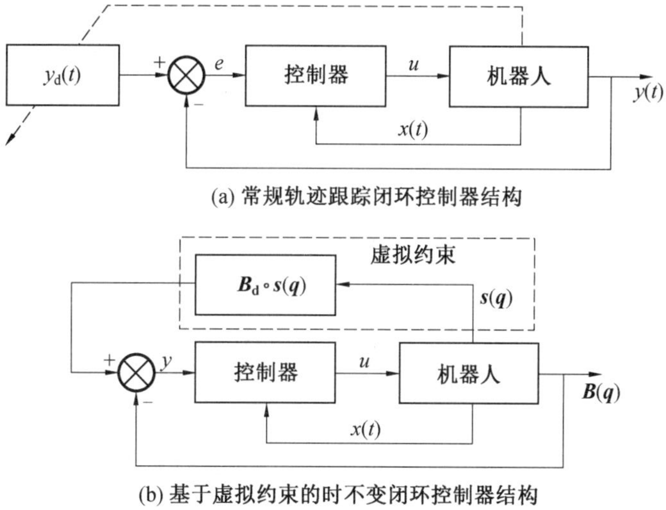

图 4.2　常规轨迹跟踪控制器与基于虚拟约束的控制器比较

（1）生成轨迹难以适应足式仿生机器人的行走需求。

足式仿生机器人在稳定状态下的运动一般呈现出周期特性，在相空间内观察则是封闭的极限环形态。期望轨迹 $y_d(t)$ 由基本函数族构成的这一特点导致其生成的轨迹种类十分有限。据已有文献记载，常见的极限环轨迹鲜有直观的解析数学表达式，一般为低阶微分方程组形式（如 Van der Pol 极限环、Andronov-Hopf 振子等）。因此，由初等函数组成的期望轨迹 $y_d(t)$ 难以适应足式仿生机器人的实际稳定行走需求。

（2）运动鲁棒性较差。

具有确定时间度量关系的 $y_d(t)$ 在外界扰动的干扰下会偏离其预定轨迹，其控制系统

关于跟踪误差 e 的闭环动态方程决定了受扰后的收敛轨迹。这样的动态曲线虽然在关节空间的轨迹跟踪层面保持了控制器的稳定，但往往难以保证足式仿生机器人系统整体的运动稳定性。

基于虚拟约束的控制系统结构如图 4.2(b)所示，与常规轨迹跟踪最大的区别在于虚拟约束结构以零化 $\boldsymbol{y}=\boldsymbol{B}_{\mathrm{d}}\circ \boldsymbol{s}(\boldsymbol{q})-\boldsymbol{B}(\boldsymbol{q})$ 为控制目标，使得由系统各自由度变量组成的运动约束 $\boldsymbol{B}(\boldsymbol{q})$ 实现对期望运动约束 $\boldsymbol{B}_{\mathrm{d}}\circ \boldsymbol{s}(\boldsymbol{q})$ 的跟踪。约束 $\boldsymbol{B}_{\mathrm{d}}\circ \boldsymbol{s}(\boldsymbol{q})$ 在 $\boldsymbol{q}$ 中主动与被动自由度间建立了“虚拟”运动耦合关系，系统的外部输入 u 驱使自由度变量在时间的度量下保持这种关系。由期望约束 $\boldsymbol{B}_{\mathrm{d}}\circ \boldsymbol{s}(\boldsymbol{q})$ 及欠驱动自由度动力学方程联合衍生出的系统零动力学（详细内容见 4.3.1 节）将以微分动力系统的形式对外输出运动轨迹，即机器人在关节空间所呈现出的运动轨迹实质上是该微分方程组的解。由此可见，基于虚拟约束的控制系统在轨迹生成方面更具多样性，运动轨迹在数学形式上不必显含时间变量 t。这一特点在生成稳定极限环轨迹方面独具优势。当机器人运动受到外界扰动致使当前轨迹偏离预定轨迹时，由于虚拟约束的存在，因此系统各自由度不再单纯遵循跟踪误差 e 的动态系统，而是在保持虚拟约束条件下沿着稳定极限环轨迹所定义的 BoA 区域逐渐回归至周期运动。这一动态过程无疑更加吻合足式仿生机器人的行走需求。

基于以上分析，同时考虑到 SLIP 系统质心的实际运动情况，本节对 LA-SLIP 模型笛卡儿空间下的矢状面坐标 (q_x, q_y) 施加如下形式的虚拟约束，即

$$\boldsymbol{y}=h(\boldsymbol{q})=q_y-\sigma_C(q_x) \tag{4.13}$$

式(4.13)亦可改写为关于极坐标系的代数方程，将转换关系式(4.1)代入式(4.13)可得

$$\boldsymbol{y}=q_r\cos q_\theta-\sigma_C(-q_r\sin q_\theta) \tag{4.14}$$

注意到当系统输出 $y=0$ 满足时，有 $q_y=\sigma_C(q_x)$ 成立。由此可见，上述虚拟约束的实际控制效果为：在 LA-SLIP 模型处于支撑相阶段内，系统质心将以 $q_y=\sigma_C(q_x)$ 所定义的曲线作为期望轨迹运动。采用笛卡儿空间的矢状面轨迹规划的优点在于式(4.13)可以直观地对质心的运动轨迹进行数学描述，同时便于向后续复杂算法进行扩展；但从关节空间控制律的可实现性角度考虑，若虚拟约束具有如下形式，则更利于欠驱动系统腿部控制律的实施，即

$$y=q_r-\sigma_{\mathrm{p}}(q_\theta)\in\mathbf{R} \tag{4.15}$$

式中　$\sigma_{\mathrm{p}}(\cdot)$——与式(4.13)相等价的极坐标形式的虚拟约束。

需要指出的是：由式(4.14)转化至式(4.15)过程的难易很大程度取决于 $\sigma_{\mathrm{c}}(\cdot)$ 的代数复杂度，考虑到直角坐标系坐标(q_x, q_y)和极坐标系坐标(q_r, q_θ)间的非线性转换关系，可进一步做出推论，即 $q_r=\sigma_{\mathrm{p}}(q_\theta)$，一般为 $q_y=\sigma_{\mathrm{c}}(q_x)$ 的隐函数形式，不具有等价的直观显示数学表达式。这一特点将为欠驱动系统的轨迹跟踪控制器的设计带来诸多不便。该问题的解决方法将在本章 4.4 节进行详细阐述。

2. 系统的零动态

为方便对 LA-SLIP 模型的动力学方程式(4.10)进行更深入的分析，进而揭示其欠驱动自由度与主动自由度间普遍存在的一般性规律，首先对 4.3.1 节的矢状面质心运动虚拟约束做统一的广义坐标转换。

选取在区间$[\theta^-,\ \theta^+]$上单调的变量 $\theta(t)\in\mathbf{R}$ 作为独立变量，定义标量函数族$\varphi_i(0,+\infty)\to\mathbf{R}$和向量场函数 $\boldsymbol{\Phi}[\boldsymbol{\theta}^-,\theta^+]\to\boldsymbol{Q}_s$，$\boldsymbol{\Phi}(\theta)=(\varphi_1(\theta),\varphi_2(\theta),\cdots,\varphi_n(\theta))^{\mathrm{T}}$，则在广义坐标系$(\varphi_i(\theta(t)))$下的虚拟约束一般形式可表示为

$$\boldsymbol{q}(t)=\begin{bmatrix}q_1(t)\\q_2(t)\\\vdots\\q_n(t)\end{bmatrix}=\boldsymbol{\Phi}(\theta(t))=\begin{bmatrix}\varphi_1(\theta(t))\\\varphi_2(\theta(t))\\\vdots\\\varphi_n(\theta(t))\end{bmatrix}\tag{4.16}$$

式中　$\boldsymbol{q}(t)$——系统自由度向量；

n——系统自由度个数。

另记 $\boldsymbol{\Phi}'(\theta)$为 $\boldsymbol{\Phi}(\theta)$关于独立变量 θ 的偏导数向量，其计算格式为

$$\boldsymbol{\Phi}'(\theta)=\left(\frac{\partial\varphi_1(\theta)}{\partial\theta},\ \frac{\partial\varphi_2(\theta)}{\partial\theta},\ \cdots,\ \frac{\partial\varphi_n(\theta)}{\partial\theta}\right)^{\mathrm{T}}\tag{4.17}$$

类似地，可用 $\boldsymbol{\Phi}''(\theta)$表示 $\boldsymbol{\Phi}(\theta)$对 θ 的二阶偏导数向量，此处不再赘述。取 $q_a(t)$关于时间变量 t 的一阶、二阶导数可得

$$\dot{q}_{ai}(t)=\frac{\partial\varphi_i(\theta(t))}{\partial\theta}\dot{\theta}=\varphi_i'(\theta)\dot{\theta}\tag{4.18}$$

$$\ddot{q}_{ai}(t)=\frac{\partial\varphi_i(\theta(t))}{\partial\theta}\ddot{\theta}+\frac{\partial^2\varphi_i(\theta(t))}{\partial\theta^2}\dot{\theta}^2=\varphi_i'(\theta)\ddot{\theta}+\varphi_i''(\theta)\dot{\theta}^2\quad(i=1,2,\cdots,n)\tag{4.19}$$

关于上述虚拟约束的一般形式须做下列说明。

(1)关于虚拟约束中维度 n 的确定。

在广义坐标系下的虚拟约束仅对 $\boldsymbol{q}(t)$中分量是否为主动驱动或欠驱动并不加以区分，故式(4.16)中的维度 n 应与 $\boldsymbol{q}(t)$保持一致，即满足 $\dim n=\dim\boldsymbol{q}(t)$。对 LA-SLIP 模型而言，取 $n=2$，即 $\boldsymbol{q}(t)=(q_r,\ q_\theta)^{\mathrm{T}}$。

(2)关于独立变量 θ 的选择。

对式(4.16)中独立变量 θ 的选取除了保证在区间$[\theta^-,\ \theta^+]$上单调之外并无其他特殊要求，原则上应以物理意义直观、便于检测及控制为主要考虑因素，例如文献[99]中选取虚拟支撑腿与地面的夹角作为独立变量。结合 LA-SLIP 模型的具体运动形式，本节取 $\theta=q_\theta$ 作为独立变量。

将式(4.18)、式(4.19)代入 LA-SLIP 模型的动力学方程式(4.10)可得到广义坐标系下的系统动力学方程为

$$\boldsymbol{D}(\boldsymbol{\Phi}(\theta))(\boldsymbol{\Phi}'(\theta)\ddot{\theta}+\boldsymbol{\Phi}''(\theta)\dot{\theta})+\boldsymbol{C}(\boldsymbol{\Phi}(\theta),\boldsymbol{\Phi}'(\theta)\dot{\theta})\boldsymbol{\Phi}'(\theta)\dot{\theta}+\boldsymbol{G}(\boldsymbol{\Phi}(\theta))=\boldsymbol{B}\boldsymbol{v}\tag{4.20}$$

注意到由于欠驱动自由度的存在，驱动力系数矩阵 $\boldsymbol{B}$ 不为行满秩，故对 $\forall\,\boldsymbol{q}(t)$存在行向量 $\boldsymbol{B}^{\perp}$满足下述条件，即

$$\boldsymbol{B}^{\perp}\boldsymbol{B}\boldsymbol{v}=0\tag{4.21}$$

更进一步可将式(4.20)两侧同时左乘 $\boldsymbol{B}^{\perp}$，化简后得到关于独立变量 θ 的二阶封闭微分方程为

$$\alpha(\theta)\ddot{\theta}+\beta(\theta)\dot{\theta}^2+\gamma(\theta)=0\tag{4.22}$$

其中，$\alpha(\theta)$、$\beta(\theta)$、$\gamma(\theta)$满足

$$\begin{cases}\alpha(\theta)=\boldsymbol{B}^{\perp}\boldsymbol{D}(\boldsymbol{\Phi}(\theta))\boldsymbol{\Phi}'(\theta)\\ \beta(\theta)=\boldsymbol{B}^{\perp}\{\boldsymbol{C}(\boldsymbol{\Phi}(\theta),\boldsymbol{\Phi}'(\theta)\dot{\theta})\boldsymbol{\Phi}'(\theta)+\boldsymbol{D}(\boldsymbol{\Phi}(\theta))\boldsymbol{\Phi}''(\theta)\}\\ \gamma(\theta)=\boldsymbol{B}^{\perp}\boldsymbol{G}(\boldsymbol{\Phi}(\theta))\end{cases}\tag{4.23}$$

自治系统方程式(4.22)即为动力系统(式(4.10))在虚拟约束(式(4.16))下的零动态(zero dynamics)方程。该式对欠驱动系统具有普遍意义,绝大多数机械系统(欠驱动自由度数目为1)的零动态皆呈现式(4.22)的二阶微分方程形式。针对本节所分析的LA-SLIP模型,以$\theta=q_\theta$作为独立变量的虚拟约束具有如下简洁形式,即

$$\boldsymbol{\Phi}(\theta(t))=\boldsymbol{\Phi}(q_\theta)=\begin{bmatrix}\sigma_{\mathrm{p}}(q_\theta)\\ q_\theta\end{bmatrix}\tag{4.24}$$

将式(4.24)代入式(4.23),同时取$\boldsymbol{B}^{\perp}=[0,1]$,将得到关于欠驱动自由度$q_\theta$的零动态方程为

$$\alpha(q_\theta)\ddot{q}_\theta+\beta(q_\theta)\dot{q}_\theta^2+\gamma(q_\theta)=0\tag{4.25}$$

其中,$\alpha(q_\theta)$、$\beta(q_\theta)$、$\gamma(q_\theta)$的具体表达为

$$\begin{cases}\alpha(q_\theta)=1\\ \beta(q_\theta)=2\sigma'_{\mathrm{p}}(q_\theta)/\sigma_{\mathrm{p}}(q_\theta)\\ \gamma(q_\theta)=g\sin q_\theta/\sigma_{\mathrm{p}}(q_\theta)\end{cases}\tag{4.26}$$

为将式(4.25)降阶,考虑对原方程进行如下形式的变量代换,即

$$\Omega=\dot{q}_\theta^2(t)\tag{4.27}$$

对式(4.27)两侧取关于时间t的一阶导数可得

$$\frac{\mathrm{d}\Omega}{\mathrm{d}t}=\frac{\mathrm{d}}{\mathrm{d}t}(\dot{q}_\theta^2(t))=2\dot{q}_\theta\ddot{q}_\theta\tag{4.28}$$

同时,将式(4.28)中q_θ的二阶导数进一步降阶,可推出

$$\frac{\mathrm{d}\Omega}{\mathrm{d}t}=\frac{\mathrm{d}\Omega}{\mathrm{d}q_\theta}\frac{\mathrm{d}q_\theta}{\mathrm{d}t}=\frac{\mathrm{d}\Omega}{\mathrm{d}q_\theta}\dot{q}_\theta\tag{4.29}$$

联立式(4.28)、式(4.29)可将$\ddot{q}_\theta$用Ω的一阶形式表示为

$$\ddot{q}_\theta=\frac{1}{2}\frac{\mathrm{d}\Omega}{\mathrm{d}q_\theta}\tag{4.30}$$

将式(4.30)代入原方程式(4.25),得到降阶后的零动态方程为

$$\alpha(q_\theta)\frac{1}{2}\frac{\mathrm{d}\Omega}{\mathrm{d}q_\theta}+\beta(q_\theta)\Omega+\gamma(q_\theta)=0\tag{4.31}$$

注意到$\alpha(q_\theta)\neq 0$,故将上述方程转化为关于Ω的标准一阶Bernoulli方程为

$$\frac{\mathrm{d}\Omega}{\mathrm{d}q_\theta}+\frac{2\beta(q_\theta)}{\alpha(q_\theta)}\Omega+\frac{2\gamma(q_\theta)}{\alpha(q_\theta)}=0\tag{4.32}$$

该方程的求解可转化为一个初值问题进而得到求解。给定零状态方程的初值条件为

$$\begin{cases}q_{\theta,0}=q_\theta(0)\\ \Omega_0=\dot{q}_\theta^2(0)\end{cases}\tag{4.33}$$

则Bernoulli方程沿初始状态$(q_{\theta,0},\Omega_0)$的解可表示为

$$\Omega(q_\theta)=\psi(q_{\theta,0},q_\theta)\left(\Omega_0-\int_{q_{\theta,0}}^{q_\theta}\psi(q_{\theta 0},s)\frac{2\gamma(s)}{\alpha(s)}\mathrm{d}s\right) \tag{4.34}$$

其中，$\psi(q_{\theta,0}, q_\theta)$ 由下式确定，即

$$\psi(q_{\theta,0},q_\theta)=\exp\left(-2\int_{q_{\theta,0}}^{q_\theta}\frac{\beta(\xi)}{\alpha(\xi)}\mathrm{d}\xi\right) \tag{4.35}$$

将 $\alpha(q_\theta)$、$\beta(q_\theta)$、$\gamma(q_\theta)$ 的具体表达式(4.26)代入式(4.34)，得到零状态方程式(4.22)解的表达式为

$$\begin{aligned}\dot{q}_\theta^2(t)&=\exp\left(-4\int_{q_{\theta,0}}^{q_\theta}\frac{\sigma_\mathrm{p}'(\xi)}{\sigma_\mathrm{p}(\xi)}\mathrm{d}\xi\right)\left(\dot{q}_{\theta,0}^2-\int_{q_{\theta,0}}^{q_\theta}2\frac{g\sin s}{\sigma_\mathrm{p}(s)}\exp\left(-4\int_{q_{\theta,0}}^{s}\frac{\sigma_\mathrm{p}'(\xi)}{\sigma_\mathrm{p}(\xi)}\mathrm{d}\xi\right)\mathrm{d}s\right)\\&=\exp\left(-4\int_{q_{\theta,0}}^{q_\theta}\frac{\mathrm{d}\sigma_\mathrm{p}(\xi)}{\sigma_\mathrm{p}(\xi)}\right)\left(\dot{q}_{\theta,0}^2-\int_{q_{\theta,0}}^{q_\theta}2\frac{g\sin s}{\sigma_\mathrm{p}(s)}\exp\left(-4\int_{q_{\theta,0}}^{s}\frac{\mathrm{d}\sigma_\mathrm{p}(\xi)}{\sigma_\mathrm{p}(\xi)}\right)\mathrm{d}s\right)\\&=(\sigma_\mathrm{p}^{-4}(q_\theta)-\sigma_\mathrm{p}^{-4}(q_{\theta,0}))\left(\dot{q}_{\theta,0}^2-\int_{q_{\theta,0}}^{q_\theta}2\frac{g\sin s}{\sigma_\mathrm{p}(s)}(\sigma_\mathrm{p}^{-4}(s)-\sigma_\mathrm{p}^{-4}(q_{\theta,0}))\mathrm{d}s\right)\end{aligned} \tag{4.36}$$

注意到式(4.36)的变上限积分表达式中包含 $\sigma_\mathrm{p}(\cdot)$的高次项，该积分项的数学形式复杂，无法获得解析表达式。对于零动态方程式(4.25)，本章将借助文献[159]中所提供的相图分析方法(phase portrait analysis)对其相平面轨迹进行处理，具体过程将在后续章节进行详细阐述。

4.3.2　基于 Bézier 多项式的运动虚拟约束设计

1. Bézier 多项式及其相关性质

Bézier 多项式(Bézier polynomials)亦称为 Bézier 样条曲线(B-spline curves)，以其几何不变性、仿射不变形、直线保持性、局部支撑可控等优点在复杂曲面造型、CAD 设计制造等方面有着极为广泛的应用。Bézier 多项式为一系列 Bernstein 样条基的线性组合，其本质属于代数多项式的应用范畴。下面给出 Bézier 多项式的定义。

定义 4.1　记 $s\in[0,1]$，$b_k\in\mathbf{R}$，$M\in\mathbf{Z}^+$ 及 $B\,[0,1]\rightarrow\mathbf{R}$，以 s 为独立变量的一维 Bézier 多项式可表示为

$$B(s)=\sum_{k=0}^{M}b_k\frac{M!}{k!\ (M-k)!}s^k\ (1-s)^{M-k} \tag{4.37}$$

式中　$B(s)$——Bézier 多项式；

s——归一化独立变量；

M——Bézier 多项式阶数；

b_k——支撑点系数。

在定义 2.1 的基础上绘制一个典型的 4 阶($M=4$)Bézier 多项式所定义的曲线如图 4.3 所示。该曲线以$(0, b_0)$作为起点，$(1, b_4)$作为终点。实心点所标记处为 Bézier 多项式的五个支撑点，依次为 $\boldsymbol{B}_0(0, b_0)$，$\boldsymbol{B}_2(1/4, b_1)$，$\boldsymbol{B}_3(2/4, b_2)$，$\boldsymbol{B}_3(3/4, b_3)$，$\boldsymbol{B}_4(1, b_4)$。图中虚线为局部支撑曲线，决定了 Bézier 曲线的基本走势。

对式(4.37)两端取关于独立变量 s 的一阶偏导数可得

$$\frac{\partial B(s)}{\partial s}=\sum_{k=0}^{M-1}(b_{k+1}-b_k)\frac{M!}{k!\ (M-k-1)!}s^k\ (1-s)^{M-k-1} \tag{4.38}$$

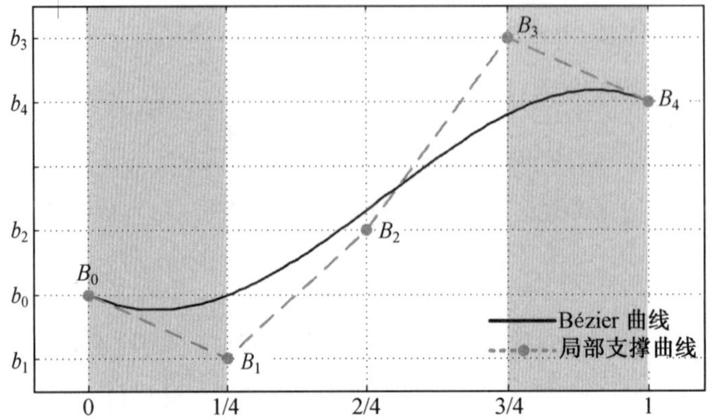

图 4.3　4 阶 Bézier 曲线与局部支撑曲线

基于式(4.37)及一阶偏导数(式(4.38)),Bézier 多项式的性质可总结如下。

性质 4.1　Bézier 多项式的端点值与所对应的支撑点数值相等,即满足

$$\begin{cases} B(s)\big|_{s=0}=b_0 \\ B(s)\big|_{s=1}=b_1 \end{cases} \tag{4.39}$$

性质 4.2　Bézier 多项式在两端点处的导数分别取决于起点、终点所在的支撑点与其相邻支撑点所在支撑曲线的斜率,即满足

$$\begin{cases} \left.\dfrac{\partial B(s)}{\partial s}\right|_{s=0}=M(b_1-b_0) \\ \left.\dfrac{\partial B(s)}{\partial s}\right|_{s=1}=M(b_M-b_{M-1}) \end{cases} \tag{4.40}$$

性质 4.3　M 阶 Bézier 多项式的支撑曲线,由以下$(M+1)$个二维向量决定,即

$$\left\{(0,b_0),\ \left(\frac{1}{M},b_1\right),\ \left(\frac{2}{M},b_2\right),\ \cdots,\left(\frac{M-1}{M},b_{M-1}\right),\ (1,b_M)\right\}\subset\mathbf{R}^2 \tag{4.41}$$

上述性质侧重于 Bézier 多项式在边界处的数学形态,观察式(4.39)、式(4.40)易知,M 阶 Bézier 多项式的四个局部支撑点$(0,\ b_0)$,$(1/M,\ b_1)$,$(1-1/M,\ b_{M-1})$及$(1,\ b_M)$对 Bézier 曲线的端点形态起着至关重要的作用。性质 4.1 提供了确定曲线端点位置的途径;性质 4.2 则给出了曲线在端点处的切线斜率;性质 4.3 为曲线的轨迹形态设计与优化提供了理论基础,注意到当 $M>4$ 时 Bézier 曲线的端点位置及曲线在该处的切线大小完全由四个局部支撑点独立确定,剩余支撑点系数的变化可以调节曲线的形态并不对其边界条件产生影响。以上三个性质在保留曲线充分光滑性的同时,提供了确定曲线边界条件和形态的方法,为后续 LA-SLIP 模型在支撑相的质心虚拟运动轨迹设计提供了极大的便利条件。

2. 边界条件与矢状面一般性运动

在上一节对 Bézier 多项式分析的基础上,本节结合 LA-SLIP 模型支撑相的矢状面运动来设计质心运动轨迹的虚拟约束。图 4.4 为 LA-SLIP 模型支撑相的质心运动轨迹虚拟约束。δ_{TD}和 δ_{LO}分别定量描述了质心在支撑相始末两个时间节点的速度方向,且二者满足

$$\begin{cases} \tan \delta_{TD} = \dfrac{\dot{q}_{y_{TD}}}{\dot{q}_{x_{TD}}} = \dfrac{dq_y/dt}{dq_x/dt}\Big|_{q_x=q_{x_{TD}}} = \dfrac{d\sigma_c(q_x)}{dq_x}\Big|_{q_x=q_{x_{TD}}} \\ \tan \delta_{LO} = \dfrac{\dot{q}_{y_{LO}}}{\dot{q}_{x_{LO}}} = \dfrac{dq_y/dt}{dq_x/dt}\Big|_{q_x=q_{x_{LO}}} = \dfrac{d\sigma_c(q_x)}{dq_x}\Big|_{q_x=q_{x_{LO}}} \end{cases} \tag{4.42}$$

式中　δ_{TD}——触地时刻质心瞬时速率与水平方向的夹角(°)；

δ_{LO}——腾空时刻质心瞬时速率与水平方向的夹角(°)；

$\dot{q}_{x_{TD}}$、$\dot{q}_{y_{TD}}$——触地时刻质心水平、铅直方向的速率(m/s)；

$\dot{q}_{x_{LO}}$、$\dot{q}_{y_{LO}}$——腾空时刻质心水平、铅直方向的速率(m/s)；

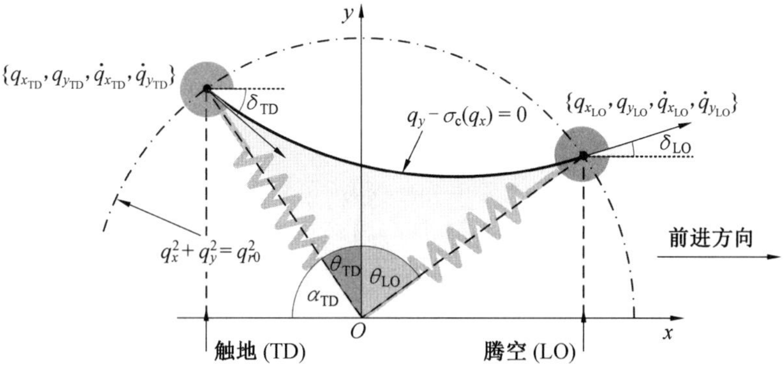

图 4.4　LA-SLIP 模型支撑相的质心运动轨迹虚拟约束

在整个支撑相阶段，系统质心在矢状面的轨迹为 $q_y = \sigma_c(q_x)$。考虑到触地、腾空相状态 LA-SLIP 模型的腿部单元长度为静息长度 q_{r0}，故质心轨迹的有效部分为 $q_y = \sigma_c(q_x)$ 曲线被 $q_x^2 + q_y^2 = q_{r0}^2$ 所截断的部分(图 4.4 粗实线部分)。在触地时刻，质心的状态由 $q_{x_{TD}}$、$q_{y_{TD}}$、$\dot{q}_{x_{TD}}$、$\dot{q}_{x_{TD}}$ 四个量共同确定。笛卡儿坐标系与极坐标系状态变量间存在下述非线性坐标映射，即

$$\{q_{x_{TD}}, q_{y_{TD}}, \dot{q}_{x_{TD}}, \dot{q}_{y_{TD}}\} \mapsto \{q_{r_{TD}}, q_{\theta_{TD}}, \dot{q}_{r_{TD}}, \dot{q}_{\theta_{TD}}\} \tag{4.43}$$

式中　$q_{r_{TD}}$、$\dot{q}_{r_{TD}}$——触地时刻腿部长度(m)及其变化率(m/s)；

$q_{\theta_{TD}}$、$\dot{q}_{\theta_{TD}}$——触地时刻摆腿角度(rad)及其变化率(rad/s)。

上述状态变量的映射关系为

$$\begin{cases} q_{x_{TD}} = -q_{r_{TD}} \sin q_{\theta_{TD}} \\ q_{y_{TD}} = q_{r_{TD}} \cos q_{\theta_{TD}} \\ \dot{q}_{x_{TD}} = -\dot{q}_{r_{TD}} \sin q_{\theta_{TD}} - q_{r_{TD}} \cos q_{\theta_{TD}} \dot{q}_{\theta_{TD}} \\ \dot{q}_{y_{TD}} = \dot{q}_{r_{TD}} \cos q_{\theta_{TD}} - q_{r_{TD}} \sin q_{\theta_{TD}} \dot{q}_{\theta_{TD}} \end{cases} \tag{4.44}$$

类似地，对腾空时刻亦存在两类坐标系的非线性映射，即

$$\{q_{x_{LO}}, q_{y_{LO}}, \dot{q}_{x_{LO}}, \dot{q}_{y_{LO}}\} \mapsto \{q_{r_{LO}}, q_{\theta_{LO}}, \dot{q}_{r_{LO}}, \dot{q}_{\theta_{LO}}\} \tag{4.45}$$

式中　$q_{r_{LO}}$、$\dot{q}_{r_{LO}}$——腾空时刻腿部长度(m)及其变化率(m/s)；

$q_{\theta_{LO}}$、$\dot{q}_{\theta_{LO}}$——腾空时刻摆腿角度(rad)及其变化率(rad/s)。

具体变换表达式与式(4.44)的形式类似,此处不再详述。观察图 4.4 中系统的质心轨迹可见:进入支撑相阶段,q_x 在区间$[q_{x_{\mathrm{TD}}}, q_{x_{\mathrm{LO}}}]$内为单调递增。由此结合式(4.37),选取基于 Bézier 多项式的虚拟约束函数为

$$q_y=\sigma_{\mathrm{c}}(q_x)=B(s)=\sum_{k=0}^{M} b_k \frac{M!}{k!\ (M-k)!} s^k\ (1-s)^{M-k} \tag{4.46}$$

式(4.46)中独立变量的表达式为

$$s=\frac{q_x-q_{x_{\mathrm{TD}}}}{q_{x_{\mathrm{LO}}}-q_{x_{\mathrm{TD}}}} \in [0,1] \tag{4.47}$$

根据支撑相运动的始末状态(质心坐标及速度方向)可确定虚拟约束函数式(4.46)的边界条件,其中起始、终止状态的位置约束为

$$\begin{cases} q_{y_{\mathrm{TD}}}=\sigma_{\mathrm{c}}(q_{x_{\mathrm{TD}}}) \\ q_{y_{\mathrm{LO}}}=\sigma_{\mathrm{c}}(q_{x_{\mathrm{LO}}}) \end{cases} \tag{4.48}$$

同时,起始、终止状态的速度方向约束为

$$\begin{cases} \delta_{\mathrm{TD}}=\delta(q_{x_{\mathrm{TD}}}) \\ \delta_{\mathrm{LO}}=\delta(q_{x_{\mathrm{LO}}}) \end{cases} \tag{4.49}$$

根据 Bézier 多项式性质 4.1 和式(4.48)可确定 b_0 及 b_M 为

$$\begin{cases} b_0=B(0)=q_{y_{\mathrm{TD}}} \\ b_M=B(1)=q_{y_{\mathrm{LO}}} \end{cases} \tag{4.50}$$

根据 Bézier 多项式性质 4.2 和式(4.49)可确定 b_1 及 b_{M-1} 为

$$\begin{cases} b_1=q_{y_{\mathrm{TD}}}+\dfrac{q_{x_{\mathrm{LO}}}-q_{x_{\mathrm{TD}}}}{M}\dfrac{\mathrm{d}\sigma_{\mathrm{c}}(q_x)}{\mathrm{d}q_x}\bigg|_{q_x=q_{x_{\mathrm{TD}}}}=q_{y_{\mathrm{TD}}}+\dfrac{q_{x_{\mathrm{LO}}}-q_{x_{\mathrm{TD}}}}{M}\tan\delta_{\mathrm{TD}} \\ b_{M-1}=q_{y_{\mathrm{LO}}}-\dfrac{q_{x_{\mathrm{LO}}}-q_{x_{\mathrm{TD}}}}{M}\dfrac{\mathrm{d}\sigma_{\mathrm{c}}(q_x)}{\mathrm{d}q_x}\bigg|_{q_x=q_{x_{\mathrm{LO}}}}=q_{y_{\mathrm{LO}}}-\dfrac{q_{x_{\mathrm{LO}}}-q_{x_{\mathrm{TD}}}}{M}\tan\delta_{\mathrm{LO}} \end{cases} \tag{4.51}$$

通过式(4.48)、式(4.49)已确定了 LA-SLIP 模型支撑相虚拟运动约束的边界条件。对 Bézier 多项式而言,满足上述边界条件仅需配置 b_0、b_1、b_{M-1}、b_M 四个系数。当 $M>3$ 时,剩余控制系数 $b_i(2\leqslant i\leqslant M-2)$虽然可以调节曲线 $q_y=\sigma_{\mathrm{c}}(q_x)$的形状,但对整个支撑相轨迹规划已无必要,同时,高阶次将增大轨迹整体的计算负担。综合以上因素,本节取 $M=3$作为 Bézier 多项式的最高阶数。

采用 Bézier 多项式作为虚拟约束函数可以方便、直观地进行支撑相轨迹的设计。图 4.5 展示了支撑相虚拟约束的两类典型运动方式:对称轨迹(与图 2.3(a)所描述的情况相对应)和非对称轨迹(与图 2.3(b)所描述的情况相对应)。图 4.5(a)为一条触地角 $\alpha_{\mathrm{TD}}=72^\circ$且关于着地点中轴线对称的 3 阶 Bézier 曲线;图 4.5(b)为一条触地角 $\alpha_{\mathrm{TD}}=78^\circ$且出射角度为 $\theta_{\mathrm{LO}}=-24^\circ$的非对称 3 阶 Bézier 曲线(出射角的选取与触地角的数值无关)。需要着重指出的是:尽管虚拟约束式(4.46)提供了一般性质心支撑相运动的规划可能性,但预规划的 Bézier 曲线能否直接应用于 LA-SLIP 模型的支撑相运动还取决于 2.3.2 节对系统运动有效性的检验。在给定支撑相触地角 α_{TD}的条件下,3 阶 Bézier 曲线支撑点系数的

选取应确保质心腾空瞬间状态满足 $\Sigma^s \cap \Sigma^e \supsetneqq \varnothing$，避免发生 2.3.2 节所描述的支撑相前扑现象。

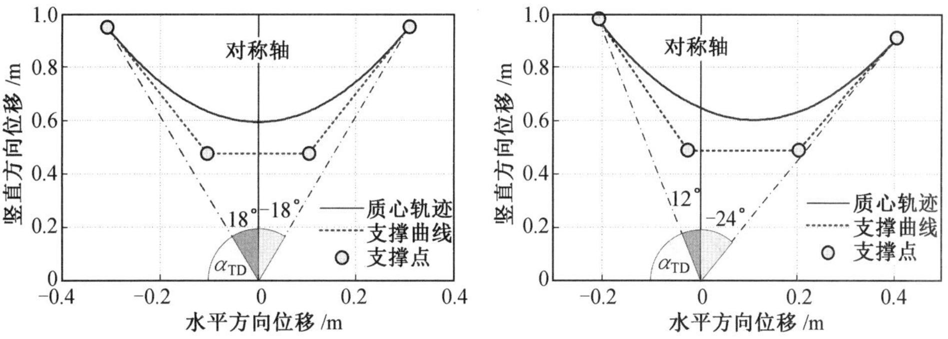

图 4.5　基于 Bézier 多项式的支撑相虚拟约束轨迹

在给出虚拟约束具体数学形式的基础上，下面结合方程式(4.25)及式(4.36)对 LA-SLIP 模型在虚拟约束作用下的零动态方程进行相图分析。首先引入新状态变量 $z = q_\theta$，将零动态方程式(4.25)转化为状态空间形式为

$$\frac{\mathrm{d}}{\mathrm{d}t}\begin{bmatrix} z \\ \dot{z} \end{bmatrix} = \begin{bmatrix} \dot{z} \\ -\dfrac{\beta(z)}{\alpha(z)}\dot{z}^2 - \dfrac{\gamma(z)}{\alpha(z)} \end{bmatrix} \tag{4.52}$$

在笛卡儿空间下，设计基于 3 阶 Bézier 多项式的虚拟约束为(独立变量 s 的表达式同前)

$$q_y = \sigma_c(q_x) = \sum_{k=0}^{3} b_k \frac{3}{k!\ (3-k)!} s^k\ (1-s)^{3-k} \tag{4.53}$$

注意到求解状态方程式(4.52)时需要计算 $\sigma_p(q_\theta)$和$\partial\sigma_p(q_\theta)/\partial q_\theta$，然而式(4.53)所提供的函数形式为笛卡儿坐标系下的$(q_x,\ q_y)$，故无法直接利用式(4.1)对其进行求解。鉴于 $\sigma_p(q_\theta)$和$\partial\sigma_p(q_\theta)/\partial q_\theta$的计算结果仅影响对 LA-SLIP 模型零动态系统(式(4.52))的相图分析(属于静态分析)，并不参与模型的控制律设计，故本节将上述任务转化为一个代数问题，将式(4.53)改写为

$$q_r \cos q_\theta - \sigma_c(-q_r \sin q_\theta) = 0 \tag{4.54}$$

观察此代数方程可知，若视 q_θ为自由变量，则 $q_r = \sigma_p(q_\theta)$即为上述方程的解。对每个给定的 q_θ，可通过 Python 环境下的 fsolve 函数求取相应的 q_r值，其数学本质相当于在区间$(0,\ q_{r0}]$上求解一个单自由度的极小值问题，即

$$q_r = \sigma_p(q_\theta) = \underset{q_r \in (0, q_{r0}]}{\operatorname{argmin}} \left| q_r \cos q_\theta - \sigma_c(-q_r \sin q_\theta) \right| \tag{4.55}$$

在获得 $\sigma_p(q_\theta)$数值的基础上，对式(4.53)两侧取关于 q_θ的偏导数可得

$$\frac{\partial\sigma_p(q_\theta)}{\partial q_\theta} = \frac{q_r \sin q_\theta - \dfrac{\partial\sigma_c}{\partial q_x} q_r \cos q_\theta}{\cos q_\theta + \dfrac{\partial\sigma_c}{\partial q_x} \sin q_\theta} \tag{4.56}$$

其中，通过 q_x、q_y反解 q_r、q_θ的计算表达式为

$$\begin{cases} q_r = \sqrt{q_x^2 + q_y^2} \\ q_\theta = \text{atan2}(-q_x, q_y) \end{cases} \tag{4.57}$$

此处需要指出的是：关于虚拟约束形式 $q_y = \sigma_c(q_x)$ 和 $q_r = \sigma_p(q_\theta)$ 及 $\partial\sigma_p(q_\theta)/\partial q_\theta$ 的计算将在 4.4 节隐式轨迹跟踪控制部分详细阐述。本节仅借助于数值计算方法绘制零动态系统（式(4.52)）的 $z-\dot{z}$ 相图如图 4.6 所示。

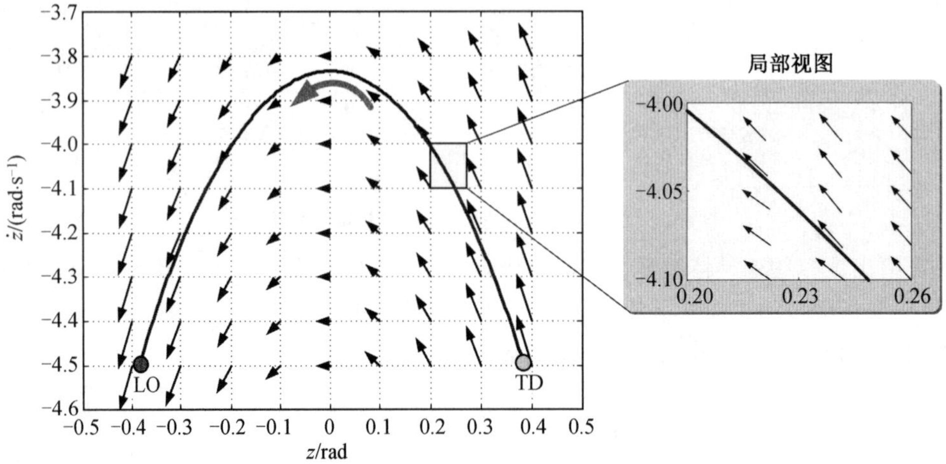

图 4.6　虚拟约束产生的零动态系统二维相平面

图 4.6 中的 LA-SLIP 模型参数为：$m=80$ kg，$r_0=1$ m，$k=35\ 000$ N/m；其运动参数配置为：$y_a=1$ m，$\dot{x}_a=5$ m/s，$\alpha_{TD}=68°$；虚拟约束的边界条件为：$\theta_{TD}=-\theta_{LO}$ 及 $\dot{\theta}_{TD}=\dot{\theta}_{LO}$。在虚拟约束作用下 $z-\dot{z}$ 相图的向量场分布如图 4.6 所示，图中格点处箭头标记了零动态系统(4.52)在该点处线素的大小和方向；TD 和 LO 分别为标记了轨线的起点（触地）和终点（腾空）；粗箭头指示了轨线的运动方向。随着时间 t 的推演，z（或 θ）呈现单调递减的变化规律，同时靠近 TD 和 LO 处的线素速度较快而在远离端点处（即腿部弹性单元最大压缩点处）的线素速度较慢。观察轨线的局部视图可见：该轨线附近的线素方向为逃逸方向，即对从 TD 出发的轨线 Γ_z 上任意一点 $(z(t), \dot{z}(t))$ 而言，其邻域内各点的运动轨迹并不趋向于 Γ_z。上述现象揭示了 LA-SLIP 系统零动态的一个重要性质：由虚拟约束 $q_y = \sigma_c(q_x)$ 所产生的零动态系统（式(4.52)）在相平面上的轨线不为吸引的(non-attractive)。

为了克服零动态系统在上述动力系统分析中所呈现出的非吸引弊端，有必要通过反馈控制率的设计改善其相平面上的动力学行为，具体处理方式将在后续支撑相运动控制策略部分加以详细阐述。

4.4　基于动态逆的矢状面隐式轨迹跟踪控制研究

从 4.3.2 节的分析过程中不难发现，针对矢状面的虚拟约束，虽然可以简洁、直观地对质心运动进行规划，拓展了 LA-SLIP 模型在支撑相的运动空间；但就数学形式而言，虚拟约束所凸显出的以下两个问题制约其在 LA-SLIP 模型运动控制系统中的应用。

(1)虚拟约束的数学形式不统一。

由 4.3.2 节可见，LA-SLIP 模型质心运动的虚拟约束 $q_y=\sigma_c(q_x)$ 是在笛卡儿空间 ((q_x, q_y) 坐标系)下建立的，而 LA-SLIP 模型的运动控制更适合在极坐标空间((q_r, q_θ) 坐标系)下进行。二者存在数学形式上的不统一，因此，在运动控制系统的具体设计阶段需要对虚拟约束进行相应的坐标系非线性转换。

(2)两坐标系间的虚拟约束转换无初等函数表达式。

$q_y=\sigma_c(q_x)$ 向 $q_r=\sigma_p(q_\theta)$ 的转化，由于受到笛卡儿空间 Bézier 曲线的影响而降低了通过初等函数求解的可能性。事实上，对基于阶数超过 2 的 Bézier 曲线的虚拟约束 $q_y=\sigma_c(q_x)$ 已无极坐标空间下的初等转换式。对 $q_r\cos q_\theta=\sigma_c(-q_r\sin q_\theta)\mapsto q_r=\sigma_p(q_\theta)$ 的处理涉及求解超越方程，常规的数值方法(Newton-Raphson 迭代等)无法确保数值计算稳定性的同时将增大控制系统的整体计算量，影响控制系统的实时性。

上述问题的产生实质上应归结于同一代数约束在两种坐标体系下的不同表达。作为 LA-SLIP 模型后续运动控制系统设计的重要组成部分，虚拟约束环节的引入应遵循以下原则：①尽可能减轻控制系统整体的计算负担；②回避因求解超越方程所引起的函数迭代流。基于此，本节将开展基于动态逆理论的轨迹跟踪控制研究，以解决 LA-SLIP 模型虚拟约束在两类坐标体系下数学形式不统一的矛盾，为后续矢状面的运动控制策略研究提供重要的理论支撑。

4.4.1　动态逆的理论基础

动态逆(dynamic inversion)是非线性动力系统理论中的重要概念。基于动态逆的非线性控制，可以有效地处理源于复杂代数方程的期望轨迹跟踪问题。该方法在传统机械臂的轨迹跟踪、非完整约束系统的跟踪控制等典型非线性邻域有诸多成功的应用范例，其主体思想是：对于期望轨迹(跟踪目标)不易或无法表示为关于时间变量 t 的显示函数的这样一类系统，将该系统的期望轨迹转化为关于 t 的(隐式)代数约束方程；并在此约束方程的基础上，通过构造以期望轨迹为解空间的动态微分系统来回避对复杂代数方程的求解；进而实现系统对目标轨迹的跟踪控制效果。

为突出动态逆在解决 LA-SLIP 模型虚拟约束所引起的坐标系表达形式不统一方面的作用，本节以基于动态逆的隐式轨迹跟踪控制为阐述主线，给出动态逆的定义及其相关性质，以方便后续公式的推导。

定义 4.2(动态逆)　记函数 $\boldsymbol{F}: \mathbf{R}^n\times\mathbf{R}^+\rightarrow\mathbf{R}^n: (\boldsymbol{\theta},t)\mapsto\boldsymbol{F}(\boldsymbol{\theta},t)$，令 $\boldsymbol{\theta}^*(t)$ 为代数方程 $\boldsymbol{F}(\boldsymbol{\theta},t)=\mathbf{0}$ 的解及闭球 $\boldsymbol{B}_r=\{\boldsymbol{\xi}\in\mathbf{R}^n \mid \|\boldsymbol{\xi}\|\leqslant r,\quad r>0\}$，称函数 $\boldsymbol{G}: \mathbf{R}^n\times\mathbf{R}^n\times\mathbf{R}^+\rightarrow\mathbf{R}^n: (\boldsymbol{\xi}, \boldsymbol{\theta}, t)\mapsto\boldsymbol{G}(\boldsymbol{\xi}, \boldsymbol{\theta}, t)$ 是 $\boldsymbol{F}$ 在 $\boldsymbol{B}_r$ 上的动态逆，当且仅当其满足

(1) $\forall t>0$, $\boldsymbol{\xi}\in\boldsymbol{B}_r$,有 $\boldsymbol{G}(0,\ \boldsymbol{\xi}+\boldsymbol{\theta}^*(t),\ t)=\boldsymbol{0}$。

(2)$\boldsymbol{G}(\boldsymbol{\xi},\ \boldsymbol{\theta},\ t)$是关于独立变量 $\boldsymbol{\theta}$ 的 Lipschitz 函数,且关于时间变量 t 分段连续。

(3) $\exists\gamma\in\mathbf{R}$ 且 $0<\gamma<\infty$,对 $\forall z\in\boldsymbol{B}_r$ 满足

$$\boldsymbol{\xi}^{\mathrm{T}}\boldsymbol{G}\{\boldsymbol{F}(\boldsymbol{\xi}+\boldsymbol{\theta}^*(t),\ t),\ \boldsymbol{\xi}+\boldsymbol{\theta}^*(t),\ t\}\geqslant\gamma\ \|\boldsymbol{\xi}\|_2^2 \tag{4.58}$$

在定义 4.1 的基础上,亦称 $\boldsymbol{G}$ 是 $\boldsymbol{F}(\boldsymbol{\theta},t)$关于解 $\boldsymbol{\theta}^*(t)$的动态逆。通常情况下,动态逆 $\boldsymbol{G}$ 的选择根据 $\boldsymbol{F}(\boldsymbol{\theta},t)$的形式不同而具有多样性。下面针对几类典型的 $\boldsymbol{F}(\boldsymbol{\theta},t)$给出其动态逆 $\boldsymbol{G}$ 的具体形式。

性质 4.4(标量函数的动态逆) 记标量函数 $\boldsymbol{F}$: $\mathbf{R}\times\mathbf{R}^+\rightarrow\mathbf{R}$: $(\boldsymbol{\theta},t)\mapsto\boldsymbol{F}(\boldsymbol{\theta},t)$为在 $\boldsymbol{\theta}$ 上为$\mathbb{C}^2$ 且在 t 上分段连续,令 $\boldsymbol{\theta}^*(t)$为代数方程 $\boldsymbol{F}(\boldsymbol{\theta},t)=\boldsymbol{0}$ 的解且 $\boldsymbol{\theta}^*(t)$在 t 上连续,若对 $\forall t>0$,$\boldsymbol{D}_1\boldsymbol{F}(\boldsymbol{\theta}^*(t),t)$非奇异,则 $\boldsymbol{F}(\boldsymbol{\theta},t)$关于解 $\boldsymbol{\theta}^*(t)$的一个典型动态逆 $\boldsymbol{G}$ 可表示为

$$\boldsymbol{G}(\boldsymbol{\xi})=\operatorname{sgn}\left(\frac{\partial}{\partial\theta}\boldsymbol{D}_1\boldsymbol{F}(\boldsymbol{\theta}^*(0),0)\right)\cdot\boldsymbol{\xi} \tag{4.59}$$

式中 sgn(·)——符号函数;

$\boldsymbol{D}_i\boldsymbol{F}(\cdot,\cdot)$——偏导数算子且满足

$$\begin{cases}\boldsymbol{D}_1\boldsymbol{F}(\cdot,-)=\dfrac{\partial\boldsymbol{F}(\cdot,-)}{\partial(\cdot)}\\ \boldsymbol{D}_2\boldsymbol{F}(-,\cdot)=\dfrac{\partial\boldsymbol{F}(-,\cdot)}{\partial(\cdot)}\end{cases} \tag{4.60}$$

观察式(4.59)可知,$\boldsymbol{\xi}$ 前的系数为常数,即 $\boldsymbol{G}(\boldsymbol{\xi})$为 $\boldsymbol{\xi}$ 的线性函数。对代数方程 $\boldsymbol{F}(\boldsymbol{\theta},t)=\boldsymbol{0}$ 及其解 $\boldsymbol{\theta}^*(t)$而言,考察如下形式的动态系统,即

$$\dot{\boldsymbol{\theta}}=-\boldsymbol{G}(\boldsymbol{F}(\boldsymbol{\theta},t))=-\operatorname{sgn}\left(\frac{\partial}{\partial\boldsymbol{\theta}}\boldsymbol{D}_1\boldsymbol{F}(\boldsymbol{\theta}^*(0),0)\right)\cdot\boldsymbol{F}(\boldsymbol{\theta},t) \tag{4.61}$$

随着 $t\rightarrow\infty$,有 $\boldsymbol{\theta}(t)\rightarrow\boldsymbol{\theta}^*(t)$。实际上,$\dot{\theta}=-\boldsymbol{G}(\boldsymbol{F}(\boldsymbol{\theta},t))$相当于利用动态逆 $\boldsymbol{G}$ 构造以 $\boldsymbol{\theta}^*(t)$为平衡点的梯度系统,符号函数 sgn(·)确定了系统(式(4.61))的梯度方向。注意到 $\boldsymbol{\theta}(t)\rightarrow\boldsymbol{\theta}^*(t)$这一过程并未涉及对 $\boldsymbol{F}(\boldsymbol{\theta},t)=\boldsymbol{0}$ 的求解,而是利用梯度系统(式(4.61))自身的收敛特性实现了对代数方程解的跟踪,这是应用动态逆解决此类问题的优势之一。将性质 4.1 扩展,可进一步获得向量场函数的动态逆如下。

性质 4.5(向量场函数的动态逆) 记向量场函数 $\boldsymbol{F}$:$\mathbf{R}^n\times\mathbf{R}^+\rightarrow\mathbf{R}^n$: $(\boldsymbol{\theta},t)\mapsto\boldsymbol{F}(\boldsymbol{\theta},t)$为在 $\boldsymbol{\theta}$ 上为$\mathbb{C}^2$ 且在 t 上分段连续,令 $\boldsymbol{\theta}^*(t)$为代数方程 $\boldsymbol{F}(\boldsymbol{\theta},t)=\boldsymbol{0}$ 的解且 $\boldsymbol{\theta}^*(t)$在 t 上连续,若对 $\forall t>0$,$\boldsymbol{D}_1\boldsymbol{F}(\boldsymbol{\theta}^*(t),t)$非奇异且 $\boldsymbol{D}_1\boldsymbol{F}(\boldsymbol{\theta}^*(t),t)$和 $\boldsymbol{D}_1\boldsymbol{F}(\boldsymbol{\theta}^*(t),t)^{-1}$在 t 上一致有界;对 $\forall\boldsymbol{\xi}\in\boldsymbol{B}_r$,$\boldsymbol{D}_1^2\boldsymbol{F}(\boldsymbol{\xi}+\boldsymbol{\theta}^*(t),t)$在 t 上一致有界,则 $\boldsymbol{F}(\boldsymbol{\theta},t)$关于解 $\boldsymbol{\theta}^*(t)$的一个典型动态逆 $\boldsymbol{G}$ 可表示为

$$\boldsymbol{G}(\boldsymbol{\xi},\boldsymbol{\theta},t)=\boldsymbol{D}_1\boldsymbol{F}(\boldsymbol{\theta},t)^{-1}\boldsymbol{\xi} \tag{4.62}$$

至此,动态逆的基本理论框架已构建完毕。后续基于动态逆的支撑相隐式轨迹跟踪控制器设计也是在定义 4.1、性质 4.4～4.5 的基础上拓展形成的。

4.4.2 基于矢状面虚拟约束的动态逆体系构建

在给出动态逆的定义和相关性质的基础上,本节主要侧重以下两部分内容:①如何将

LA-SLIP 模型虚拟约束由笛卡儿空间向极坐标空间的转化问题提炼为等价的隐式代数方程同解问题；②如何构建基于虚拟约束的动态逆体系。

1. 问题描述

问题 4.1　已知 LA-SLIP 模型的质心在支撑相的虚拟约束形式为笛卡儿空间下的具有式(4.46)形式的 $q_y=\sigma_c(q_x)$，利用式(4.1)的坐标系转换规则，求取与之等价的极坐标系表达式 $q_r=\sigma_p(q_\theta)$，并解算 $\partial q_r/\partial q_\theta$、$\partial^2 q_r/\partial q_\theta^2$。

问题 4.1 可拆解为以下两个子问题。

问题 4.1.1：根据虚拟约束 $q_y=\sigma_c(q_x)$ 及非线性变换 $q_y=q_r\cos q_\theta$ 及 $q_x=-q_r\sin q_\theta$，求关于极坐标系变量 q_r 和 q_θ 的代数方程 $\boldsymbol{F}(q_r,\ q_\theta)=\boldsymbol{0}$，使之与笛卡儿空间下的虚拟约束 $q_y=\sigma_c(q_x)$ 相等价。

问题 4.1.2：基于 $\boldsymbol{F}(q_r,\ q_\theta)=\boldsymbol{0}$，利用动态逆理论构造以 $q_r=\sigma_p(q_\theta)$、$\partial q_r/\partial q_\theta=\partial\sigma_p(q_\theta)/\partial q_\theta$ 为期望跟踪轨迹的动态系统，使得

$$\begin{cases}\lim\limits_{t\to\infty} q_r(t)=\sigma_p(q_\theta(t))\\ \lim\limits_{t\to\infty}\dfrac{\partial q_r(t)}{\partial q_\theta}=\dfrac{\partial\sigma_p(q_\theta(t))}{\partial q_\theta}\\ \lim\limits_{t\to\infty}\dfrac{\partial^2 q_r(t)}{\partial q_\theta^2}=\dfrac{\partial^2\sigma_p(q_\theta(t))}{\partial q_\theta^2}\end{cases}\tag{4.63}$$

下面对上述两个子问题做必要的说明。问题 4.1.1 对 $q_y=\sigma_c(q_x)$ 的处理实际上是将基于 Bézier 多项式的虚拟约束（式(4.46)）转化成以 q_θ 为主元的超越代数方程 $\boldsymbol{F}(q_r,\ q_\theta)=\boldsymbol{0}$，而 $q_r=\sigma_p(q_\theta)$ 为该方程的解，即满足 $\boldsymbol{F}(\sigma_p(q_\theta),\ q_\theta)=\boldsymbol{0}$。此处与 4.4.1 节的分析略有不同之处在于方程 $\boldsymbol{F}(q_r,\ q_\theta)=\boldsymbol{0}$ 中 $q_\theta(t)$ 替代了时间变量 t 成为代数方程的形式主元。故问题 4.1 中需对 $\partial q_r/\partial q_\theta$、$\partial^2 q_r/\partial q_\theta^2$ 进行求解。对于超越方程 $\boldsymbol{F}(q_r,\ q_\theta)=\boldsymbol{0}$，其求解的难易程度很大程度上取决于 Bézier 多项式的阶数。为确保 LA-SLIP 模型的质心在支撑相的轨迹可根据运动场合自由调整，式(4.46)中 Bézier 多项式的阶数 M 至少为 3。对超越方程求解的经验表明：直接采取初等方法由 $\boldsymbol{F}(q_r,\ q_\theta)=\boldsymbol{0}$ 解析地求取 $q_r=\sigma_p(q_\theta)$ 是不现实的，而采用数值迭代求解又与前文阐述的回避迭代运算的原则相违背，影响控制系统的整体计算效率。因此，本章试图借助于动态逆理论将原始超越方程 $\boldsymbol{F}(q_r,\ q_\theta)=\boldsymbol{0}$ 的求解问题转化为设计一个类似式(4.61)的动态系统，使得系统状态变量随着时间 t 的推演自行收敛到 $q_r=\sigma_p(q_\theta)$。此外，需要指出的是：问题 4.1.2 中涉及解算 $\partial q_r/\partial q_\theta$、$\partial^2 q_r/\partial q_\theta^2$，其中 $\partial q_r/\partial q_\theta$ 是待构造动态系统的状态变量之一；同时，$\partial q_r/\partial q_\theta$、$\partial^2 q_r/\partial q_\theta^2$ 还将参与后续局部反馈线性化的设计，具体内容将在 4.5.1 节进行阐述。

2. 矢状面虚拟约束的动态逆体系建立

首先解决问题 4.1.1，将笛卡儿空间的虚拟约束 $q_y=\sigma_c(q_x)$ 改写为代数方程的形式为

$$H(q_y,q_x)=q_y-\sigma_c(q_x)=0\tag{4.64}$$

将式(4.1)代入式(4.64)，把原方程转化为以 q_θ 为主元的超越方程为

$$\boldsymbol{F}(q_r,q_\theta)=H(q_r\cos q_\theta,-q_r\sin q_\theta)=q_r\cos q_\theta-\sigma_c(-q_r\sin q_\theta)=\boldsymbol{0}\tag{4.65}$$

令 $q_r=q_{rd}(q_\theta)$ 为隐式方程 $\boldsymbol{F}(q_r,\ q_\theta)=\boldsymbol{0}$ 的解，即满足 $\boldsymbol{F}(q_{rd}(q_\theta),\ q_\theta)=\boldsymbol{0}$。注意到问

题 4.1 中 $q_r=\sigma_p(q_\theta)$ 实际上亦为方程 $\boldsymbol{F}(q_r(q_\theta),\ q_\theta)=\boldsymbol{0}$ 的解，故下式成立，即

$$q_{rd}(t)=\sigma_p(q_\theta(t)) \tag{4.66}$$

由此可见，代数超越方程式(4.65)即为问题 4.1.1 所求。

在矢状面的虚拟约束所衍生出的 $\boldsymbol{F}(q_r,\ q_\theta)=\boldsymbol{0}$，实际上是 $q_r=\sigma_p(q_\theta)$ 的同解方程。q_r 与 q_θ 在支撑相将保持一种动态的约束关系。这里“动态”一词有两层含义：其一，q_r 与 q_θ 两变量自身是关于时间 t 的函数，即 $q_r=q_r(t)$、$q_\theta=q_\theta(t)$，在支撑相阶段，无论 $q_r(t)$ 和 $q_\theta(t)$ 的自身轨迹如何变化，二者在任意时刻均保持 $q_r=\sigma_p(q_\theta)$ 的约束，即呈现出一种动态的同步性；其二，由于 q_θ 是 LA-SLIP 模型的欠驱动自由度，因此 $q_\theta(t)$ 为零动态系统（式(4.22)）解空间内的一条轨线（图 4.6），即一旦虚拟约束的形式被确定，$q_\theta(t)$ 的变化规律完全取决于零动态系统（式(4.22)）的动力学特性，进而将这种动态规律通过 $q_r=\sigma_p(q_\theta)$ 传递至 $q_r(t)$。若忽略时间变量 t，将 $q_\theta(t)$ 作为代替 t 的新时间尺度，则通过式(4.66)可将 $q_{rd}(t)=\sigma_p(q_\theta(t))$ 视为 q_r 在该尺度下的“期望轨迹”。

为解决问题 4.1.2，需构建关于期望轨迹 $q_{rd}(t)$ 的动态系统。此处需要指出的是：为区分 LA-SLIP 模型的自由度变量 q_r 与虚拟约束产生的期望轨迹 $q_{rd}(t)$，避免在后续公式推导过程中将 q_r 与 $q_{rd}(t)$ 相混淆，从本节起将问题 4.1 中的 $\partial q_r/\partial q_\theta$、$\partial^2 q_r/\partial q_\theta^2$ 统一改写为 $\partial q_{rd}/\partial q_\theta$、$\partial^2 q_{rd}/\partial q_\theta^2$，后续章节亦遵循此写法，不再赘述。

下面给出动态逆理论中的重要定理——动态逆定理。为文章叙述简洁，定理证明从略（详细证明过程参见文献[153]）。

定理 4.1（动态逆定理） 记向量场函数 $\boldsymbol{F}:\ \mathbf{R}^n\times\mathbf{R}^+\rightarrow\mathbf{R}^n:\ (\boldsymbol{\theta},t)\mapsto\boldsymbol{F}(\boldsymbol{\theta},t)$ 为在 $\boldsymbol{\theta}$ 上为 $\mathbb{C}^2$ 且在 t 上分段连续，令 $\boldsymbol{\theta}^*(t)$ 为代数方程 $\boldsymbol{F}(\boldsymbol{\theta},t)=\boldsymbol{0}$ 的解且 $\boldsymbol{\theta}^*(t)$ 在 t 上连续，另记 $\boldsymbol{G}:\ \mathbf{R}^n\times\mathbf{R}^n\times\mathbf{R}^+\rightarrow\mathbf{R}^n:\ (\boldsymbol{\xi},\boldsymbol{\theta},t)\mapsto\boldsymbol{F}(\boldsymbol{\xi},\boldsymbol{\theta},t)$ 为 $\boldsymbol{F}(\boldsymbol{\theta},t)$ 关于 $\boldsymbol{\theta}^*(t)$ 在 $\boldsymbol{B}_r$ 上的动态逆及有界常数 $\beta>0$，记 $\boldsymbol{E}:\ \mathbf{R}^n\times\mathbf{R}^+\rightarrow\mathbf{R}^n:\ (\boldsymbol{\theta},t)\mapsto\boldsymbol{E}(\boldsymbol{\theta},t)$ 在 $\boldsymbol{\theta}$ 上局部满足 Lipshitz 条件且在 t 上为分段连续，若对给定常数 $\boldsymbol{\delta}\in(0,+\infty)$ 及 $\forall\,\boldsymbol{\xi}\in\boldsymbol{B}_r$，$\boldsymbol{E}(\boldsymbol{\theta},t)$ 满足

$$\|\boldsymbol{E}(\boldsymbol{\xi}+\boldsymbol{\theta}(t),t)-\dot{\boldsymbol{\theta}}^*(t)\|_2\leqslant\boldsymbol{\delta}\ \|\boldsymbol{\xi}\|_2 \tag{4.67}$$

则存在如下的动态系统，即

$$\dot{\boldsymbol{\theta}}=-\mu\boldsymbol{G}(\boldsymbol{F}(\boldsymbol{\theta},t),\boldsymbol{\theta},t)+\boldsymbol{E}(\boldsymbol{\theta},t) \tag{4.68}$$

当其初值 $\boldsymbol{\theta}(0)$ 满足

$$\boldsymbol{\theta}(0)-\boldsymbol{\theta}^*(0)\in\boldsymbol{B}_r$$

对 $t\in\mathbf{R}^+$，有

$$\|\boldsymbol{\theta}(t)-\boldsymbol{\theta}^*(t)\|_2\leqslant\|\boldsymbol{\theta}(0)-\boldsymbol{\theta}^*(0)\|_2\,\mathrm{e}^{-(\mu\beta-\delta)t} \tag{4.69}$$

特别地，当 $\mu>\delta/\beta$ 时，$\boldsymbol{\theta}(t)$ 指数收敛到 $\boldsymbol{\theta}^*(t)$。

定理 4.1 给出了基于动态逆的动态系统具体形式和设计准则。观察式(4.68)可见一个标准的隐式轨迹跟踪系统的组成为：①由 $\boldsymbol{F}(\boldsymbol{\theta},t)$ 的动态逆 $\boldsymbol{G}$ 构成的关于 $\boldsymbol{F}(\boldsymbol{\theta},t)=\boldsymbol{0}$ 的解 $\boldsymbol{\theta}^*(t)$ 的梯度项；②由 $\boldsymbol{E}(\boldsymbol{\theta},t)$ 构成对解 $\dot{\boldsymbol{\theta}}^*(t)$ 的估计项。由式(4.69)可推出：对于充分大的常数 μ，系统（式(4.68)）的收敛速度可通过 μ 来调节，即适当地增大 μ 值可提高 $\boldsymbol{\theta}(t)$ 到 $\boldsymbol{\theta}^*(t)$ 的收敛速率。$\boldsymbol{E}(\boldsymbol{\theta},t)$ 项的存在是为了消除系统（式(4.68)）对 $\boldsymbol{\theta}^*(t)$ 的跟踪静差。

结合问题 4.1.2，欲实现对 q_{rd}、$\partial q_{rd}/\partial q_\theta$ 的跟踪，需根据定理 4.1 构造形如式(4.68)所

示的微分动态系统。首先设计 q_{rd}的动态系统为

$$\tilde{q}'_{rd}=-\mu\boldsymbol{G}(\boldsymbol{F}(\tilde{q}_{rd},q_\theta),\tilde{q}_{rd},q_\theta)+\boldsymbol{E}(\tilde{q}_{rd},q_\theta) \tag{4.70}$$

式中　$\tilde{q}_{rd}$——动态系统的状态变量，为 q_{rd}的估计值；

$\boldsymbol{E}(\tilde{q}_{rd},q_\theta)$——$q'_{rd}$的估计值。

系统（式（4.70））中的微分算子满足（·）′＝∂（·）/∂ q_θ。根据性质 4.5，取 $\boldsymbol{F}(\tilde{q}_{rd},q_\theta)=\boldsymbol{0}$关于 $\tilde{q}_{rd}=q_{rd}(q_\theta(t))$的动态逆 $\boldsymbol{G}$ 为

$$\boldsymbol{G}(\boldsymbol{F}(\tilde{q}_{rd},q_\theta),\tilde{q}_{rd},q_\theta)=\boldsymbol{D}_1\boldsymbol{F}(\tilde{q}_{rd},q_\theta)^{-1}\boldsymbol{F}(\tilde{q}_{rd},q_\theta) \tag{4.71}$$

其中，$\boldsymbol{D}_1\boldsymbol{F}(\tilde{q}_{rd},q_\theta)$通过下式计算，即

$$\boldsymbol{D}_1\boldsymbol{F}(\tilde{q}_{rd},q_\theta)=\frac{\partial\boldsymbol{F}(\tilde{q}_{rd},q_\theta)}{\partial\tilde{q}_{rd}}=\cos q_\theta+\sin q_\theta\left.\frac{\mathrm{d}\sigma_c(q_x)}{\mathrm{d}q_x}\right|_{q_x=-q_r\sin q_\theta} \tag{4.72}$$

其中，$\sigma_c(q_x)$由式(4.46)的 Bézier 多项式所确定。

下面求取 q'_{rd}的估计值 $\boldsymbol{E}(\tilde{q}_{rd},q_\theta)$，将期望轨迹 $\tilde{q}_{rd}=q_{rd}(q_\theta(t))$代入隐式方程 $\boldsymbol{F}(\tilde{q}_{rd},q_\theta)=\boldsymbol{0}$，并对该式两边取关于 q_θ的偏导数，得到

$$\boldsymbol{D}_1\boldsymbol{F}(q_{rd},q_\theta)q'_{rd}+\boldsymbol{D}_2\boldsymbol{F}(q_{rd},q_\theta)=0 \tag{4.73}$$

将式(4.73)的 q_{rd}用 $\tilde{q}_{rd}$替换，可得到 q'_{rd}的估计值为

$$\boldsymbol{E}(\tilde{q}_{rd},q_\theta)=-\boldsymbol{D}_1\boldsymbol{F}(q_{rd},q_\theta)^{-1}\boldsymbol{D}_2\boldsymbol{F}(q_{rd},q_\theta) \tag{4.74}$$

将式(4.71)、式(4.74)代入系统（式(4.70)），得到基于动态逆的 LA-SLIP 模型矢状面虚拟约束期望轨迹 $\tilde{q}_{rd}=q_{rd}(q_\theta(t))$跟踪的动态系统形式为

$$\tilde{q}'_{rd}=-\mu\boldsymbol{D}_1\boldsymbol{F}(\tilde{q}_{rd},q_\theta)^{-1}\boldsymbol{F}(\tilde{q}_{rd},q_\theta)-\boldsymbol{D}_1\boldsymbol{F}(\tilde{q}_{rd},q_\theta)^{-1}\boldsymbol{D}_2\boldsymbol{F}(\tilde{q}_{rd},q_\theta) \tag{4.75}$$

至此，已获得问题 4.1.2 所要求的跟踪系统雏形。上述系统虽然可以通过 $\tilde{q}_{rd}$及 $\boldsymbol{E}(\tilde{q}_{rd},q_\theta)$分别获得 q_{rd}、q'_{rd}（即$\partial q_r/\partial q_\theta$）的估计值，但仅依赖式(4.75)、$\tilde{q}_{rd}$和 $\boldsymbol{E}(\tilde{q}_{rd},q_\theta)$尚无法获得 q''_{rd}（即$\partial^2 q_r/\partial q_\theta^2$）的估计值。因此，为实现问题 4.1.2 对$\partial q_r/\partial q_\theta$、$\partial^2 q_r/\partial q_\theta^2$的解算，需要根据式(4.70)设计辅助系统以完成上述轨迹跟踪及相关解算任务。

4.4.3　基于动态逆的支撑相隐式轨迹跟踪

在 4.4.2 节建立的关于虚拟约束的动态逆系统（式(4.75)）的基础上，本节将针对问题 4.1.2 设计基于动态逆的支撑相隐式轨迹跟踪控制器。这里“隐式”概念的提法源于对虚拟约束式(4.46)产生的期望轨迹 $q_{rd}=\sigma_p(q_\theta)$无法通过初等数学手段直接获得 $q_{rd}=\sigma_p(q_\theta)$、$\partial q_{rd}/\partial q_\theta$及$\partial^2 q_{rd}/\partial q_\theta^2$的表达式，而 q_{rd}与 q_θ的函数关系隐藏在超越代数方程 $\boldsymbol{F}(q_{rd},q_\theta)=\boldsymbol{0}$ 中，故在形成一种隐函数关系。在 4.4.3 节给出与时变矩阵求逆相关的动态逆性质，借助此结果并结合系统（式(4.75)）完成隐式轨迹跟踪控制器的设计，最后对该跟踪控制器进行数值仿真验证及跟踪效果分析。

1. 预备工作

为下节构造辅助系统的方便同时降低系统（式(4.75)）中的计算负担，本节将对系统（式(4.75)）中存在 $\boldsymbol{D}_1\boldsymbol{F}(\tilde{q}_{rd},q_\theta)^{-1}$项进行基于动态逆的估计。下面考虑一个更一般的情况，即

问题 4.2　已知时变实系数方阵 $\boldsymbol{A}(t)\in\mathbf{R}^{n\times n}$，且 $\boldsymbol{A}(t)$ 在 t 上为 $\mathbb{C}^1$，假设 $\boldsymbol{A}(t)$ 在 t 上的逆存在且 $\boldsymbol{A}(t)^{-1}\in\mathbf{R}^{n\times n}$，求对 $\boldsymbol{A}(t)^{-1}$ 的估计 $\boldsymbol{\eta}(t)$，使得

$$\lim_{t\to\infty}\boldsymbol{\eta}(t)=\boldsymbol{A}(t)^{-1}$$

上述问题实质上要求回避直接求 $\boldsymbol{A}(t)^{-1}$ 的运算，需要通过构造类似式(4.68)的动态系统使得估计值 $\boldsymbol{\eta}(t)$ 自行收敛至 $\boldsymbol{A}(t)^{-1}$。令 $\boldsymbol{\eta}^*(t)$ 为 $\boldsymbol{\eta}(t)$ 的期望收敛值 $\boldsymbol{A}(t)^{-1}$，则有 $\boldsymbol{A}(t)\boldsymbol{\eta}^*(t)=\boldsymbol{I}_n$，定义 $\boldsymbol{F}_M:\mathbf{R}^{n\times n}\times\mathbf{R}^+\to\mathbf{R}^{n\times n}:(\boldsymbol{\eta},t)\mapsto\boldsymbol{F}_M(\boldsymbol{\eta},t)$，表达式为

$$\boldsymbol{F}_M(\boldsymbol{\eta},t)=\boldsymbol{A}(t)\boldsymbol{\eta}(t)-\boldsymbol{I}_n \tag{4.76}$$

故 $\boldsymbol{\eta}^*(t)$ 即为方程 $\boldsymbol{F}_M(\boldsymbol{\eta},t)=\mathbf{0}$ 的解。根据定理 4.1 可知，欲实现 $\boldsymbol{\eta}(t)\to\boldsymbol{\eta}^*(t)(t\to\infty)$，所构造的跟踪 $\boldsymbol{A}(t)^{-1}$ 的动态系统需要对 $\dot{\boldsymbol{A}}(t)^{-1}$（即 $\dot{\boldsymbol{\eta}}^*(t)$）进行估计。与 $\boldsymbol{E}(\tilde{q}_{\text{rd}},q_\theta)$ 的设计过程类似，对 $\boldsymbol{A}(t)\boldsymbol{\eta}^*(t)=\boldsymbol{I}_n$ 两端取关于 t 的导数可得

$$\dot{\boldsymbol{A}}(t)\boldsymbol{\eta}^*(t)+\boldsymbol{A}(t)\dot{\boldsymbol{\eta}}^*(t)=\mathbf{0} \tag{4.77}$$

将 $\boldsymbol{A}(t)^{-1}$、$\boldsymbol{\eta}^*(t)$ 用 $\boldsymbol{\eta}(t)$ 替换，可导出 $\dot{\boldsymbol{\eta}}^*(t)$ 的估计值为

$$\boldsymbol{E}(\boldsymbol{\eta},t)=-\boldsymbol{\eta}\dot{\boldsymbol{A}}(t)\boldsymbol{\eta} \tag{4.78}$$

下面设计 $\boldsymbol{F}_M(\boldsymbol{\eta},t)=\mathbf{0}$ 的动态逆，根据性质 4.5 取 $\boldsymbol{F}_M(\boldsymbol{\eta},t)=\mathbf{0}$ 关于 $\boldsymbol{\eta}(t)=\boldsymbol{A}(t)^{-1}$ 的动态逆 $\boldsymbol{G}_M(\boldsymbol{\eta},t)$ 为

$$\begin{aligned}\boldsymbol{G}_M(\boldsymbol{\xi},\boldsymbol{\eta},t)&=\boldsymbol{D}_1\boldsymbol{F}_M(\boldsymbol{\eta},t)^{-1}\boldsymbol{\xi}\\&=\boldsymbol{A}(t)^{-1}\boldsymbol{\xi}\end{aligned} \tag{4.79}$$

于是将式(4.79)中 $\boldsymbol{A}(t)^{-1}$ 替换为 $\boldsymbol{\eta}(t)$，可进一步构造关于跟踪 $\boldsymbol{A}(t)^{-1}$ 的动态系统为

$$\dot{\boldsymbol{\eta}}=-\mu\boldsymbol{G}_M(\boldsymbol{F}_M(\boldsymbol{\eta},t),\boldsymbol{\eta})+\boldsymbol{E}(\boldsymbol{\eta},t) \tag{4.80}$$

将式(4.76)、式(4.78)代入式(4.80)，最终获得基于动态逆的时变实系数矩阵 $\boldsymbol{A}(t)$ 的逆阵跟踪系统表达式为

$$\dot{\boldsymbol{\eta}}=-\mu\boldsymbol{\eta}(\boldsymbol{A}(t)\boldsymbol{\eta}-\boldsymbol{I}_n)-\boldsymbol{\eta}\dot{\boldsymbol{A}}(t)\boldsymbol{\eta} \tag{4.81}$$

根据定理 4.1 可推出，系统（式(4.81)）在 $\boldsymbol{\eta}(0)$ 接近 $\boldsymbol{A}(0)^{-1}$ 时，存在充分大的常数 μ 使得估计值 $\boldsymbol{\eta}(t)$ 收敛至期望值 $\boldsymbol{A}(t)^{-1}$。特别地，当 $\boldsymbol{A}(t)$ 退化为标量函数时，方程 $\boldsymbol{A}(t)\boldsymbol{\eta}^*(t)=\boldsymbol{I}_n$ 退化为 $\boldsymbol{A}(t)\boldsymbol{\eta}(t)=1$，则系统（式(4.81)）具有如下简单形式，即

$$\dot{\boldsymbol{\eta}}=-\mu\boldsymbol{\eta}(\boldsymbol{A}(t)\boldsymbol{\eta}-1)-\boldsymbol{\eta}^2\dot{\boldsymbol{A}}(t) \tag{4.82}$$

系统（式(4.82)）的形式表明：基于动态逆理论可设计出一个与式(4.75)形式类似的辅助系统，利用该系统的 $\boldsymbol{\eta}(t)$ 收敛至 $\boldsymbol{\eta}^*(t)$ 这一过程，可代替系统（式(4.75)）中对 $\boldsymbol{D}_1\boldsymbol{F}(\tilde{q}_{\text{rd}},q_\theta)^{-1}$ 项的解算；同时，作为 $\dot{\boldsymbol{\eta}}^*(t)$ 的估计值，$\boldsymbol{E}(\boldsymbol{\eta},t)$ 的存在使得对 $\partial^2 q_{\text{rd}}/\partial q_\theta^2$ 的估计成为理论可能。上述结果将为隐式轨迹跟踪控制器设计做好充分的理论铺垫。

2. 支撑相隐式轨迹跟踪控制器设计

在相关数学准备工作的基础上，下面致力于支撑相隐式轨迹跟踪控制器的设计。为完成问题 4.1 对 $q_{\text{rd}}(t)$、$q'_{\text{rd}}(t)$ 及 $q''_{\text{rd}}(t)$ 的解算，将在式(4.75)的基础上借助于前文的成果构造一个辅助系统，以实现对 $q_{\text{rd}}(t)$ 跟踪的同时，对 $q'_{\text{rd}}(t)$ 及 $q''_{\text{rd}}(t)$ 进行精确预测，具体设

计步骤如下。

步骤 1　首先将系统(式(4.75))中的 $\boldsymbol{D}_1\boldsymbol{F}(\tilde{q}_{rd},q_\theta)^{-1}$ 项用 $\boldsymbol{\eta}(q_\theta)$ 代替,则原系统更新为

$$\tilde{q}'_{rd}=-\mu\boldsymbol{\eta}\boldsymbol{F}(\tilde{q}_{rd},q_\theta)-\boldsymbol{\eta}\boldsymbol{D}_2\boldsymbol{F}(\tilde{q}_{rd},q_\theta) \tag{4.83}$$

步骤 2　借助于前文所推导的式(4.82)构造关于代数方程 $\boldsymbol{D}_1\boldsymbol{F}(\tilde{q}_{rd},q_\theta)\boldsymbol{\eta}(q_\theta)=1$ 的解 $\boldsymbol{\eta}^*(t)=\boldsymbol{D}_1\boldsymbol{F}(\tilde{q}_{rd},q_\theta)^{-1}$ 的动态系统,具体形式为

$$\boldsymbol{\eta}'=-\mu\boldsymbol{\eta}(\boldsymbol{D}_1\boldsymbol{F}(\tilde{q}_{rd},q_\theta)\boldsymbol{\eta}-1)-\boldsymbol{\eta}^2\frac{\mathrm{d}}{\mathrm{d}q_\theta}(\boldsymbol{D}_1\boldsymbol{F}(\tilde{q}_{rd},q_\theta)) \tag{4.84}$$

步骤 3　借助于式(4.80)及式(4.82),确定 $\boldsymbol{\eta}^{*\prime}(t)$ 的估计值 $\boldsymbol{E}_\eta(\boldsymbol{\eta},\tilde{q}_{rd},q_\theta)$ 为

$$\begin{aligned}\boldsymbol{E}_\eta(\boldsymbol{\eta},\tilde{q}_{rd},q_\theta)&=-\boldsymbol{\eta}^2\frac{\mathrm{d}}{\mathrm{d}q_\theta}(\boldsymbol{D}_1\boldsymbol{F}(\tilde{q}_{rd},q_\theta))\bigg|_{\tilde{q}'_{rd}=\boldsymbol{E}(\boldsymbol{\eta},\tilde{q}_{rd},q_\theta)}\\&=-\boldsymbol{\eta}^2\left(\frac{\partial\boldsymbol{D}_1\boldsymbol{F}(\tilde{q}_{rd},q_\theta)}{\partial\tilde{q}_{rd}}\boldsymbol{E}(\boldsymbol{\eta},\tilde{q}_{rd},q_\theta)+\frac{\partial\boldsymbol{D}_1\boldsymbol{F}(\tilde{q}_{rd},q_\theta)}{\partial q_\theta}\right)\end{aligned} \tag{4.85}$$

式中　$\boldsymbol{E}(\boldsymbol{\eta},\tilde{q}_{rd},q_\theta)$——系统(式(4.83))中 $q'_{rd}(t)$ 的估计值,即满足

$$\boldsymbol{E}(\boldsymbol{\eta},\tilde{q}_{rd},q_\theta)=-\boldsymbol{\eta}\boldsymbol{D}_2\boldsymbol{F}(\tilde{q}_{rd},q_\theta) \tag{4.86}$$

在完成上述三个步骤后,辅助系统已设计完毕。将原系统(式(4.83))与辅助系统(式(4.84))整合,最终形成 LA-SLIP 模型支撑相虚拟约束的隐式轨迹跟踪控制器,即

$$\begin{bmatrix}\tilde{q}'_{rd}\\\boldsymbol{\eta}'\end{bmatrix}=-\mu\begin{bmatrix}\boldsymbol{\eta}&0\\0&\boldsymbol{\eta}\end{bmatrix}\begin{bmatrix}\boldsymbol{F}(\tilde{q}_{rd},q_\theta)\\\boldsymbol{D}_1\boldsymbol{F}(\tilde{q}_{rd},q_\theta)\boldsymbol{\eta}-1\end{bmatrix}+\begin{bmatrix}-\boldsymbol{\eta}\boldsymbol{D}_2\boldsymbol{F}(\tilde{q}_{rd},q_\theta)\\-\boldsymbol{\eta}^2\dfrac{\mathrm{d}}{\mathrm{d}q_\theta}(\boldsymbol{D}_1\boldsymbol{F}(\tilde{q}_{rd},q_\theta))\end{bmatrix} \tag{4.87}$$

系统(式(4.87))严格遵循式(4.68)的系统结构,对于状态变量$(\tilde{q}_{rd},\boldsymbol{\eta})$所构成的耦合动态系统(式(4.87)),由定理 4.1 可推出:对于充分大的常数 μ,$(\tilde{q}_{rd},\boldsymbol{\eta})$对$(q_{rd},\boldsymbol{\eta}^*)$指数收敛。因此,系统(式(4.87))的收敛速度可根据常数 μ 的具体数值做出相应的调整。此效果将在后文数值仿真实验时有所体现。

在获得$(\tilde{q}_{rd},\boldsymbol{\eta})$对$(q_{rd},\boldsymbol{\eta}^*)$的跟踪效果后,可继续利用 $\tilde{q}_{rd}$ 和 $\boldsymbol{\eta}$ 实现对 $q'_{rd}(t)$ 及 $q''_{rd}(t)$ 的解算。注意到当 $\tilde{q}_{rd}\to q_{rd}$,$\boldsymbol{\eta}\to\boldsymbol{\eta}^{*\prime}$时,存在

$$\lim_{\substack{\tilde{q}_{rd}\to q_{rd}\\\boldsymbol{\eta}\to\boldsymbol{\eta}^*}}\boldsymbol{E}(\boldsymbol{\eta},\tilde{q}_{rd},q_\theta)=-\frac{\boldsymbol{D}_2\boldsymbol{F}(q_{rd},q_\theta)}{\boldsymbol{D}_1\boldsymbol{F}(q_{rd},q_\theta)} \tag{4.88}$$

联合式(4.73)可推出当 $\tilde{q}_{rd}\to q_{rd}$,$\boldsymbol{\eta}\to\boldsymbol{\eta}^{*\prime}$时有 $\boldsymbol{E}(\tilde{q}_{rd},q_\theta)\to q'_{rd}$。在此基础上进一步计算 $q''_{rd}(t)$的估计值,对式(4.73)两端取关于 q_θ的微分可导出

$$q''_{rd}=-\left(\frac{\partial}{\partial q_\theta}\boldsymbol{D}_1\boldsymbol{F}^{-1}\right)\boldsymbol{D}_2\boldsymbol{F}-\boldsymbol{D}_1\boldsymbol{F}^{-1}\frac{\mathrm{d}}{\mathrm{d}q_\theta}\boldsymbol{D}_2\boldsymbol{F} \tag{4.89}$$

将 $\boldsymbol{D}_1\boldsymbol{F}^{-1}$、$\partial\boldsymbol{\eta}/\partial q_\theta$和$\partial\tilde{q}_{rd}/\partial q_\theta$分别用 $\boldsymbol{\eta}$、$\boldsymbol{E}_\eta$和 $\boldsymbol{E}$ 替换,得到 $q''_{rd}(t)$估计值为

$$\boldsymbol{E}_2(\boldsymbol{\eta},\tilde{q}_{rd},q_\theta)=-\boldsymbol{E}_\eta(\boldsymbol{\eta},\tilde{q}_{rd},q_\theta)\boldsymbol{D}_2\boldsymbol{F}(\tilde{q}_{rd},q_\theta)-\boldsymbol{\eta}\frac{\partial}{\partial q_\theta}\boldsymbol{D}_2\boldsymbol{F}(\tilde{q}_{rd},q_\theta)$$

$$=-\boldsymbol{E}_{\eta}(\boldsymbol{\eta},\tilde{q}_{\mathrm{rd}},q_{\theta})\boldsymbol{D}_{2}\boldsymbol{F}(\tilde{q}_{\mathrm{rd}},q_{\theta})-\boldsymbol{\eta}\left(\frac{\partial\boldsymbol{D}_{2}\boldsymbol{F}(\tilde{q}_{\mathrm{rd}},q_{\theta})}{\partial\tilde{q}_{\mathrm{rd}}}\boldsymbol{E}(\boldsymbol{\eta},\tilde{q}_{\mathrm{rd}},q_{\theta})+\frac{\partial\boldsymbol{D}_{2}\boldsymbol{F}(\tilde{q}_{\mathrm{rd}},q_{\theta})}{\partial q_{\theta}}\right)\tag{4.90}$$

式中　$\boldsymbol{E}_2(\tilde{q}_{\mathrm{rd}},q_{\theta})$——$q''_{\mathrm{rd}}(t)$的估计值。

同理可知，当 $\tilde{q}_{\mathrm{rd}}\rightarrow q_{\mathrm{rd}}$，$\boldsymbol{\eta}\rightarrow\boldsymbol{\eta}^{*\prime}$时，有 $\boldsymbol{E}_2(\tilde{q}_{\mathrm{rd}},q_{\theta})\rightarrow q''_{\mathrm{rd}}(t)$。至此，已完成了问题 4.1.2 的全部计算任务。为从整体角度对隐式跟踪控制器(式(4.87))有一个清晰、全面的认识，将控制系统的结构和输入、输出量绘制如图 4.7 所示。LA-SLIP 模型摆腿角度的欠驱动自由度变量 q_{θ}作为控制器的外部输入。给定笛卡儿空间的虚拟约束 $q_y=\sigma_{\mathrm{c}}(q_x)$，利用 q_{θ}与 $\tilde{q}_{\mathrm{rd}}$共同组成关于极坐标系的虚拟约束代数方程 $\boldsymbol{F}(\tilde{q}_{\mathrm{rd}},q_{\theta})$(该方程具体形成过程见式(4.65)的转化)。观察图 4.7 中跟踪系统的结构不难发现，基于动态逆的微分系统实质是以方程 $\boldsymbol{F}(\tilde{q}_{\mathrm{rd}},q_{\theta})=\boldsymbol{0}$ 关于其隐式解 $\tilde{q}_{\mathrm{rd}}=\sigma_{\mathrm{p}}(q_{\theta})$的动态逆为基础而建立的。关于 $\tilde{q}_{\mathrm{rd}}$的动态逆系统主要负责跟踪 q_{rd}，而关于 $\boldsymbol{\eta}$ 的辅助系统与 $\tilde{q}_{\mathrm{rd}}$所在的系统相耦合，进而产生两个估计项 $\boldsymbol{E}(\boldsymbol{\eta},\tilde{q}_{\mathrm{rd}},q_{\theta})$和 $\boldsymbol{E}_{\eta}(\boldsymbol{\eta},\tilde{q}_{\mathrm{rd}},q_{\theta})$。更进一步地，$\boldsymbol{E}(\boldsymbol{\eta},\tilde{q}_{\mathrm{rd}},q_{\theta})$和 $\boldsymbol{E}_{\eta}(\boldsymbol{\eta},\tilde{q}_{\mathrm{rd}},q_{\theta})$将生成 $\boldsymbol{E}_2(\boldsymbol{\eta},\tilde{q}_{\mathrm{rd}},q_{\theta})$，其中 $\boldsymbol{E}$ 和 $\boldsymbol{E}_2$ 分别为 $\tilde{q}'_{\mathrm{rd}}$和 $\tilde{q}''_{\mathrm{rd}}$的估计值。由此可见，隐式跟踪控制器(式(4.87))实质上属于一类非线性观测器。当给定虚拟约束的具体形式时，对于输入量 q_{θ}控制器，(式(4.87))将分别输出 q_{rd}、q'_{rd}和 q''_{rd}的观测值(估计值)$\tilde{q}_{\mathrm{rd}}$、$\tilde{q}'_{\mathrm{rd}}$和 $\tilde{q}''_{\mathrm{rd}}$。定理 4.1 确保了该观测器的稳定性即 $\tilde{q}_{\mathrm{rd}}$、$\tilde{q}'_{\mathrm{rd}}$和 $\tilde{q}''_{\mathrm{rd}}$满足

$$\begin{cases}\lim\limits_{t\rightarrow\infty}\tilde{q}_{\mathrm{rd}}(t)=q_{\mathrm{rd}}=\sigma_{\mathrm{p}}(q_{\theta}(t))\\ \lim\limits_{t\rightarrow\infty}\tilde{q}'_{\mathrm{rd}}(t)=q'_{\mathrm{rd}}=\partial\sigma_{\mathrm{p}}(q_{\theta}(t))/\partial q_{\theta}\\ \lim\limits_{t\rightarrow\infty}\tilde{q}''_{\mathrm{rd}}(t)=q''_{\mathrm{rd}}=\partial^{2}\sigma_{\mathrm{p}}(q_{\theta}(t))/\partial q_{\theta}^{2}\end{cases}\tag{4.91}$$

观察整个跟踪系统的结构和运算过程可以清晰地认识到：由 $\boldsymbol{F}(\tilde{q}_{\mathrm{rd}},q_{\theta})$到 $\tilde{q}_{\mathrm{rd}}$、$\tilde{q}'_{\mathrm{rd}}$和 $\tilde{q}''_{\mathrm{rd}}$，始终未涉及对超越代数方程 $\boldsymbol{F}(\tilde{q}_{\mathrm{rd}},q_{\theta})=\boldsymbol{0}$ 的求解，在系统(式(4.87))的构建过程中，也仅用到了 $\boldsymbol{F}(\tilde{q}_{\mathrm{rd}},q_{\theta})$表达式本身及其偏导数。这种回避代数超越方程求解而利用其表达式构造动态系统进而观测方程解(及其各阶段导数)的特点正是动态逆理论的优势所在。

3. 数值仿真实验与跟踪效果分析

为检验基于动态逆的虚拟约束跟踪控制器对 q_{rd}、q'_{rd}和 q''_{rd}的跟踪效果，本节对控制系统(式(4.87))进行数值仿真验证。选取 LA-SLIP 模型支撑相的运动虚拟约束 $q_y=\sigma_{\mathrm{c}}(q_x)$为图 4.5(a)中的对称运动轨迹，LA-SLIP 模型的相关结构参数/运动参数设定为 $r_0=1$ m，$\alpha_{\mathrm{TD}}=72°$及 $\theta_{\mathrm{LO}}=-18°$。仿真实验时设置系统(式(4.87))中的 μ 值大小为 10，根据 $q_y=\sigma_{\mathrm{c}}(q_x)$和 q_{θ}在支撑相的变化范围，调用 Python 科学计算库函数计算 q_{rd}、q'_{rd}和 q''_{rd}作为仿真实验的期望值，相关函数辅助计算参数设置同 3.5.3 节。

在笛卡儿和极坐标系下的跟踪效果分别如图 4.8(a)、(b)所示，图中空心点和实心点分别表示轨迹的起点、终点，箭头标记了轨迹在该坐标系下的运动方向。为检测控制器的

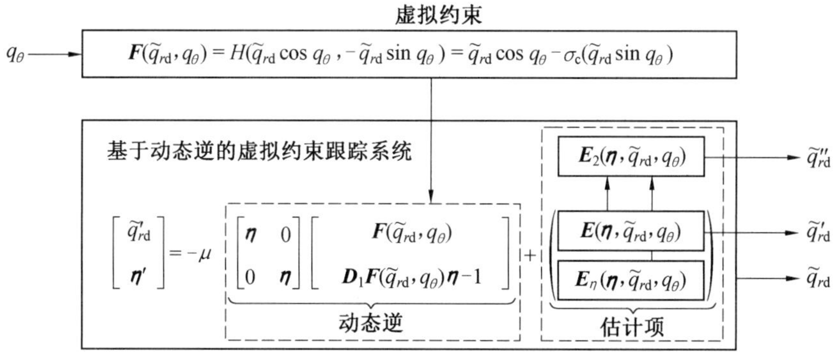

图 4.7　基于动态逆的虚拟约束跟踪控制器结构示意图

跟踪效果，在系统(式(4.87))原有初值 $\tilde{q}_{rd}(q_\theta(0))$ 和 $\boldsymbol{\eta}(q_\theta(0))$ 分别叠加了 $\varepsilon(\tilde{q}_{rd})=0.3$ 和 $\boldsymbol{\eta}(q_\theta(0))=1.5$ 的初始误差(注：$\varepsilon(\tilde{q}_{rd})=0.3$ 相当于 LA-SLIP 模型 30%的腿长 r_0)。由图 4.8 可见，无论是对笛卡儿坐标系下的原始虚拟约束 $q_y=\sigma_c(q_x)$，还是对极坐标系下的转换约束 $q_{rd}=\sigma_p(q_\theta)$，系统(式(4.87))所产生的跟踪轨迹均可在初始误差存在的条件下迅速收敛至期望轨迹。需要指出的是：LA-SLIP 模型支撑相的虚拟约束轨迹跟踪与常规线性系统的目标轨迹跟踪最显著的区别在于：支撑相的持续时间十分有限(动步态运动时单腿的支撑相仅能持续 0.2～0.5 s)，系统无法忍受类似"$t\to\infty$"这样的收敛速度；一旦系统进入支撑相 $\tilde{q}_{rd}$，须尽快收敛至 q_{rd}，否则对 $q_{rd}=\sigma_p(q_\theta)$ 的跟踪控制将失去效用。本算例通过设置系统(式(4.87))中的收敛调节系数 μ 值来控制 $\tilde{q}_{rd}$ 对 q_{rd} 的收敛速率。比较跟踪轨迹和期望轨迹不难发现，控制器(式(4.87))具有良好的跟踪效果且对系统初值的扰动具备抵抗能力。

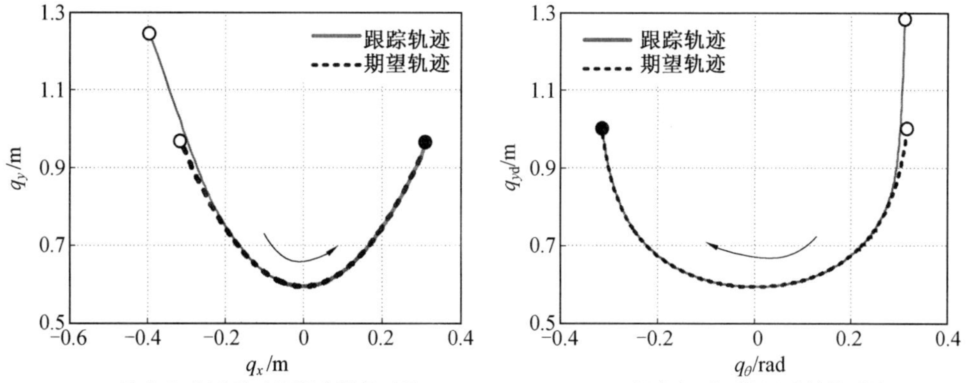

(a) 笛卡儿坐标系下的跟踪效果对比　(b) 极坐标系下的跟踪效果对比

图 4.8　不同坐标系下的跟踪控制器控制效果对比

为进一步考察控制器对 q_{rd}、q'_{rd} 和 q''_{rd} 的跟踪效果，需要观察跟踪误差随时间的衰减情况，然而 q_{rd}、$\partial q_{rd}/\partial q_\theta$ 和 $\partial^2 q_{rd}/\partial q_\theta{}^2$ 仅能在角度 q_θ 下进行度量，并不显含时间变量 t。通过 4.3.2 节的零动态系统相图分析(图 4.6)可知，在 LA-SLIP 模型运动过程中，q_θ 是关于时间变量 t 的单调递减函数，故 $q_\theta(t)$ 可视为一个新的时间尺度。基于此，根据 q_θ 在支撑相的运动范围可定义归一化时间变量为

$$T_\theta = \frac{q_\theta - q_{\theta_{TD}}}{q_{\theta_{LO}} - q_{\theta_{TD}}} \times 100\% \tag{4.92}$$

式中 T_θ——无量纲支撑相归一化时间；

$q_{\theta_{TD}}$——触地时刻的摆腿角度(rad)；

$q_{\theta_{LO}}$——腾空时刻的摆腿角度(rad)。

注意到当 $q_\theta = q_{\theta_{TD}}$(即触地)时，$T_\theta = 0$；而当 $q_\theta = q_{\theta_{LO}}$(即腾空)时，$T_\theta = 1$。因此，$T_\theta$ 具有明确的物理意义，即 q_θ 已完成的运动占整个支撑相运动范围的百分比。尽管此意义与 t 所表达的物理含义存在差异，但并不妨碍其作为一种时间尺度来观察跟踪误差的衰减过程。在此基础上给出两种对跟踪误差的度量方法。

(1)期望轨迹 q_{rd} 的估计误差 e_{emt}，用于度量跟踪控制器输出值 $\tilde{q}_{rd}$ 对 q_{rd} 的绝对误差大小，其定义为

$$e_{emt} = \left| q_{rd} - \tilde{q}_{rd} \right| \tag{4.93}$$

(2)跟踪目标变量 q_{rd}、q'_{rd} 和 q''_{rd} 的跟踪误差 e_{track}，用于全面度量控制器(式(4.87))的跟踪绝对误差大小，其定义为

$$e_{track} = \left\| (q_{rd}, q'_{rd}, q''_{rd})^T - (\tilde{q}_{rd}, \tilde{q}'_{rd}, \tilde{q}''_{rd})^T \right\|_2 \tag{4.94}$$

上述误差随归一化时间 T_θ 的衰减曲线如图 4.9 所示。

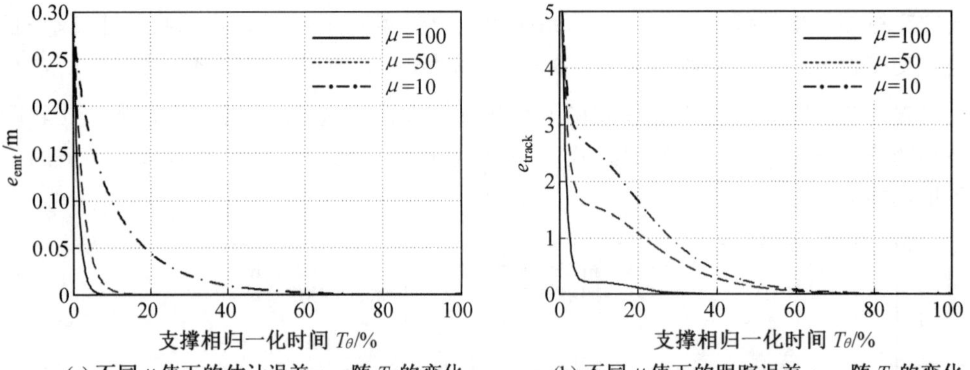

(a) 不同 μ 值下的估计误差 e_{emt} 随 T_θ 的变化　　(b) 不同 μ 值下的跟踪误差 e_{track} 随 T_θ 的变化

图 4.9　μ 值对估计误差 e_{emt} 和跟踪误差 e_{track} 的影响曲线

在图 4.9(a)、(b)中还分别绘制了不同 μ 值下估计误差 e_{emt} 和跟踪误差 e_{track} 随 T_θ 的变化曲线，以分析 μ 值对系统收敛速率的影响。从曲线的整体变化趋势分析，e_{emt} 和 e_{track} 随 T_θ 逐渐衰减，最终趋向于零。该现象表明：4.4.3 节所建立的跟踪控制器(式(4.87))可有效地对 q_{rd}、q'_{rd} 和 q''_{rd} 进行轨迹跟踪且收敛速率较快。由于跟踪误差 e_{track} 是基于 q_{rd}、q'_{rd} 和 q''_{rd} 跟踪绝对误差的 2 范数求和计算而得出的，故量纲上不具备统一性。设置 e_{track} 的目的在于从整体角度考察所有待观测量的收敛速度，因此图 4.9(b)中 e_{track} 的数值仅表征在 T_θ 下的跟踪残差，并无具体的物理单位与其对应。进一步比较同类别误差在不同 μ 值下的曲线变化可见，μ 值对系统收敛速率的影响十分显著，即增大 μ 值将迅速提高控制器的跟踪速率。注意到 μ 取为 100 时，e_{emt} 和 e_{track} 可分别在 15% 和 30% 的归一化时间 T_θ 内衰减至零值附近。从理论角度分析，μ 值在控制器(式(4.87))中所扮演的角色相当于系统(式(4.61))的梯度值调节系数，设置较大的 μ 值实质上增大了系统的梯度值，这意味着在控

制器(式(4.87))中偏离平衡点(即 q_{rd} 和 η^*)的初始值 $\tilde{q}_{rd}(q_\theta(0))$ 和 $\boldsymbol{\eta}(q_\theta(0))$ 将会以更快的速度收敛至期望值 $q_{rd}(q_\theta)$ 和 $\boldsymbol{\eta}(q_\theta)$。然而,不能借此为提高收敛速率而无限制地增大 μ 值,考虑到 q_{rd} 和 $\boldsymbol{\eta}$ 的数值变化范围有界,过高的 μ 值增益将影响整个控制器的数值计算稳定性,因此根据应用场合恰当地设置 μ 值是控制器(式(4.87))使用的关键。

4.5　欠驱动 SLIP 模型的矢状面运动控制策略研究

在 4.2～4.4 节已分别进行了 LA-SLIP 模型建立、支撑相虚拟约束设计和矢状面运动的隐式轨迹跟踪控制器设计。本节将整合以上所有研究成果,针对非规则环境下的 LA-SLIP 模型稳定弹跳运动,提出一套完整的矢状面控制策略并通过仿真实验验证其在非规则路面下控制 LA-SLIP 系统稳定运动的有效性。

4.5.1　矢状面运动控制策略

1. 非线性系统的相对阶与支撑相控制器设计

在 4.2.2 节已对 LA-SLIP 模型的动力学方程式(4.6)进行了状态空间的描述,并获得了系统状态方程式(4.10),根据式(4.15)定义系统在支撑相的输出为

$$y=h(\boldsymbol{q})=q_r-q_{rd}=q_r-\sigma_p(q_\theta) \tag{4.95}$$

比较系统输出(式(4.95))与状态方程式(4.10)可见,y 中并不含有系统输入 v,故对式(4.95)两端取关于时间 t 的一阶导数得

$$\dot{y}=\dot{q}_r-\dot{q}_{rd}=\dot{q}_r-\frac{\partial\sigma_p(q_\theta)}{\partial q_\theta}\dot{q}_\theta \tag{4.96}$$

注意到式(4.96)中亦含有输入量 v,继续求导得

$$\ddot{y}=\ddot{q}_r-\ddot{q}_{rd}=\ddot{q}_r-\frac{\partial\sigma_p(q_\theta)}{\partial q_\theta}\ddot{q}_\theta-\frac{\partial^2\sigma_p(q_\theta)}{\partial q_\theta^2}\dot{q}_\theta \tag{4.97}$$

将式(4.6)中第一个方程与式(4.97)联立将推出

$$\ddot{y}=v-\ddot{q}_{rd}=v-\left(\frac{\partial\sigma_p(q_\theta)}{\partial q_\theta}\ddot{q}_\theta+\frac{\partial^2\sigma_p(q_\theta)}{\partial q_\theta^2}\dot{q}_\theta\right) \tag{4.98}$$

比较式(4.97)与式(4.98)可见,对于单输入 v、单输出 y 的非线性系统(式(4.10))而言,从反馈线性化的角度分析其在 Q_s 上的相对阶为 2。观察式(4.98)不难发现,v 作为 LA-SLIP 模型的腿部单元驱动力,实际上控制的是 y 的二阶导数,即期望轨迹 q_{rd} 的加速度。

注意到式(4.98)存在期望轨迹 q_{rd} 对 q_θ 的一阶、二阶偏导数,在 4.4 节已针对虚拟约束 $q_y=\sigma_c(q_x)$ 对 q_{rd}、$\partial q_{rd}/\partial q_\theta$ 和 $\partial^2 q_{rd}/\partial q_\theta^2$ 进行了隐式跟踪,并获得了相应的观测值 $\tilde{q}_{rd}$、$\tilde{q}'_{rd}$ 和 $\tilde{q}''_{rd}$。此外,关于系统输出 y 对时间 t 的导数有下列关系,即

$$\begin{cases}\dot{y}=\dot{q}_r-q'_{rd}\dot{q}_\theta\\ \dot{y}=\ddot{q}_r-q'_{rd}\ddot{q}_\theta-q''_{rd}\dot{q}_\theta\end{cases} \tag{4.99}$$

于是,利用观测值 $\tilde{q}_{rd}$、$\tilde{q}'_{rd}$ 和 $\tilde{q}''_{rd}$,设计系统(式(4.10))输入 v 的 PD 控制律为

$$v=\ddot{\tilde{q}}_{rd}-(k_{D}\dot{\tilde{y}}+k_{P}\tilde{y}) \tag{4.100}$$

其中，$\ddot{\tilde{q}}_{rd}$、$\tilde{y}$ 和$\dot{\tilde{y}}$的表达式分别为

$$\begin{cases}\ddot{\tilde{q}}_{rd}=\tilde{q}'_{rd}\ddot{q}_{\theta}-\tilde{q}''_{rd}\dot{q}_{\theta}\\ \tilde{y}=q_{r}-\tilde{q}'_{rd}\\ \dot{\tilde{y}}=\dot{q}_{r}-\tilde{q}'_{rd}\dot{q}_{\theta}\end{cases} \tag{4.101}$$

将控制律(式(4.100))与式(4.98)联立，推导出系统(式(4.10))的闭环方程为

$$\ddot{\tilde{y}}+k_{D}\dot{\tilde{y}}+k_{P}\tilde{y}=0 \tag{4.102}$$

配置 PD 控制律的比例、微分增益 $k_{P}>0$ 和 $k_{D}>0$ 使得式(4.102)中关于 $\tilde{y}$ 的多项式为 Hurwitz 型，这意味着

$$\lim_{t\to\infty}\tilde{y}=0\Rightarrow\lim_{t\to\infty}q_{r}(t)=\tilde{q}_{rd}(t) \tag{4.103}$$

由于 4.4.1 节的定理 4.1 确保了隐式跟踪控制器(式(4.87))中诸观测值 $\tilde{q}_{rd}$、$\tilde{q}'_{rd}$及$\tilde{q}''_{rd}$对 q_{rd}、$\partial q_{rd}/\partial q_{\theta}$及$\partial^{2}q_{rd}/\partial q_{\theta}^{2}$的收敛性，于是将式(4.91)与式(4.103)联立，将联合推出

$$\lim_{t\to\infty}\tilde{y}=0\Rightarrow\lim_{t\to\infty}y=0\Rightarrow\lim_{t\to\infty}q_{r}(t)=q_{rd}(t) \tag{4.104}$$

式(4.104)说明在控制律(式(4.100))作用下，系统(式(4.10))实现了对虚拟约束 $q_{r}=\sigma_{p}(q_{\theta})$的跟踪控制。将式(4.5)中的原始输入量还原，得到驱动力 u 的控制规律为

$$u=m(\ddot{\tilde{q}}_{rd}-(k_{D}\dot{\tilde{y}}+k_{P}\tilde{y}))-mq_{r}\dot{q}_{\theta}^{2}+mg\cos q_{\theta}+k(q_{r}-q_{r0}) \tag{4.105}$$

将式(4.101)代入式(4.105)，对 4.4 节隐式轨迹跟踪控制器(式(4.87))的功能与式(4.105)进行整合，最终得到基于虚拟运动约束的 LA-SLIP 模型闭环控制器为

$$\begin{cases}u=m(\tilde{q}'_{rd}\ddot{q}_{\theta}+\tilde{q}''_{rd}\dot{q}_{\theta}-(k_{D}(\dot{q}_{r}-\tilde{q}'_{rd}\dot{q}_{\theta})+k_{P}(q_{r}-\tilde{q}_{rd})))-mq_{r}\dot{q}_{\theta}^{2}+\\ \quad mg\cos q_{\theta}+k(q_{r}-q_{r0})\\ \tilde{q}_{rd}=-\mu\boldsymbol{\eta}\boldsymbol{F}(\tilde{q}_{rd},q_{\theta})+\boldsymbol{E}(\boldsymbol{\eta},\tilde{q}_{rd},q_{\theta})\\ \boldsymbol{\eta}=-\mu\boldsymbol{\eta}(\boldsymbol{D}_{1}\boldsymbol{F}(\tilde{q}_{rd},q_{\theta})\boldsymbol{\eta}-1)+\boldsymbol{E}_{\eta}(\boldsymbol{\eta},\tilde{q}_{rd},q_{\theta})\end{cases} \tag{4.106}$$

至此支撑相控制器已设计完毕，完整的 LA-SLIP 模型的控制器结构示意图如图4.10所示。控制器从功能实现上大体可分为三个部分：①由 LA-SLIP 系统自身状态变量 q_{r}、q_{θ}和 $\dot{q}_{\theta}$ 构成的局部反馈线性化环节；②由 q_{θ}和虚拟约束 $\tilde{q}_{rd}=\sigma_{p}(q_{\theta})$联合作用产生的基于动态逆的隐式轨迹跟踪控制器；③由$\ddot{\tilde{q}}_{rd}$、$\tilde{y}$ 和$\dot{\tilde{y}}$组成的 PD 控制器。局部反馈线性化环节通过模型自身状态反馈，部分消除系统的本证非线性。虚拟约束建立了欠驱动自由度 q_{θ}与驱动自由度 q_{r}的联系，并通过隐式轨迹跟踪控制实现了对 q_{rd}、q'_{rd}和 q''_{rd}的观测。最后根据观测值 $\tilde{q}_{rd}$、$\tilde{q}'_{rd}$和 $\tilde{q}''_{rd}$搭建的 PD 控制器完成了在虚拟约束下 LA-SLIP 模型支撑相的运动控制。

2. 腾空相的运动控制策略

相比于支撑相控制器设计的复杂，对 LA-SLIP 模型在腾空相运动控制的处理相对简

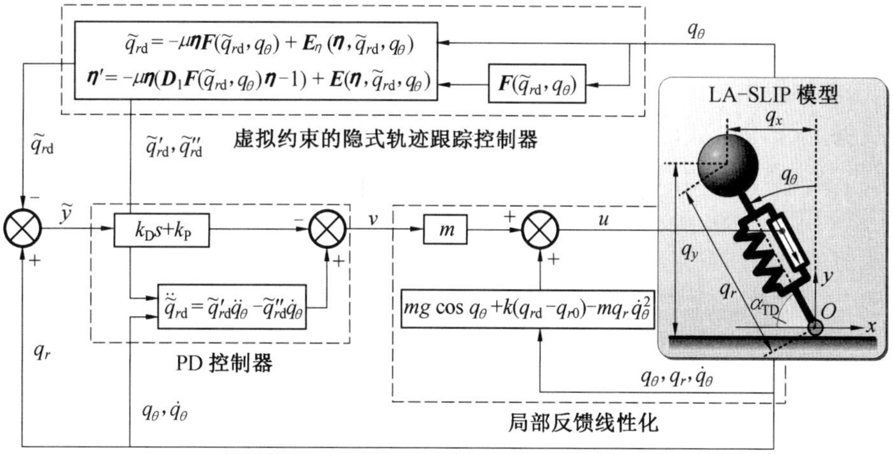

图 4.10　LA-SLIP 模型的控制器结构示意图

单。在 2.2.1 节 SLIP 模型的建模部分已经指出，常规的 SLIP 模型其腿部单元通常被处理为一个无质量、转动惯性的理想弹性单元，LA-SLIP 模型亦遵循此建模方式。因此，在模型的腾空相阶段，系统质心在重力的作用下(腿部径向驱动力 u 并不影响质心的运动状态)将在矢状面呈现形如式(2.4)所示的弹道轨迹。因此，对于 LA-SLIP 模型在腾空相的运动控制，实际上将转化为对模型触地角 α_{TD} 的配置与调节问题。考虑到上述因素，本节针对 LA-SLIP 模型触地角的调节，采用固定触地角策略(以下简称 FTA 策略)如下，即

$$\alpha_{TD}(i) = \text{const} \tag{4.107}$$

式中　i——标记 LA-SLIP 的触地次数；

const——对触地角 α_{TD} 所设置的固定值(rad)。

特别地，在 LA-SLIP 模型支撑相以对称轨迹时(图 4.5(a))，质心在支撑相的始末状态满足

$$\begin{cases} r_{TD} = r_{LO}, & \dot{r}_{TD} = -\dot{r}_{LO} \\ \theta_{TD} = -\theta_{LO}, & \dot{\theta}_{TD} = \dot{\theta}_{LO} \end{cases} \tag{4.108}$$

在式(4.107)的条件下，结合式(2.86) 和式(2.88)可进一步推出

$$y_a(i+1) = y_{LO} + \frac{1}{2g}\dot{y}_{LO}^2 = y_{TD} + \frac{1}{2g}\dot{y}_{TD}^2 = y_a(i) \tag{4.109}$$

即质心的顶点高度 y_a 将保持恒定。注意到在上式的推导过程中并未包含地形信息，仅利用了支撑相的对称性轨迹这一条件，因此，当通过虚拟约束的 3 阶 Bézier 多项式将 LA-SLIP 模型的矢状面运动设置为对称轨迹时，系统的运动将不受地形因素的制约，具有顶点高度保持的功能。

3. LA-SLIP 模型矢状面的运动控制策略

在前面分别给出了支撑相与腾空相的运动控制规律的基础上，可制定 LA-SLIP 模型矢状面的运动控制策略。本章前文依次完成了 LA-SLIP 系统的建模、虚拟约束设计(相当于运动轨迹规划)及轨迹跟踪控制，故其相应的运动控制策略也基本遵循以上的步骤。

对于一个给定初始运动状态 $\boldsymbol{S}_0=(y_{\mathrm{a}}(0),\dot{x}_{\mathrm{a}}(0))^{\mathrm{T}}$ 的 LA-SLIP 系统(此时系统的初始能量值已被设定),根据其质心所在的运动阶段不同,需要针对腾空相及支撑相分别设计运动规律:①在腾空相 FTA 策略依据式(4.107)及式(4.109)设定系统的触地角 α_{TD};②在支撑相依据式(4.48)、式(4.49)设置质心运动的虚拟约束;在①和②完成的基础上,利用控制器(式(4.106))对期望轨迹进行跟踪控制。将上述运动控制策略称为"固触地角+对称轨迹"控制策略(fixed touchdown angle-symmetrical trajectory, FTA-ST policy),其相应的算法流程归纳如下。

步骤 1　配置 FTA 的触地角为

$$\alpha_{\mathrm{TD}}\leftarrow\mathrm{const} \tag{4.110}$$

步骤 2　根据触地状态配置虚拟约束(式(4.46))中 Bézier 多项式的边界条件,即

$$\begin{cases}b_0\leftarrow q_{y_{\mathrm{TD}}}\\ b_1\leftarrow q_{y_{\mathrm{TD}}}+\dfrac{1}{3}(q_{x_{\mathrm{LO}}}-q_{x_{\mathrm{TD}}})\tan\delta_{\mathrm{TD}}\\ b_2\leftarrow q_{y_{\mathrm{LO}}}-\dfrac{1}{3}(q_{x_{\mathrm{LO}}}-q_{x_{\mathrm{TD}}})\tan\delta_{\mathrm{LO}}\\ b_3\leftarrow q_{y_{\mathrm{LO}}}\end{cases} \tag{4.111}$$

步骤 3　构造基于动态逆的隐式轨迹跟踪控制器为

$$\begin{cases}\tilde{q}'_{r\mathrm{d}}\leftarrow-\mu\boldsymbol{\eta}\boldsymbol{F}(\tilde{q}_{r\mathrm{d}},q_\theta)+\boldsymbol{E}(\boldsymbol{\eta},\tilde{q}_{r\mathrm{d}},q_\theta)\\ \boldsymbol{\eta}'\leftarrow-\mu\boldsymbol{\eta}(\boldsymbol{D}_1\boldsymbol{F}(\tilde{q}_{r\mathrm{d}},q_\theta)\boldsymbol{\eta}-1)+\boldsymbol{E}_\eta(\boldsymbol{\eta},\tilde{q}_{r\mathrm{d}},q_\theta)\end{cases} \tag{4.112}$$

并计算 $q'_{r\mathrm{d}}$ 和 $q''_{r\mathrm{d}}$ 的观测值,即

$$\begin{cases}\tilde{q}'_{r\mathrm{d}}\leftarrow\boldsymbol{E}(\boldsymbol{\eta},\tilde{q}_{r\mathrm{d}},q_\theta)\\ \tilde{q}''_{r\mathrm{d}}\leftarrow\boldsymbol{E}_\eta(\boldsymbol{\eta},\tilde{q}_{r\mathrm{d}},q_\theta)\end{cases} \tag{4.113}$$

步骤 4　计算支撑相腿部径向驱动力 u 为

$$\begin{aligned}u\leftarrow&m(\tilde{q}'_{r\mathrm{d}}\ddot{q}_\theta+\tilde{q}''_{r\mathrm{d}}\dot{q}_\theta-(k_\theta(\dot{q}_r-\tilde{q}'_{r\mathrm{d}}\dot{q}_\theta)+k_{\mathrm{P}}(q_r-\tilde{q}_{r\mathrm{d}})))-mq_r\dot{q}_\theta^2+\\&mg\cos q_\theta+k(q_r-q_{r0})\end{aligned} \tag{4.114}$$

由此可见,FTA-ST 算法的流程主要由规划(步骤 1、步骤 2)、观测(步骤 3)和跟踪(步骤 4)三部分组成。由于系统在支撑相为完全对称的运动轨迹,则根据 4.3.2 节零动态分析可知,$q_r(t)$ 和 $q_\theta(t)$ 在其各自的压缩相、伸展相关于时间 t 呈现镜像变规律,故腿部径向驱动力 u 在支撑相阶段对 LA-SLIP 系统注入的能量为

$$\begin{aligned}W&=\int_{t_{\mathrm{TD}}}^{t_{\mathrm{BM}}}u(t_1)\dot{q}_r(t_1)\mathrm{d}t_1+\int_{t_{\mathrm{BM}}}^{t_{\mathrm{LO}}}u(t_2)\dot{q}_r(t_2)\mathrm{d}t_2\\&=\int_{t_{\mathrm{TD}}}^{t_{\mathrm{BM}}}u(t_1)\dot{q}_r(t_1)\mathrm{d}t_1+\int_{t_{\mathrm{TD}}}^{t_{\mathrm{BM}}}u(2t_{\mathrm{BM}}-t_3)\dot{q}_r(2t_{\mathrm{BM}}-t_3)\mathrm{d}t_3\\&=\int_{t_{\mathrm{TD}}}^{t_{\mathrm{BM}}}u(t_1)\dot{q}_r(t_1)\mathrm{d}t_1+\int_{t_{\mathrm{TD}}}^{t_{\mathrm{BM}}}-u(t_3)\dot{q}_r(t_3)\mathrm{d}t_3=0\end{aligned} \tag{4.115}$$

式中　W——腿部径向驱动力 u 在支撑相阶段所做的功(J)。

故在 LA-SLIP 模型由一个顶点状态 $\boldsymbol{S}_i=(y_{\mathrm{a}}(i),\dot{x}_{\mathrm{a}}(i))^{\mathrm{T}}$ 至下一个顶点状态 $\boldsymbol{S}_{i+1}=(y_{\mathrm{a}}(i+1),\dot{x}_{\mathrm{a}}(i+1))^{\mathrm{T}}$ 的运动过程中,驱动单元对系统注入的总体能量为零。W 中所做

的正功与负功相互抵消，仅用于维持系统的质心在支撑相严格遵循虚拟约束的轨迹进行运动。从这个角度分析，LA-SLIP 系统在整个步态周期内近似可视为一类“保守系统”。

4.5.2　欠驱动 SLIP 模型的运动仿真实验

本节对 FTA-ST 算法进行运动仿真实验，其中 LA-SLIP 模型的结构参数设置、调用 ode45 库函数解算系统动力学方程式(4.3)及其相关计算配置同 3.5.3 节。关于 LA-SLIP 模型的运动参数设置，为充分检验算法在非规则路面下维持系统稳定运动的能力，将顶点初始高度及水平速率分设定为 $y_a(0)=2$ m 及 $\dot{x}_a(0)=5$ m/s。采用上述运动参数配置的原因是：根据 2.3.2 节对系统进行的运动失效分析可知，y_a 和 $\dot{x}_a$ 影响模型的运动有效性。相比于 3.5.3 节设置 $y_a(0)=1$ m 和 $\dot{x}_a(0)\leqslant 3$ m/s，本节所设定的运动参数可为 LA-SLIP 模型提供更大空间的有效性运动。对于 FTA 控制策略部分，在仿真实验全程设定腾空相末期的触地角 $\alpha_{TD}=75°$，实验结果如图 4.11～4.13 所示。

图 4.11 为不规则路面下质心矢状面运动轨迹。与系统频繁进行交互的不规则路面的凸台高度最大值不超过式(2.18)所界定的 Δy_{up} 最大值；下凹深度最大值不超过式(2.22)定义的 Δy_{dn} 最大值；其间的变化值均为随机设定。如图 4.11 所示，凸台最大值为 0.6 m(相当于对系统施加了 30%正向高度扰动量)，而下凹深度最大值为 2.5 m(相当于施加了 125%的负向高度扰动量)，图中标记了系统在每个弹跳周期内的落足点，水平地面及期望顶点高度值用虚线标记。观察曲线可见，系统由 $y_a(0)=2$ m 处释放共经历 18 次完整跳跃。尽管路面存在剧烈的起伏变化，LA-SLIP 模型在 FTA-ST 算法的作用下始终保持稳定的弹跳运动且呈现顶点高度恒定的运动规律。该现象表明：FTA-ST 算法可有效抵抗来自路面高度变化的扰动。

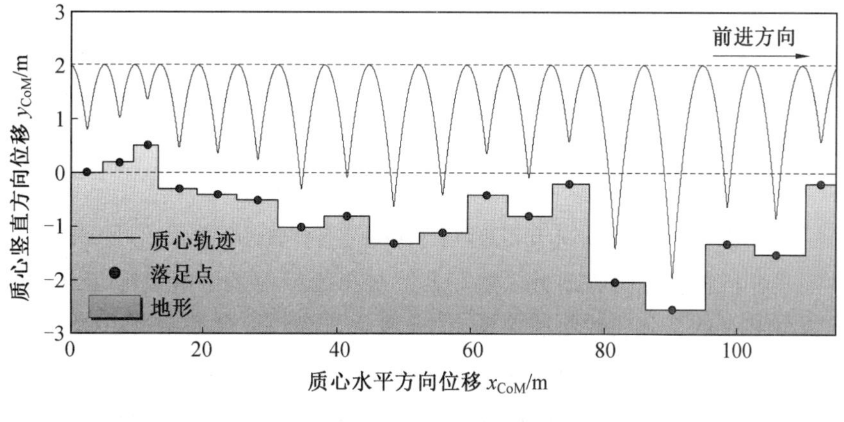

图 4.11　不规则路面下质心矢状面运动轨迹

不规则路面下质心的水平方向速率曲线如图 4.12 所示，系统在初始运动阶段设定其顶点水平速率 $\dot{x}_a(0)=5$ m/s，在后续的不规则路面运动过程中要求保持该速率。观察图中曲线可见，在近 120 m 的水平位移量内，质心在腾空相保持 5 m/s 的水平运动速率。观察局部视图，$\dot{x}_{CoM}$ 在支撑相阶段呈现完全对称的光滑曲线。上述现象得益于支撑相基于 Bézier 多项式的虚拟约束及其相应的隐式跟踪控制器。由于 FTA-ST 算法在步骤 2

阶段是根据触地状态$\{r_{TD},\dot{r}_{TD},\theta_{TD},\dot{\theta}_{TD}\}$在线配置$\{\theta_{LO},\delta_{LO}\}$，进而确定3阶Bézier多项式的支撑点系数，故质心会在每个支撑相内呈现完全对称的运动轨迹。实际上，3.5.2节所设计的基于支撑相近似解析解的dead-beat控制器亦可在类似图4.11的非规则路面上实现顶点高度、水平速率保持的运动特性。然而就最终的跟踪效果而言，由于dead-beat控制器在配置触地角α_{TD}和伸展相腿部等效刚度k_d的过程中使用了SLIP模型的近似解析解，因此无论通过argmin函数进行优化与否，最终的顶点状态总包含来自于近似解析解的预测误差；而FTA-ST算法在以下两方面的设计确保了对期望顶点状态的跟踪误差收敛至零。

（1）隐式轨迹跟踪控制器（式（4.87））在定理4.1的理论支撑下确保观测值$\tilde{q}_{rd}$、$\tilde{q}'_{rd}$和$\tilde{q}''_{rd}$收敛于q_{rd}、q'_{rd}和q''_{rd}，并可通过配置μ值调节其收敛速度。

（2）局部反馈线性化后的PD控制器（式（4.105））实现对单腿径向期望长度q_{rd}的跟踪，并可通过配置增益k_P和k_D改善其跟踪性能。

故LA-SLIP模型在FTA-ST算法下的控制性能要优于dead-beat控制器对常规SLIP模型的控制效果。由此可见，对于支撑相动力学方程不可积分的SLIP系统而言，通过欠驱动环节的引入来拓宽模型自身的控制手段，进而为反馈控制器的设计提供可能，是解决SLIP系统运动控制问题的一类有效途径。

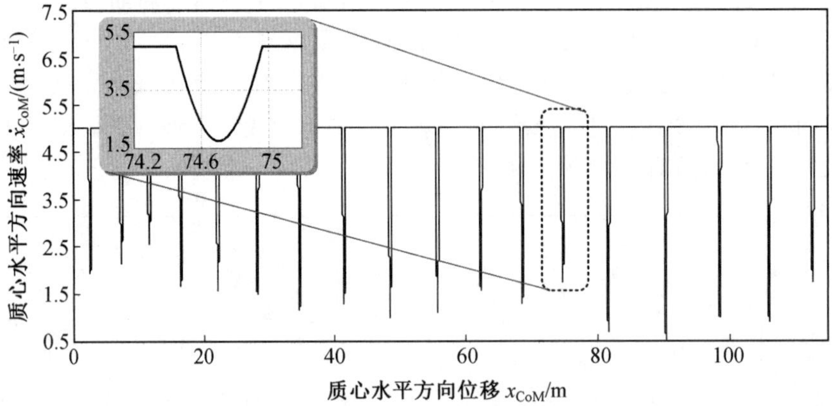

图4.12　不规则路面下质心的水平方向速率曲线

为进一步分析腿部径向驱动力在整个系统运动过程中的作用规律，将系统输入u随质心水平位移x_{CoM}的变化曲线绘制如图4.13所示。为消除模型结构参数选取对分析结果的影响，图4.13的纵坐标采用无量纲形式的驱动力$\bar{u}=u/mg$。观察局部视图可见，系统输入u呈现出与$\dot{x}_{CoM}$、y_{CoM}类似的对称曲线。为剖析驱动力u在闭环控制系统中的作用，在局部视图中同时绘制了基于LA-SLIP模型原始动力学方程式（4.3）的理想驱动力计算值u^*，具体计算公式为

$$u^*=m\left(\frac{\partial\sigma_p(q_\theta)}{\partial q_\theta}\ddot{q}_\theta+\frac{\partial^2\sigma_p(q_\theta)}{\partial q_\theta^2}\dot{q}_\theta^2\right)-m\sigma_p(q_\theta)\dot{q}_\theta^2+mg\cos q_\theta+k(\sigma_p(q_\theta)-q_{r0}) \tag{4.116}$$

图4.13中，u与u^*的曲线几乎重合，实际上此时控制系统（式（4.106））已进入收敛

阶段。根据式(4.105)可推出，当 $\tilde{y}=q_r-\tilde{q}_{rd}\approx 0$ 时，尽管 PD 控制器增益 k_P 和 k_D 存在，但处于该阶段的控制量 u 用于对 $\tilde{y}$ 产生的跟踪误差进行校正的部分已十分有限，而维持 q_r、q_θ 在期望轨迹上运动成为 u 的主导部分。比较式(4.116)与式(4.105)可知：$q_r\to\tilde{q}_{rd}\to q_{rd}\Rightarrow\tilde{y}\to 0,\dot{\tilde{y}}\to 0$，进而可推出 $u\to u^*$。原则上，若在支撑相初始阶段满足 $q_r=\sigma_p(q_\theta)$ 及 $\dot{q}_r/\dot{q}_\theta=\partial\sigma_p(q_\theta)/\partial q_\theta$，则有 $u=u^*$；这意味着以支撑相初值作为边界条件而在线规划的虚拟约束，控制系统(式(4.106))将以零误差的"计算力"u^* 完成整个支撑相的运动控制。

此外，$\bar{u}$ 在 $x_{CoM}=90$ m 处达到其峰值 26.61，该现象是由于相对于水平零线，地形在 $x_{CoM}=90$ m 处存在 $\Delta y_{dn}=2.5$ m 的下凹量，相当于给系统增加了 $\Delta E=mg\Delta y_{dn}=1\ 962$ J 的能量(相当于系统初始机械能的 76.35%)，这部分势能将在腾空相的下降期逐渐转化为动能而促使 $\dot{y}_{TD}$ 值陡增。在式(2.86)的作用下，对 δ_{TD}、$\dot{q}_r$ 和 $\ddot{q}_r$ 产生影响，故 $\bar{u}$ 在该处的数值增幅极为显著。

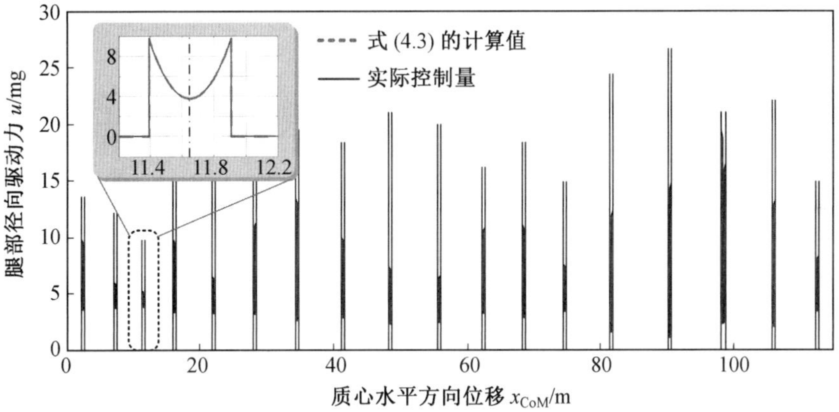

图 4.13　无量纲腿部径向驱动力随质心水平方向位移的变化曲线

4.6　本章小结

本章的研究对象为常规 SLIP 模型的扩展，将驱动环节部分地引入 SLIP 模型使得 SLIP 模型由原始完全被动的力学系统演变为具有一个主动自由度的欠驱动力学系统，在保留 SLIP 模型弹性单元的同时，极大程度地扩展了 SLIP 系统的控制途径。为充分发挥欠驱动 SLIP 模型在上述方面的优势，本章以建模、规划、观测和跟踪四个阶段对欠驱动系统的运动控制进行深入研究。在建模阶段，构建了具有腿部径向驱动单元的 LA-SLIP 模型，为初步消除主动自由度所在的动力学方程中的非线性，采用局部反馈线性化的方式利用模型自身的状态反馈将原系统的非线性降至最低。在规划方面，根据模型矢状面运动的特点，设计了基于 Bézier 多项式的质心运动虚拟约束，进而建立了欠驱动自由度与主动自由度间的运动联系，并采用相图分析法对欠驱动自由度零动态系统相平面轨线的吸引性进行了判别。在观测方面，为解决虚拟约束在笛卡儿坐标系与极坐标系间数学形式不统一的矛盾，设计了基于动态逆理论的隐式轨迹跟踪控制器，获得了相关状态变量及其导数的观测值。最后将 LA-SLIP 模型、矢状面虚拟约束及隐式轨迹观测三部分功能有机整合，建立了完整的 LA-SLIP 模型矢状面运动控制策略，并进行了运动仿真实验。实验结果表明：FTA-ST 算法可成功应用于非规则路面的 LA-SLIP 运动控制，且可有效抑制来自地面高度变化的扰动。

本章所研究的欠驱动 LA-SLIP 模型是衔接 SLIP 模型与实际机器人动力学系统的桥梁：一方面作为高维度机器人系统不完全退化的产物，LA-SLIP 模型部分保留了原始机器人系统的驱动特性，这是区别于常规全被动 SLIP 模型最显著的特点；另一方面作为 SLIP 模型的一员，LA-SLIP 模型仍然具备常规 SLIP 模型低维度、高柔顺性的典型特征，这又是明显优于机器人纯刚体 Lagrange 力学模型之处。因此，对 SLIP 模型所进行的上述研究将为实际机器人系统的运动控制提供主体思路和模板，也是实现复杂高维度系统降维、简化处理的重要理论铺垫。

第5章　基于SLIP模型的足式仿生机器人动步态层次化运动控制研究

5.1　概　述

足式仿生机器人与环境交互过程中所追求的高稳定性、高动态性和高适应性是仿生机器人运动控制研究领域中极具挑战性的难题。从理论上讲，直接处理高维度、强非线性的复杂机器人系统各自由度间的运动耦合、关节驱动力分配及动平衡等一系列运动控制问题难以获得满意的实际效果。本着由简入繁、由易至难的原则，以简单、低维度的SLIP模型为控制模板，实现低维—高维模型间的控制模式映射将为上述问题的解决提供一种新思路。在前文的第2～4章以经典SLIP模型为核心，围绕着低维运动空间的动力学建模、支撑相近似解析化研究、结构参数/运动参数化分析、离散化顶点状态调控及欠驱动系统的运动控制这五个方面开展研究，其中基于支撑相近似解析解的dead-beat顶点控制策略从宏观层面上解决了SLIP系统点对点(apex to apex)的离散化运动调控；而针对LA-SLIP模型所设计的融合虚拟约束、动态逆及局部反馈线性化的矢状面运动控制器则从细观层面实现了支撑相的轨迹规划与跟踪效果。由此可见，上述研究成果已为SLIP模型应用于高维度足式仿生机器人系统的动步态控制提供了充足的理论基础。因此，这种利用在研究SLIP模型阶段所获得的丰富运动控制成果来牵引和指导复杂、高维度、强非线性的实际机器人系统动步态控制，将起到水到渠成的效果。

本章正是在上述背景下应运而生，其主要任务是解决足式仿生机器人的动步态运动控制问题。首先在5.2节提出基于SLIP模型的层次化运动控制架构，以解决由低维度SLIP模型到高维度机器人动力学模型的控制模式映射问题。接下来的章节将致力于上述算法在典型机器人系统动步态控制中的具体应用，为此分别选取了单足仿生机器人的跳跃步态、双足仿生机器人的奔跑步态和四足仿生机器人的奔驰步态三个典型测试项目，以对算法的有效性和普适性进行检验。

5.2　基于SLIP模型的层次化控制架构

将SLIP模型的控制成果应用于高维度机器人系统的动步态控制所面临的首要问题是如何建立由低维运动到高维运动空间的控制模式映射。本节将以低维度的SLIP模型所定义的空间作为任务空间(task space)，将高维度的机器人动力学系统所定义的空间作为关节空间(joint space)，并在此定义下完成由任务空间到关节空间的控制模式映射，进而构建基于SLIP模型的层次化控制架构以实现对足式仿生机器人动步态的运动控制。

5.2.1 基于任务空间的控制模式映射

1. 基于任务空间的控制模式映射的基本思想

基于任务空间的控制模式映射是将期望运动由低维空间的 SLIP 模型，通过基于任务空间的模式映射传递至高维空间的机器人动力学模型，就其控制思想的数学本质而言，上述映射实际上是给定期望运动的目标动力学(target dynamics)形态在机器人操作空间(operation space)下的冗余度规划问题，其映射结构示意图如图 5.1 所示。首先根据实际的应用场合设定足式仿生机器人系统的期望运动规律(例如，机器人的期望行进速度、弹跳高度及相关的运动约束信息)；该期望运动将直接体现在低维的 SLIP 模型上，并由此 SLIP 模型产生相应的任务空间下的动作序列 $\ddot{\boldsymbol{x}}_{\mathrm{d}}$；在控制模式的映射下产生驱动机器人系统的关节力矩 $\boldsymbol{\tau}$，进而对机器人进行动步态控制，至此实现了由低维空间到高维空间的控制模式转换。与此同时，机器人在与环境的交互过程中将其所处的状态信息(触地、腾空、磕绊、跌倒等)反馈至 SLIP 模型，诱导其调整运动参数以产生新的动作序列 $\ddot{\boldsymbol{x}}_{\mathrm{d}}$。需要指出的是：由 $\ddot{\boldsymbol{x}}_{\mathrm{d}}$ 到 $\boldsymbol{\tau}$ 为连续的映射过程，所产生驱动力矩的 $\boldsymbol{\tau}$ 将动态地分配至机器人的各个关节；而由机器人系统到 SLIP 模型的状态反馈是离散的检测过程，即仅在机器人触地时调整目标动力学参数，否则系统将继续遵循原始的动作序列与环境进行交互运动。

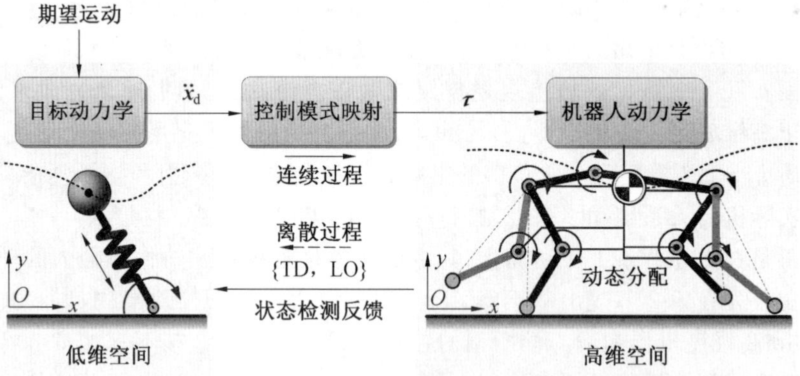

图 5.1　基于任务空间的控制模式映射结构示意图

在设定期望运动下的目标动力学所生成的动作序列 $\ddot{\boldsymbol{x}}_{\mathrm{d}}$ 不用于直接通过逆运动学规划产生的机器人关节期望轨迹。在图 5.1 所示的控制模式下，机器人系统实际上是将运动的规划权交给了低维空间下的 SLIP 模型，此时动作序列如何产生将由期望运动和目标动力学共同决定。比较基于逆运动学的规划方法与上述方法可见，二者最明显的差别在于：前者所生成的轨迹停留在运动学意义上，确切地讲，此类轨迹无法保证机器人系统的步态稳定性及受扰状态下的运动鲁棒性；后者所生成的轨迹依托于一个低维的动力系统。由于任务空间下的控制模式映射存在，因此整个机器人系统的运动稳定性及鲁棒性将由 SLIP 模型所在的目标动力学保证。相比于常规控制方法直接处理高维度的机器人刚体动力学，采用基于任务空间的模式映射将有效回避复杂、高维的非线性机器人系统，同时，低维系统的稳定性相对容易保证，这正是基于 SLIP 模型的足式仿生机器人动步态控制的优势。

2. 任务空间的机器人动力学预处理

首先推导机器人系统动力学方程。与 SLIP 模型类似，足式仿生机器人依据足端与地面的接触情况亦可分为支撑相（与地面接触的足个数≥1）和腾空相（与地面接触的足个数为零）两个阶段。由于机器人在腾空相仅受重力作用（关节驱动力矩此时视为系统内力），对机体构型及触地角的控制可通过简单的位置伺服算法完成，其实现方式将在 5.2～5.5节结合具体机器人系统详细阐述。相比之下，机器人在支撑相的动力学方程则更具一般性，参考文献[158]、[159]建立足式仿生机器人通用模型为

$$\boldsymbol{M}(\boldsymbol{q})\ddot{\boldsymbol{q}}+\boldsymbol{C}(\boldsymbol{q},\dot{\boldsymbol{q}})\dot{\boldsymbol{q}}+\boldsymbol{G}(\boldsymbol{q})+\boldsymbol{J}_{\mathrm{s}}^{\mathrm{T}}\boldsymbol{\lambda}=\boldsymbol{S}_{\mathrm{a}}^{\mathrm{T}}\boldsymbol{\tau} \tag{5.1}$$

式中　$\boldsymbol{q}$——机器人关节角度向量，且 $\boldsymbol{q}\in\mathbf{R}^{n}$；

$\boldsymbol{M}(\boldsymbol{q})$——质量/惯性矩阵，且 $\boldsymbol{M}(\boldsymbol{q})\in\mathbf{R}^{n\times n}$；

$\boldsymbol{C}(\boldsymbol{q},\dot{\boldsymbol{q}})$——科氏力与离心力项矩阵，且 $\boldsymbol{C}(\boldsymbol{q},\dot{\boldsymbol{q}})\in\mathbf{R}^{n\times 1}$；

$\boldsymbol{G}(\boldsymbol{q})$——重力项矩阵，且 $\boldsymbol{G}(\boldsymbol{q})\in\mathbf{R}^{n\times 1}$；

$\boldsymbol{\tau}$——关节驱动力矩向量，且 $\boldsymbol{\tau}\in\mathbf{R}^{m}(m<n)$；

$\boldsymbol{\lambda}$ ——足－地接触的地面反作用力矩阵；

$\boldsymbol{J}_{\mathrm{s}}$——由关节角速度到沿足－地接触约束方向速度的 Jacobian 矩阵；

$\boldsymbol{S}_{\mathrm{a}}$——驱动自由度的关联矩阵，且 $\boldsymbol{S}_{\mathrm{a}}\in\mathbf{R}^{m\times n}$。

式(5.1)中在 $\boldsymbol{\lambda}$ 和 $\boldsymbol{J}_{\mathrm{s}}$ 将根据支撑足数目的不同而发生变化。在支撑相阶段，不考虑足端与接触地面可能发生的打滑现象，在前文 2.2.1 节假设 2－Ⅰ的基础上，足端点可视为与地面相固连的铰点，则其状态变量 $\boldsymbol{x}_{\mathrm{s}}$ 满足

$$\begin{cases}\dot{\boldsymbol{x}}_{\mathrm{s}}=\boldsymbol{J}_{\mathrm{s}}\dot{\boldsymbol{q}}=\boldsymbol{0}\\ \ddot{\boldsymbol{x}}_{\mathrm{s}}=\boldsymbol{J}_{\mathrm{s}}\ddot{\boldsymbol{q}}+\dot{\boldsymbol{J}}_{\mathrm{s}}\dot{\boldsymbol{q}}=\boldsymbol{0}\end{cases} \tag{5.2}$$

系统动力学方程式(5.1)中的地面反作用力 $\boldsymbol{\lambda}$ 可通过式(5.2)进行解算，首先将式(5.1)中含 $\boldsymbol{\lambda}$ 项表示为

$$\boldsymbol{J}_{\mathrm{s}}^{\mathrm{T}}\boldsymbol{\lambda}=\boldsymbol{S}_{\mathrm{a}}^{\mathrm{T}}\boldsymbol{\tau}-(\boldsymbol{M}(\boldsymbol{q})\ddot{\boldsymbol{q}}+\boldsymbol{C}(\boldsymbol{q},\dot{\boldsymbol{q}})\dot{\boldsymbol{q}}+\boldsymbol{G}(\boldsymbol{q})) \tag{5.3}$$

结合足式仿生机器人的实际构型，通常情况下，矩阵 $\boldsymbol{J}_{\mathrm{s}}$ 不为方阵，即 $\boldsymbol{J}_{\mathrm{s}}^{-1}$ 不存在。为求取式(5.3)中的 $\boldsymbol{\lambda}$，根据文献[160]取 $\boldsymbol{J}_{\mathrm{s}}$ 的 Moore-Penrose 广义逆 $\bar{\boldsymbol{J}}_{\mathrm{s}}$ 为

$$\bar{\boldsymbol{J}}_{\mathrm{s}}=\boldsymbol{M}(\boldsymbol{q})^{-1}\boldsymbol{J}_{\mathrm{s}}^{\mathrm{T}}(\boldsymbol{J}_{\mathrm{s}}\boldsymbol{M}(\boldsymbol{q})^{-1}\boldsymbol{J}_{\mathrm{s}}^{\mathrm{T}})^{-1}\Rightarrow\boldsymbol{J}_{\mathrm{s}}\bar{\boldsymbol{J}}_{\mathrm{s}}=\boldsymbol{I} \tag{5.4}$$

为方便后续公式推导，记式(5.4)中正规化后的质量矩阵为 $\boldsymbol{\Lambda}_{\mathrm{s}}$，即满足

$$\boldsymbol{\Lambda}_{\mathrm{s}}=(\boldsymbol{J}_{\mathrm{s}}\boldsymbol{M}(\boldsymbol{q})^{-1}\boldsymbol{J}_{\mathrm{s}}^{\mathrm{T}})^{-1} \tag{5.5}$$

对式(5.3)两端同时左乘 $\bar{\boldsymbol{J}}_{\mathrm{s}}^{\mathrm{T}}$ 并将 $\boldsymbol{J}_{\mathrm{s}}\ddot{\boldsymbol{q}}=-\dot{\boldsymbol{J}}_{\mathrm{s}}\dot{\boldsymbol{q}}$ 代入，解出式(5.1)中的地面反作用力 $\boldsymbol{\lambda}$ 为

$$\boldsymbol{\lambda}=\bar{\boldsymbol{J}}_{\mathrm{s}}^{\mathrm{T}}\boldsymbol{S}_{\mathrm{a}}^{\mathrm{T}}\boldsymbol{\tau}-\bar{\boldsymbol{J}}_{\mathrm{s}}^{\mathrm{T}}(\boldsymbol{C}(\boldsymbol{q},\dot{\boldsymbol{q}})\dot{\boldsymbol{q}}+\boldsymbol{G}(\boldsymbol{q}))+\boldsymbol{\Lambda}_{\mathrm{s}}\dot{\boldsymbol{J}}_{\mathrm{s}}\dot{\boldsymbol{q}} \tag{5.6}$$

将式(5.6)回代入式(5.1)替换 $\boldsymbol{\lambda}$，最终得到不含有地面反作用力的机器人支撑相动力学方程为

$$\boldsymbol{M}(\boldsymbol{q})\ddot{\boldsymbol{q}}+\boldsymbol{N}_{\mathrm{s}}^{\mathrm{T}}(\boldsymbol{C}(\boldsymbol{q},\dot{\boldsymbol{q}})\dot{\boldsymbol{q}}+\boldsymbol{G}(\boldsymbol{q}))+\boldsymbol{J}_{\mathrm{s}}^{\mathrm{T}}\boldsymbol{\Lambda}_{\mathrm{s}}\dot{\boldsymbol{J}}_{\mathrm{s}}\dot{\boldsymbol{q}}=(\boldsymbol{S}_{\mathrm{a}}\boldsymbol{N}_{\mathrm{s}})^{\mathrm{T}}\boldsymbol{\tau} \tag{5.7}$$

式中　$\boldsymbol{N}_{\mathrm{s}}$——$\boldsymbol{J}_{\mathrm{s}}$ 的投影矩阵，且满足

$$\boldsymbol{N}_{\mathrm{s}}=\boldsymbol{I}-\overline{\boldsymbol{J}}_{\mathrm{s}}\boldsymbol{J}_{\mathrm{s}}=\boldsymbol{I}-\boldsymbol{M}(\boldsymbol{q})^{-1}\boldsymbol{J}_{\mathrm{s}}^{\mathrm{T}}\boldsymbol{\Lambda}_{\mathrm{s}}\boldsymbol{J}_{\mathrm{s}} \tag{5.8}$$

下面给出矩阵 $\boldsymbol{N}_{\mathrm{s}}$ 的几个常用性质，并给出简要的证明过程。

性质 5.1　$\boldsymbol{N}_{\mathrm{s}}\boldsymbol{N}_{\mathrm{s}}=\boldsymbol{N}_{\mathrm{s}}$。

证明　由 $\boldsymbol{N}_{\mathrm{s}}$ 的定义式(5.8)可得

$$\boldsymbol{N}_{\mathrm{s}}\boldsymbol{N}_{\mathrm{s}}=(\boldsymbol{I}-\overline{\boldsymbol{J}}_{\mathrm{s}}\boldsymbol{J}_{\mathrm{s}})(\boldsymbol{I}-\overline{\boldsymbol{J}}_{\mathrm{s}}\boldsymbol{J}_{\mathrm{s}})=\boldsymbol{I}-\overline{\boldsymbol{J}}_{\mathrm{s}}\boldsymbol{J}_{\mathrm{s}}-\overline{\boldsymbol{J}}_{\mathrm{s}}\boldsymbol{J}_{\mathrm{s}}+\overline{\boldsymbol{J}}_{\mathrm{s}}\boldsymbol{J}_{\mathrm{s}}\overline{\boldsymbol{J}}_{\mathrm{s}}\boldsymbol{J}_{\mathrm{s}} \tag{5.9}$$

根据广义逆的性质可得 $\boldsymbol{J}_{\mathrm{s}}\overline{\boldsymbol{J}}_{\mathrm{s}}\boldsymbol{J}_{\mathrm{s}}=\boldsymbol{J}_{\mathrm{s}}$，代入式(5.9)立即推出 $\boldsymbol{N}_{\mathrm{s}}\boldsymbol{N}_{\mathrm{s}}=\boldsymbol{N}_{\mathrm{s}}$。

性质 5.2　$\boldsymbol{N}_{\mathrm{s}}\boldsymbol{M}^{-1}(\boldsymbol{q})=\boldsymbol{M}^{-1}(\boldsymbol{q})\boldsymbol{N}_{\mathrm{s}}^{\mathrm{T}}$。

证明　将式(5.8)、式(5.5)直接代入可得

$$\begin{aligned}\boldsymbol{N}_{\mathrm{s}}\boldsymbol{M}(\boldsymbol{q})^{-1}&=(\boldsymbol{I}-\boldsymbol{M}(\boldsymbol{q})^{-1}\boldsymbol{J}_{\mathrm{s}}^{\mathrm{T}}\boldsymbol{\Lambda}_{\mathrm{s}}\boldsymbol{J}_{\mathrm{s}})\boldsymbol{M}(\boldsymbol{q})^{-1}\\&=\boldsymbol{M}(\boldsymbol{q})^{-1}(\boldsymbol{I}-\boldsymbol{J}_{\mathrm{s}}^{\mathrm{T}}\boldsymbol{\Lambda}_{\mathrm{s}}\boldsymbol{J}_{\mathrm{s}}\boldsymbol{M}(\boldsymbol{q})^{-1})\\&=\boldsymbol{M}(\boldsymbol{q})^{-1}(\boldsymbol{I}-(\boldsymbol{M}(\boldsymbol{q})^{-1}\boldsymbol{J}_{\mathrm{s}}^{\mathrm{T}}\boldsymbol{\Lambda}_{\mathrm{s}}\boldsymbol{J}_{\mathrm{s}})^{\mathrm{T}})\\&=\boldsymbol{M}(\boldsymbol{q})^{-1}\boldsymbol{N}_{\mathrm{s}}^{\mathrm{T}}\end{aligned} \tag{5.10}$$

在定义 $\boldsymbol{N}_{\mathrm{s}}$ 的基础上可进一步分析系统由腾空相到支撑相的状态切换，区别于 2.2.1 节的假设 2－Ⅱ，在机器人刚体动力学中，足与地面的接触不再遵循完全弹性碰撞过程，而是被处理为一个伴随着系统机械能耗散的瞬时非弹性碰撞。根据冲量矩定理可推出，触地前后关节角速度变化与地面反作用力满足

$$\begin{cases}\boldsymbol{M}(\boldsymbol{q})(\dot{\boldsymbol{q}}^{+}-\dot{\boldsymbol{q}}^{-})=\boldsymbol{J}_{\mathrm{s}}^{\mathrm{T}}\boldsymbol{\lambda}\\\boldsymbol{J}_{\mathrm{s}}\dot{\boldsymbol{q}}^{+}=\boldsymbol{0}\end{cases} \tag{5.11}$$

式中　$\dot{\boldsymbol{q}}^{-}$、$\dot{\boldsymbol{q}}^{+}$——触地前、后关节角速度的瞬时向量。

解方程式(5.11)可求取 $\dot{\boldsymbol{q}}^{+}$ 的表达式为

$$\dot{\boldsymbol{q}}^{+}=\boldsymbol{N}_{\mathrm{s}}\dot{\boldsymbol{q}}^{-} \tag{5.12}$$

由此可见，机器人由腾空相进入支撑相的瞬时，足端与地面接触的落足冲击将造成 $\dot{\boldsymbol{q}}^{-}$ 在数值上的跳变，而对 $\boldsymbol{q}$ 本身并无实质性的影响。

3. 封闭运动链下的 Jacobian 矩阵

机器人处于支撑相阶段时，足在接触地面处的运动受限，同时足所在的支撑腿将与地面、机体共同形成封闭运动链。记在惯性坐标系下任务空间的目标位置为 $\boldsymbol{x}$，机体位置为 $\boldsymbol{x}_{\mathrm{b}}$，定义由机器人关节空间到任务空间的正运动学函数 $\boldsymbol{f}:\mathbf{R}^{n}\rightarrow\mathbf{R}^{m}:\boldsymbol{q}\mapsto\boldsymbol{x}$ 且 $m<n$，则由 $\dot{\boldsymbol{q}}$ 到 $\dot{\boldsymbol{x}}$ 的 Jacobian 矩阵 $\boldsymbol{J}$ 可随之表示为

$$\boldsymbol{J}(\boldsymbol{q})=\frac{\partial\boldsymbol{f}(\boldsymbol{q})}{\partial\boldsymbol{q}}\in\mathbf{R}^{m\times n} \tag{5.13}$$

另记机身相对于惯性坐标系原点的 Jacobian 矩阵为 $\boldsymbol{J}_{\mathrm{bo}}$，则 $\boldsymbol{J}_{\mathrm{bo}}$、$\boldsymbol{J}$ 和 $\boldsymbol{J}_{\mathrm{s}}$ 在机器人运动链中的传递关系如图 5.2 所示。$\boldsymbol{J}_{\mathrm{s}}(i)$、$\boldsymbol{J}_{\mathrm{s}}(j)$ 分别表示 $\boldsymbol{J}_{\mathrm{s}}$ 在该运动链上的约束分量，且 $\boldsymbol{J}_{\mathrm{bo}}=\boldsymbol{I}$。在 $\boldsymbol{J}_{\mathrm{s}}(i)$ 和 $\boldsymbol{J}_{\mathrm{s}}(j)$ 构成的封闭运动链内，机身位置 $\boldsymbol{x}_{\mathrm{b}}$ 及相关的关节角度在机器人几何尺度下相互耦合，进而对任务空间下的 $\boldsymbol{J}$ 产生重要影响。

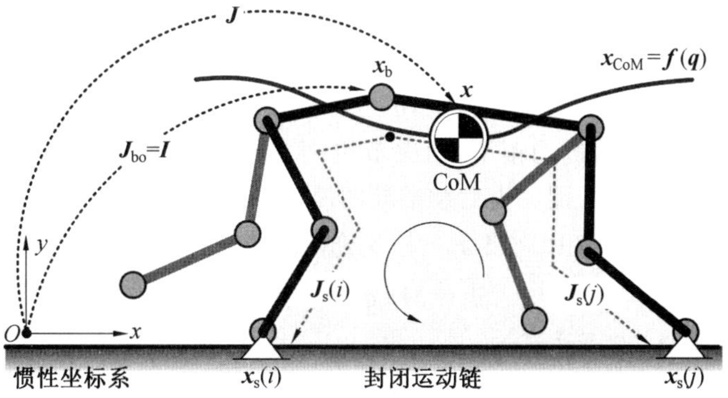

图 5.2　足式仿生机器人系统关节空间与任务空间的 Jacobian 矩阵示意图

为更深入地探讨在封闭运动链下任务空间的目标速度 $\dot{\boldsymbol{x}}$ 与关节角速度 $\dot{\boldsymbol{q}}$ 的内在联系，将关节角度速度向量 $\dot{\boldsymbol{q}}$ 做如下形式的拆分，即

$$\dot{\boldsymbol{q}}=\begin{bmatrix}\dot{\boldsymbol{q}}_b\\ \dot{\boldsymbol{q}}_a\end{bmatrix} \tag{5.14}$$

式中　$\dot{\boldsymbol{q}}_a$——具有驱动力/力矩的关节角速度向量；

$\dot{\boldsymbol{q}}_b$——机体基点 $\boldsymbol{x}_b$ 的速度向量。

对于运动受限的足－地接触点，满足 $\dot{\boldsymbol{x}}_s=\boldsymbol{J}_s\dot{\boldsymbol{q}}=\boldsymbol{0}$。将式(5.14)代入可推出

$$\boldsymbol{J}_s\begin{bmatrix}\dot{\boldsymbol{q}}_b\\ \dot{\boldsymbol{q}}_a\end{bmatrix}=\boldsymbol{0} \tag{5.15}$$

由此可见，$\dot{\boldsymbol{q}}_a$ 与 $\dot{\boldsymbol{q}}_b$ 是关于 $\boldsymbol{\xi}$ 的线性方程 $\boldsymbol{J}_s\boldsymbol{\xi}=\boldsymbol{0}$ 的解，则满足速度约束条件 $\boldsymbol{J}_s\dot{\boldsymbol{q}}=\boldsymbol{0}$ 的 $\dot{\boldsymbol{q}}$ 可表示为

$$\dot{\boldsymbol{q}}^*=(\boldsymbol{I}-\overline{\boldsymbol{J}}_s\boldsymbol{J}_s)\dot{\boldsymbol{q}}=\boldsymbol{N}_s\dot{\boldsymbol{q}} \tag{5.16}$$

式中　$\dot{\boldsymbol{q}}^*$——支撑相封闭运动链的关节角速度向量。

结合驱动自由度关联矩阵 $\boldsymbol{S}_a$ 可将式(5.16)中驱动关节的角速度分量 $\dot{\boldsymbol{q}}_a$ 分离，即

$$\dot{\boldsymbol{q}}_a^*=\boldsymbol{S}_a\boldsymbol{N}_s\dot{\boldsymbol{q}} \tag{5.17}$$

式中　$\dot{\boldsymbol{q}}_a^*$——支撑相封闭运动链的驱动关节角速度向量。

满足方程式(5.17)的 $\dot{\boldsymbol{q}}$ 具有如下形式的通用表达式，即

$$\dot{\boldsymbol{q}}=\overline{\boldsymbol{S}_a\boldsymbol{N}_s}\dot{\boldsymbol{q}}_a^*+\overline{\boldsymbol{S}_a\boldsymbol{N}_s}(\boldsymbol{I}-\overline{\boldsymbol{S}_a\boldsymbol{N}_s}\boldsymbol{S}_a\boldsymbol{N}_s)\dot{\boldsymbol{q}}_0 \tag{5.18}$$

式中　$\dot{\boldsymbol{q}}_0$——满足 $(\boldsymbol{S}_a\boldsymbol{N}_s)\boldsymbol{\xi}=\boldsymbol{0}$ 的任意关节角向量；

$\overline{\boldsymbol{S}_a\boldsymbol{N}_s}$——$\boldsymbol{S}_a\boldsymbol{N}_s$ 的 Moore-Penrose 广义逆，具体表达式为

$$\overline{\boldsymbol{S}_a\boldsymbol{N}_s}=\boldsymbol{M}(\boldsymbol{q})^{-1}(\boldsymbol{S}_a\boldsymbol{N}_s)^{\mathrm{T}}(\boldsymbol{S}_a\boldsymbol{N}_s\boldsymbol{M}(\boldsymbol{q})^{-1}(\boldsymbol{S}_a\boldsymbol{N}_s)^{\mathrm{T}})^{-1} \tag{5.19}$$

将式(5.17)代入式(5.18)推出

$$\dot{\boldsymbol{q}}^*=\overline{\boldsymbol{S}_a\boldsymbol{N}_s}\dot{\boldsymbol{q}}_a^* \tag{5.20}$$

式(5.20)建立了封闭运动链关节空间的一般关节角速度 $\dot{\boldsymbol{q}}^*$ 与驱动关节角速度 $\dot{\boldsymbol{q}}_a^*$ 的映

射关系，于是在给定封闭运动链条件下，任务空间内的任意目标速度 $\dot{\boldsymbol{x}}$ 与一般关节角速度 $\dot{\boldsymbol{q}}^*$ 的映射关系为

$$\dot{\boldsymbol{x}}=\boldsymbol{J}\dot{\boldsymbol{q}}^*=\boldsymbol{J}\boldsymbol{N}_{\mathrm{s}}\dot{\boldsymbol{q}} \tag{5.21}$$

式(5.21)表明：多封闭运动链约束下，由关节空间到任务空间的 Jacobain 矩阵与常规机器人的 Jacobain 矩阵有所区别。为后续推导的简洁，统一将 $\dot{\boldsymbol{q}}$ 到 $\dot{\boldsymbol{x}}$ 的 Jacobain 矩阵记为 $\boldsymbol{J}_r$，即 $\boldsymbol{J}_r=\boldsymbol{J}\boldsymbol{N}_{\mathrm{s}}$，则参考文献[162]将 $\boldsymbol{J}_r$ 的广义逆取 $\overline{\boldsymbol{J}_r}$ 为

$$\overline{\boldsymbol{J}_r}=\boldsymbol{M}(\boldsymbol{q})^{-1}\boldsymbol{J}_r^{\mathrm{T}}\boldsymbol{\Lambda}_r \tag{5.22}$$

式(5.22)中，对称阵 $\boldsymbol{\Lambda}_r$ 的表达式为

$$\boldsymbol{\Lambda}_r=(\boldsymbol{J}_r\boldsymbol{M}(\boldsymbol{q})^{-1}\boldsymbol{J}_r^{\mathrm{T}})^{-1} \tag{5.23}$$

在继续推导控制模式映射前，给出 $\overline{\boldsymbol{S}_{\mathrm{a}}\boldsymbol{N}_{\mathrm{s}}}$ 和 $\boldsymbol{J}_r$ 的两个性质如下。

性质 5.3 $\overline{\boldsymbol{S}_{\mathrm{a}}\boldsymbol{N}_{\mathrm{s}}}\boldsymbol{S}_{\mathrm{a}}\boldsymbol{N}_{\mathrm{s}}=\boldsymbol{N}_{\mathrm{s}}$。

证明 将式(5.17)代入式(5.20)可得

$$\dot{\boldsymbol{q}}^*=\overline{\boldsymbol{S}_{\mathrm{a}}\boldsymbol{N}_{\mathrm{s}}}\boldsymbol{S}_{\mathrm{a}}\boldsymbol{N}_{\mathrm{s}}\dot{\boldsymbol{q}} \tag{5.24}$$

比较式(5.24)、式(5.16)中 $\dot{\boldsymbol{q}}$ 的左乘系数，立即推出 $\overline{\boldsymbol{S}_{\mathrm{a}}\boldsymbol{N}_{\mathrm{s}}}\boldsymbol{S}_{\mathrm{a}}\boldsymbol{N}_{\mathrm{s}}=\boldsymbol{N}_{\mathrm{s}}$，证毕。

性质 5.4 $\boldsymbol{N}_{\mathrm{s}}\overline{\boldsymbol{J}_r}=\overline{\boldsymbol{J}_r}$。

证明 将式(5.22)代入式(5.24)左端，得到

$$\boldsymbol{N}_{\mathrm{s}}\overline{\boldsymbol{J}_r}=\boldsymbol{N}_{\mathrm{s}}\boldsymbol{M}(\boldsymbol{q})^{-1}\boldsymbol{J}_r^{\mathrm{T}}\boldsymbol{\Lambda}_r=\boldsymbol{M}(\boldsymbol{q})^{-1}\boldsymbol{N}_{\mathrm{s}}^{\mathrm{T}}(\boldsymbol{J}\boldsymbol{N}_{\mathrm{s}})^{\mathrm{T}}\boldsymbol{\Lambda}_r=\boldsymbol{M}(\boldsymbol{q})^{-1}(\boldsymbol{N}_{\mathrm{s}}\boldsymbol{N}_{\mathrm{s}})^{\mathrm{T}}\boldsymbol{J}^{\mathrm{T}}\boldsymbol{\Lambda}_r \tag{5.25}$$

利用性质 5.2 可直接推出：$\boldsymbol{N}_{\mathrm{s}}\overline{\boldsymbol{J}_r}=\overline{\boldsymbol{J}_r}$，证毕。

4. 面向任务空间的控制模式映射

在前两节预备工作的基础上，本节将建立由关节空间到任务空间下的控制模式映射。将方程式(5.7)两端同时左乘 $\overline{\boldsymbol{J}}_r^{\mathrm{T}}$ 可得

$$\boldsymbol{\Lambda}_r\boldsymbol{J}_r\ddot{\boldsymbol{q}}+\overline{\boldsymbol{J}}_r^{\mathrm{T}}\boldsymbol{N}_{\mathrm{s}}^{\mathrm{T}}(\boldsymbol{C}(\boldsymbol{q},\dot{\boldsymbol{q}})\dot{\boldsymbol{q}}+\boldsymbol{G}(\boldsymbol{q}))+\overline{\boldsymbol{J}}_r^{\mathrm{T}}\boldsymbol{J}_{\mathrm{s}}^{\mathrm{T}}\boldsymbol{\Lambda}_{\mathrm{s}}\dot{\boldsymbol{J}}_{\mathrm{s}}\dot{\boldsymbol{q}}=\overline{\boldsymbol{J}}_r^{\mathrm{T}}(\boldsymbol{S}_{\mathrm{a}}\boldsymbol{N}_{\mathrm{s}})^{\mathrm{T}}\boldsymbol{\tau} \tag{5.26}$$

根据 $\boldsymbol{J}_r\ddot{\boldsymbol{q}}=\ddot{\boldsymbol{x}}-\dot{\boldsymbol{J}}_r\dot{\boldsymbol{q}}$ 并结合性质 5.4 可将式(5.15)整理为

$$\boldsymbol{\Lambda}_r\ddot{\boldsymbol{x}}+\boldsymbol{\mu}_r(\boldsymbol{q},\dot{\boldsymbol{q}})+\boldsymbol{p}_r(\boldsymbol{q})=\boldsymbol{F} \tag{5.27}$$

式中，$\boldsymbol{\mu}_r(\boldsymbol{q},\dot{\boldsymbol{q}})$、$\boldsymbol{p}_r(\boldsymbol{q})$、$\boldsymbol{F}$ 的表达式分别为

$$\boldsymbol{\mu}_r(\boldsymbol{q},\dot{\boldsymbol{q}})=\overline{\boldsymbol{J}}_r^{\mathrm{T}}\boldsymbol{C}(\boldsymbol{q},\dot{\boldsymbol{q}})\dot{\boldsymbol{q}}+\overline{\boldsymbol{J}}_r^{\mathrm{T}}\boldsymbol{J}_{\mathrm{s}}^{\mathrm{T}}\boldsymbol{\Lambda}_{\mathrm{s}}\dot{\boldsymbol{J}}_{\mathrm{s}}\dot{\boldsymbol{q}}-\boldsymbol{\Lambda}_r\dot{\boldsymbol{J}}_r\dot{\boldsymbol{q}} \tag{5.28}$$

$$\boldsymbol{p}_r(\boldsymbol{q})=\overline{\boldsymbol{J}}_r^{\mathrm{T}}\boldsymbol{G}(\boldsymbol{q}) \tag{5.29}$$

$$\boldsymbol{F}=\overline{\boldsymbol{J}}_r^{\mathrm{T}}(\boldsymbol{S}_{\mathrm{a}}\boldsymbol{N}_{\mathrm{s}})^{\mathrm{T}}\boldsymbol{\tau} \tag{5.30}$$

式(5.30)给出了由关节空间广义力 $\boldsymbol{\tau}$ 到任务空间广义力 $\boldsymbol{F}$ 的计算公式，若利用 $\boldsymbol{F}$ 反向计算 $\boldsymbol{\tau}$，则需借助下面的定理。

定理 5.1**(任务空间的广义力映射定理)** 对关节空间的机器人系统(式(5.7))，若其任务空间的动力学具有式(5.27)的数学形式，则由任务空间到关节空间的力/力矩映射为

$$\boldsymbol{\tau}=\boldsymbol{J}_{\mathrm{F}}^{\mathrm{T}}\boldsymbol{F} \tag{5.31}$$

式中，$\boldsymbol{J}_{\mathrm{F}}$ 的表达式为

$$\boldsymbol{J}_{\mathrm{F}}=\boldsymbol{J}_{r}\overline{\boldsymbol{S}_{\mathrm{a}}\boldsymbol{N}_{\mathrm{s}}} \tag{5.32}$$

证明　对式(5.31)两端同时左乘$(\boldsymbol{S}_{\mathrm{a}}\boldsymbol{N}_{\mathrm{s}})^{\mathrm{T}}$并利用性质 5.3 得到

$$(\boldsymbol{S}_{\mathrm{a}}\boldsymbol{N}_{\mathrm{s}})^{\mathrm{T}}\boldsymbol{\tau}=(\boldsymbol{S}_{\mathrm{a}}\boldsymbol{N}_{\mathrm{s}})^{\mathrm{T}}\overline{\boldsymbol{S}_{\mathrm{a}}\boldsymbol{N}_{\mathrm{s}}}^{\mathrm{T}}\boldsymbol{J}_{r}^{\mathrm{T}}\boldsymbol{F}=\boldsymbol{N}_{\mathrm{s}}^{\mathrm{T}}\boldsymbol{J}_{r}^{\mathrm{T}}\boldsymbol{F} \tag{5.33}$$

对式(5.33)两端同时左乘 $\bar{\boldsymbol{J}}_{r}^{\mathrm{T}}$ 并利用性质 5.4 将推出

$$\bar{\boldsymbol{J}}_{r}^{\mathrm{T}}(\boldsymbol{S}_{\mathrm{a}}\boldsymbol{N}_{\mathrm{s}})^{\mathrm{T}}\boldsymbol{\tau}=\bar{\boldsymbol{J}}_{r}^{\mathrm{T}}\boldsymbol{J}_{r}^{\mathrm{T}}\boldsymbol{F}=\boldsymbol{F} \tag{5.34}$$

式(5.34)即为式(5.30)，证毕。

至此，任务空间下的机器人动力学方程已推导完毕。广义力在两空间内的传递示意图如图 5.3 所示。式(5.31)清晰地描述了由任务空间广义力 $\boldsymbol{F}$ 到关节空间广义力 $\boldsymbol{\tau}$ 的映射关系，对于面向任务空间的足式仿生机器人系统而言，给出机器人系统的期望运动规律 $\boldsymbol{x}_{\mathrm{d}}(t)$，作用于任务空间的动力学方程式(5.27)产生期望力/力矩 $\boldsymbol{F}$，直接通过转换关系(式(5.31))计算出机器人关节的驱动力/力矩，进而实现其运动控制。

式(5.27)相当于式(5.7)在任务空间的重构方程，映射(式(5.31))的重要意义在于：结合足式仿生机器人系统的实际应用场合，通常情况下，其任务空间的维数明显低于关节空间，故复杂、高维关节空间的运动控制可等效地在形式更简洁、维数更低的任务空间进行。上述方法的实现实际上得益于足式仿生机器人在运动学上的冗余性。由图 5.3 可见，操作者仅需在任务空间下规划 $\boldsymbol{x}_{\mathrm{d}}(t)$，而实际机器人各关节的力/力矩分配由映射(式(5.31))自行完成。机器人最终的运动形式仅由 $\boldsymbol{x}_{\mathrm{d}}(t)$决定，从而大大简化了多关节型冗余运动系统的控制过程。

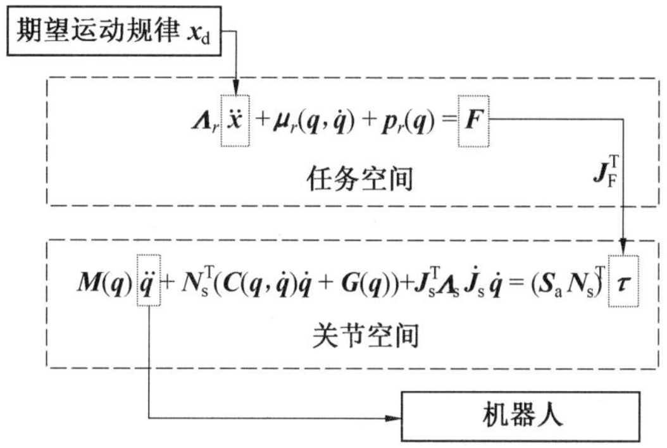

图 5.3　任务空间与关节空间的广义力传递示意图

5.2.2　层次化控制系统架构

5.2.1 节的理论工作实现了由任务空间到关节空间的控制模式映射，此时机器人系统相当于在任务层产生运动指令，在关节层实现运动控制，因此如何制定任务空间下的期望运动形式成了影响足式仿生机器人动步态运动效果的关键因素。本节在上一节的基础上将 SLIP 模型引入足式仿生机器人任务空间用于生成期望的运动轨迹，同时在关节和任务空间之间实现状态反馈以更新 SLIP 模型的运动参数，进而建立具有图 5.1 所示的双通道层次化控制系统。

首先从支撑相入手，将第 2～4 章所研究的 SLIP 模型进行统一化描述。在不区分模

型本身是否具有驱动力的前提下，全被动、欠驱动的 SLIP 模型在支撑相阶段的动力学方程可统一表述为

$$m_s\ddot{\boldsymbol{q}}_{CoM}=\boldsymbol{F}_{spr}+m_s\boldsymbol{g}_s \tag{5.35}$$

式中 m_s——SLIP 模型的质量(kg)；

$\boldsymbol{F}_{spr}$——SLIP 模型的腿部支撑力矢量，且 $\boldsymbol{F}_{spr}\in\mathbf{R}^2$；

$\boldsymbol{g}_s$——重力加速度矢量，且 $\boldsymbol{g}_s=(0,-g)^T$。

关于 $\boldsymbol{F}_{spr}$ 的表达式，对于全被动 SLIP 模型，结合式(2.6)有

$$\boldsymbol{F}_{spr}=k_s(\boldsymbol{q}_0-\boldsymbol{q}_{CoM}) \tag{5.36}$$

式中 k_s——腿部等效刚度(N/m)；

$\boldsymbol{q}_0$——腿部弹簧的静息长度矢量，且 $\boldsymbol{q}_{CoM}=(-\boldsymbol{q}_{r0}\cos\alpha_{TD},\boldsymbol{q}_{r0}\sin\alpha_{TD})^T$。

对于欠驱动 SLIP 模型，结合式(4.2)有

$$\boldsymbol{F}_{spr}=k_s(\boldsymbol{q}_{r0}-\boldsymbol{q}_{CoM})+\boldsymbol{u}_s \tag{5.37}$$

式中 $\boldsymbol{u}_s$——腿部驱动力向量，且 $\boldsymbol{u}_s\in\mathbf{R}^2$。

为实现对机器人在动步态条件下的运动控制，套用 5.2.1 节对任务空间和关节空间的理论格式可给出下列关于空间和控制目标的描述。

(1)足式仿生机器人的任务空间 Σ^T。

机器人质心(CoM)坐标 x_{CoM} 构成的矢状面运动空间满足

$$\Sigma^T=\{(\boldsymbol{q}_{xCoM},\boldsymbol{q}_{yCoM})\mid\boldsymbol{q}_{xCoM},\boldsymbol{q}_{yCoM}\in\mathbf{R}\}\subset\mathbf{R}^2 \tag{5.38}$$

式中 $\boldsymbol{q}_{xCoM}$、$\boldsymbol{q}_{yCoM}$——笛卡儿空间下机器人质心沿 x、y 方向坐标。

(2)足式仿生机器人的关节空间 Σ^J。

以机器人机体基点及所有运动关节定义的角度向量 $\boldsymbol{q}$ 构成的运动空间满足

$$\Sigma^J=\{(\boldsymbol{q}_1,\boldsymbol{q}_2,\cdots,\boldsymbol{q}_n)\mid\boldsymbol{q}_i\in\mathbf{R},\ 1\leqslant i\leqslant n\}\subset\mathbf{R}^n \tag{5.39}$$

式中 $\boldsymbol{q}_i$——第 i 个关节的角度值(rad)。

同时，由 Σ^J 到 Σ^T 的速度映射可表示为

$$\dot{\boldsymbol{x}}_{CoM}=\boldsymbol{J}_{CoM}\dot{\boldsymbol{q}} \tag{5.40}$$

式中 $\boldsymbol{J}_{CoM}$——由 $\dot{\boldsymbol{q}}$ 到 $\dot{\boldsymbol{x}}_{CoM}$ 的 Jacobian 矩阵，且 $\boldsymbol{J}_{CoM}\in\mathbf{R}^{2\times n}$。

(3)动步态的控制目标。

对于足式仿生机器人系统(式(5.7))，设计 Σ^J 下的关节广义力控制律 $\boldsymbol{\tau}$，使得机器人质心 $\boldsymbol{x}_{CoM}$ 跟踪 Σ^T 下的期望运动轨迹 $\boldsymbol{x}_d$。

将 SLIP 模型式(5.35)的质心运动规律 $\boldsymbol{q}_{CoM}$ 选取为 Σ^T 下的期望运动规律，则有

$$\ddot{\boldsymbol{x}}_d=\ddot{\boldsymbol{q}}_{CoM}=\frac{\boldsymbol{F}_{spr}}{m_s}+\boldsymbol{g}_s \tag{5.41}$$

根据 $\ddot{\boldsymbol{x}}_d$ 求取 Σ^T 下的动力学方程式(5.27)的期望计算力矩为

$$\boldsymbol{F}_d=\boldsymbol{\Lambda}_r\ddot{\boldsymbol{x}}_d+\boldsymbol{\mu}_r(\boldsymbol{q},\dot{\boldsymbol{q}})+\boldsymbol{p}_r(\boldsymbol{q}) \tag{5.42}$$

考虑控制目标欲实现 $\boldsymbol{x}_{CoM}$ 对 $\boldsymbol{x}_d$ 的跟踪，可在式(5.42)的基础上设计 $\boldsymbol{F}$ 的 PD 控制律为

$$\boldsymbol{F}=\boldsymbol{\Lambda}_r(\ddot{\boldsymbol{x}}_d+\boldsymbol{K}_D(\dot{\boldsymbol{x}}_d-\dot{\boldsymbol{x}}_{CoM})+\boldsymbol{K}_P(\boldsymbol{x}_d-\boldsymbol{x}_{CoM}))+\boldsymbol{\mu}_r(\boldsymbol{q},\dot{\boldsymbol{q}})+\boldsymbol{p}_r(\boldsymbol{q}) \tag{5.43}$$

式中　$\boldsymbol{K}_{\mathrm{P}}$、$\boldsymbol{K}_{\mathrm{D}}$——PD 控制律的比例、微分增益，且满足

$$\boldsymbol{K}_{\mathrm{P}}=\begin{bmatrix} k_{\mathrm{P1}} & 0 \\ 0 & k_{\mathrm{P2}} \end{bmatrix},\quad \boldsymbol{K}_{\mathrm{D}}=\begin{bmatrix} k_{\mathrm{D1}} & 0 \\ 0 & k_{\mathrm{D2}} \end{bmatrix} \tag{5.44}$$

将 Σ^{T} 下的控制律映射到 Σ^{J}，最终得到机器人在 Σ^{J} 上的关节控制律为

$$\boldsymbol{\tau} = \boldsymbol{J}_{\mathrm{F}}^{\mathrm{T}}(\boldsymbol{\Lambda}_r(\ddot{\boldsymbol{x}}_{\mathrm{d}}+\boldsymbol{K}_{\mathrm{D}}(\dot{\boldsymbol{x}}_{\mathrm{d}}-\dot{\boldsymbol{x}}_{\mathrm{CoM}})+\boldsymbol{K}_{\mathrm{P}}(\boldsymbol{x}_{\mathrm{d}}-\boldsymbol{x}_{\mathrm{CoM}}))+\boldsymbol{\mu}_r(\boldsymbol{q},\dot{\boldsymbol{q}})+\boldsymbol{p}_r(\boldsymbol{q})) \tag{5.45}$$

式中　$\boldsymbol{J}_{\mathrm{F}}^{\mathrm{T}}$——$\boldsymbol{F}$ 到 $\boldsymbol{\tau}$ 的映射矩阵，表达式为

$$\boldsymbol{J}_{\mathrm{F}}=\boldsymbol{J}_{\mathrm{CoM}}\boldsymbol{N}_{\mathrm{s}}\overline{\boldsymbol{S}_{\mathrm{a}}\boldsymbol{N}_{\mathrm{s}}}$$

对机器人关节施加式(5.45)的力/力矩所产生的控制效果为：支撑相阶段机器人的质心 $\boldsymbol{x}_{\mathrm{CoM}}$ 在矢状面将跟踪 SLIP 模型质心 $\boldsymbol{q}_{\mathrm{CoM}}$ 的运动轨迹。

对于腾空相阶段的 SLIP 模型，统一动力学方程形式简洁，即 $m_{\mathrm{s}}\ddot{\boldsymbol{q}}_{\mathrm{CoM}}=m_{\mathrm{s}}\boldsymbol{g}_{\mathrm{s}}$。考虑在腾空过程中，SLIP 模型采用的是基于触地角配置的运动控制策略(3.5.2 节的 dead-beat 控制器为可调触地角控制策略，4.5.1 节的欠驱动 SLIP 模型则为固定触地角控制策略)。当系统处于腾空相阶段，触地角 α_{TD} 成为 SLIP 模型唯一的控制量。在机器人系统的具体实现过程中，首先通过逆运动学解算可获得满足触地角 α_{TD} 和触地等效腿长 $\boldsymbol{q}_{r0}$(由 CoM 到摆动腿足端的长度)约束下的各关节期望位置 $\boldsymbol{q}_{i\mathrm{d}}$；然后通过在腾空相期间对各关节的位置伺服控制实现对 $\boldsymbol{q}_{i\mathrm{d}}$ 的跟踪。基于此，机器人在 Σ^{J} 下的控制方式可采用基于位置伺服误差的 PD 控制律，即

$$\boldsymbol{\tau}_i=k_{\mathrm{P}}^{\mathrm{q}}(\boldsymbol{q}_{i\mathrm{d}}-\boldsymbol{q}_i)+k_{\mathrm{D}}^{\mathrm{q}}(\dot{\boldsymbol{q}}_{i\mathrm{d}}-\dot{\boldsymbol{q}}_i) \tag{5.46}$$

式中　$\boldsymbol{\tau}_i$——第 i 个关节的输入力矩(N)；

$\boldsymbol{q}_{i\mathrm{d}}$、$\boldsymbol{q}_i$——第 i 个关节的期望、实际角度(rad)；

$k_{\mathrm{P}}^{\mathrm{q}}$、$k_{\mathrm{D}}^{\mathrm{q}}$——PD 控制律的比例、微分增益。

在分别建立支撑相、腾空相运动控制律的基础上，可构建如图 5.4 所示的足式仿生机器人层次化控制系统架构。整体的控制系统架构根据功能的差异可分为两个层次：由 SLIP 模型及其运动控制器组成的运动规划层和由有限状态机(finite state machine, FSM)、任务空间控制器及关节空间控制器组成的执行层。该控制架构以足式仿生机器人动步态的期望运动为输入，机器人的期望运动形式并不拘泥于单一的运动指标，可以为目标速度、腾空高度、矢状面运动轨迹等；该目标经过 SLIP 模型生成任务空间的质心运动轨迹 $\boldsymbol{x}_{\mathrm{d}}$ 后，经过 FSM 分配支撑相、腾空相的运动指令；执行层将 $\boldsymbol{x}_{\mathrm{d}}$ 转化为任务空间的广义力 $\boldsymbol{F}$，再经过控制模式映射到关节空间生成驱动力矩 $\boldsymbol{\tau}$ 来控制机器人运动。在整个系统结构中存在两条检测机器人足端与地面接触状态的反馈回路(图 5.4 中虚线箭头标记处)：其一是将机器人单腿的触地、离地状态反馈至 FSM，促使其对步态周期中不同阶段的运动指令进行在线分配；其二是将状态检测信息反馈至 SLIP 模型的运动控制器，根据上述信息 dead-beat 顶点控制器(式(3.23))调整模型运动参数 α_{TD} 和 r_0，欠驱动模型的支撑相控制器(式(4.106))调节支撑相运动轨迹，进而作用于 SLIP 模型产生在线更新的任务空间期望轨迹 $\boldsymbol{x}_{\mathrm{d}}$。

采用基于 SLIP 模型的层次化控制系统架构的优点可归纳如下。

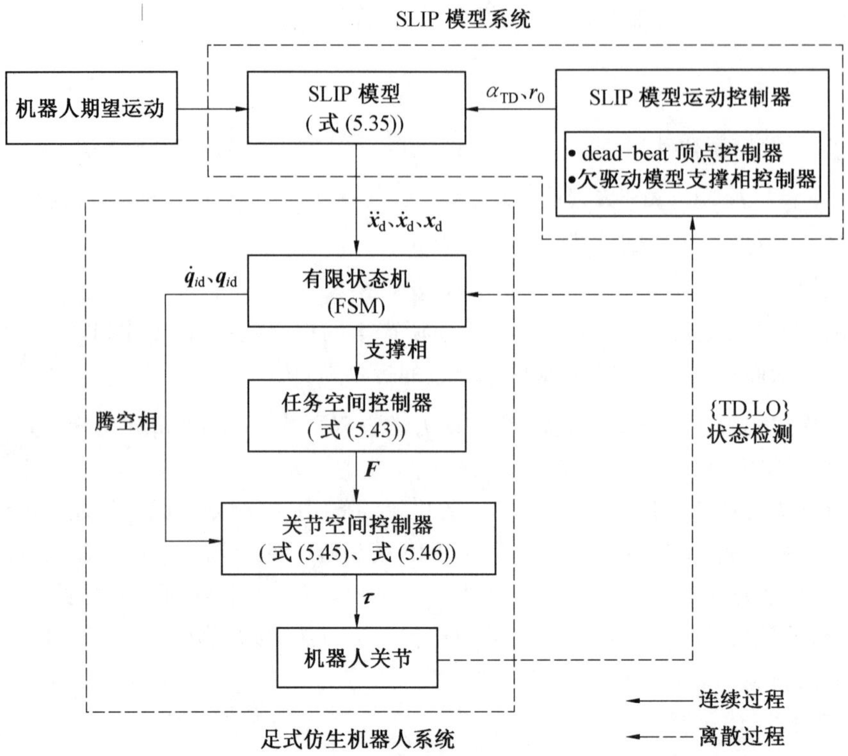

图 5.4 基于 SLIP 模型的层次化运动控制架构示意图

(1)低维度的 SLIP 模型可操控性强。

由于 SLIP 模型在矢状面运动仅有两个自由度，因此相比于高维度的机器人刚体系统而言，低维度 SLIP 模型更容易进行运动分析和控制，对支撑相与腾空相进行的运动控制可操控性较强。

(2)质心轨迹具有在线调节能力。

任务空间的质心轨迹由 SLIP 模型所在的动力学方程式(5.35)所产生，故 $\boldsymbol{x}_{CoM}$ 的产生不再单一地依赖于时间变量 t，而是由微分方程式(5.35)及其附属的运动控制器共同组成的一个动态系统所产生，其产生过程融合了实际机器人系统的足一地接触状态信息，通过 α_{TD} 和 r_0 的更新在线对 $\boldsymbol{x}_d$ 进行调节。

(3)运动稳定性容易保证。

由式(5.35)可见，机器人系统质心的运动稳定性完全取决于 SLIP 模型的质心运动情况，而后者的运动稳定性判据依赖于不动点理论，已在前文 2.5.2 节得到解决。至此，一个高维机器人系统的运动稳定性问题将完全归约到与之相匹配的低维 SLIP 模型运动空间中加以解决。

5.2.3 算法流程与可扩展性

层次化的系统架构对控制任务有明确的区分：规划层仅负责根据当前机器人运动状态生成质心的期望轨迹；执行层将该轨迹产生的驱动力矩由任务空间映射到机器人的关

节空间，从而产生实际的控制效果。就规划层的 SLIP 模型运动控制器而言，其对运动轨迹的调控功能根据待调节量的离散化程度又可细分为两个层次：①腾空相点到点的顶点控制由 3.5.2 节所设计的 dead-beat 控制器实现；②支撑相的轨迹控制则由 4.5.1 节的欠驱动支撑相控制器实现。对于一个实际的足式仿生机器人系统，在图 5.4 所示的层次化控制系统架构下算法流程如图 5.5 所示。

输入：

机器人期望运动轨迹/速度/高度 $\boldsymbol{x}_{\mathrm{CoM}}/\dot{\boldsymbol{x}}_{\mathrm{CoM}}/\boldsymbol{y}_{\mathrm{CoM}}$

流程：

$\boldsymbol{S}_{\mathrm{d}} \leftarrow (\boldsymbol{y}_{\mathrm{CoM}}, \dot{\boldsymbol{x}}_{\mathrm{CoM}})^{\mathrm{T}}$

for $\alpha_{\mathrm{TD}} = 0$ to $\pi/2$ do

$\alpha_{\mathrm{TD}} \leftarrow \underset{\alpha_{\mathrm{TD}} \in (0, \pi/2)}{\operatorname{argmin}} |\boldsymbol{S}_{\mathrm{d}} - P(\boldsymbol{S}_i, \alpha_{\mathrm{TD}})|$

end for α_{TD}

$\ddot{\boldsymbol{x}}_{\mathrm{d}} \leftarrow \dfrac{\boldsymbol{F}_{\mathrm{spr}}}{m_{\mathrm{s}}} + \boldsymbol{g}_{\mathrm{s}}$

$\boldsymbol{F} \leftarrow \boldsymbol{\Lambda}_r(\ddot{\boldsymbol{x}}_{\mathrm{d}} + \boldsymbol{K}_{\mathrm{D}}(\dot{\boldsymbol{x}}_{\mathrm{d}} - \dot{\boldsymbol{x}}_{\mathrm{CoM}}) + \boldsymbol{K}_{\mathrm{P}}(\boldsymbol{x}_{\mathrm{d}} - \boldsymbol{x}_{\mathrm{CoM}})) + \boldsymbol{\mu}_r(\boldsymbol{q}, \dot{\boldsymbol{q}}) + \boldsymbol{p}_r(\boldsymbol{q})$

$\boldsymbol{\tau} \leftarrow \boldsymbol{J}_{\mathrm{F}}^{\mathrm{T}} \boldsymbol{F}$　　支撑相

$\boldsymbol{\tau}_i \leftarrow k_{\mathrm{P}}^{\mathrm{q}}(\boldsymbol{q}_{i\mathrm{d}} - \boldsymbol{q}_i) + k_{\mathrm{D}}^{\mathrm{q}}(\dot{\boldsymbol{q}}_{i\mathrm{d}} - \dot{\boldsymbol{q}}_i)$　　腾空相

输出：

关节驱动力矩 $\boldsymbol{\tau}$

图 5.5　基于 SLIP 模型的层次化控制结构算法流程

层次化控制算法虽然在低维的 SLIP 模型部分仅具有单一的质量单元 m_{s}，但经过适当的等效处理仍具备很强的应用扩展能力。图 5.6 展示了 SLIP 模型由单足向多足机器人的应用扩展。由图 5.6 可见，SLIP 模型所具有的直线型伸缩式腿部结构并不与实际足式仿生机器人常见的多支段构型(multi-segment shape)相矛盾；同一 SLIP 模型在不同运动区间内的配置差异可进一步扩展 SLIP 模型的等效应用范围；而多个 SLIP 组合单元可描述更为复杂的四足仿生机器人运动。关于 SLIP 模型在单足、双足及四足仿生机器人动步态中的等效原则和具体应用将在 5.3～5.5 节进行详细阐述。

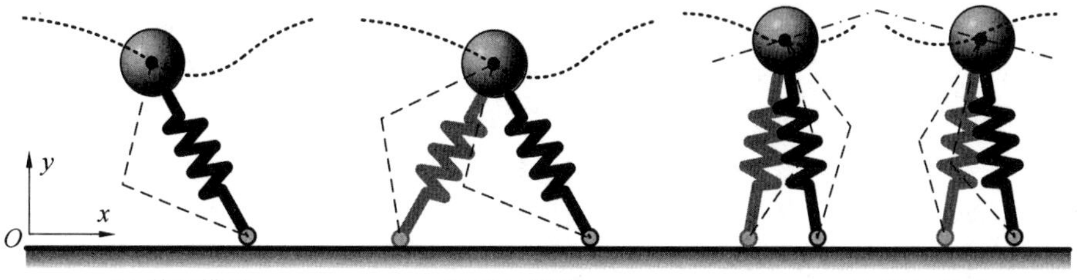

图 5.6　SLIP 模型由单足向多足机器人的应用扩展

5.3 单足仿生机器人跳跃步态的运动控制与实现

在 5.2 节的基础上，自本节开始将致力于上述控制算法在足式仿生机器人动步态控制中的具体实现。首先由简单的单足仿生机器人系统开始，本节选择单足仿生机器人唯一的动步态形式——跳跃步态(hopping gait)作为研究目标，详细阐述层次化控制算法在单足仿生机器人跳跃步态中的实现过程。

5.3.1 系统动力学方程与二元状态机

1. 单足仿生机器人动力学

本节研究的单足仿生机器人矢状面模型如图 5.7 所示。机器人本体由机体(质量 m_b)、大腿(质量 m_2、惯性 J_2)、小腿(质量 m_1、惯性 J_1)三部分组成，各支段的几何尺寸、质心分布见图中标记。在笛卡儿空间矢状面的直角坐标系下，机器人运动过程中的位姿、几何构型可由五维状态向量 $\boldsymbol{q}_M$ 描述(下标“M”代表 monopod)，即

$$\boldsymbol{q}_M=(x_b,y_b,q_1,q_2)^T\in\mathbf{R}^4 \tag{5.47}$$

式中 q_1、q_2——小腿、大腿关节角(rad)；

x_b、y_b——机体在直角坐标系下的横、纵坐标值(m)。

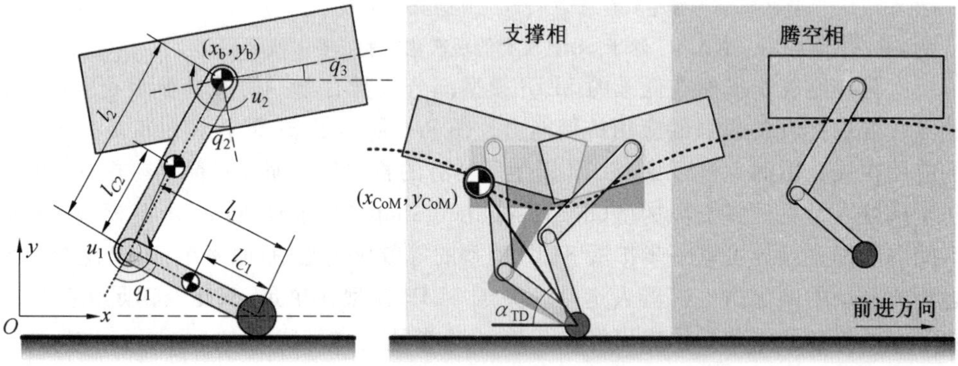

图 5.7 单足仿生机器人模型、坐标定义及步态周期的划分

机器人分别在膝关节(大、小腿连接处)、髋关节(机体、大腿连接处)配置了驱动力矩 u_1、u_2以控制小腿、大腿的前摆、回收运动。整个单足仿生机器人系统为典型的全驱动力学系统，在支撑相的运动状态由 q_1、q_2可完全描述；腾空相则需额外加入 x_{CoM}、y_{CoM}来定位机体的腾空位置。

为叙述简洁，将支撑相的动力学方程简写为

$$\boldsymbol{M}_S(\boldsymbol{q}_{MS})\ddot{\boldsymbol{q}}_{MS}+\boldsymbol{C}_S(\boldsymbol{q}_{MS},\dot{\boldsymbol{q}}_{MS})\dot{\boldsymbol{q}}_{MS}+\boldsymbol{G}_S(\boldsymbol{q}_{MS})+\boldsymbol{J}_s^T\boldsymbol{\lambda}=\boldsymbol{S}_s^T\boldsymbol{\tau}_{MS} \tag{5.48}$$

式中 $\boldsymbol{M}_S$、$\boldsymbol{C}_S$、$\boldsymbol{G}_S$、$\boldsymbol{J}_s^T$、$\boldsymbol{\lambda}$——定义同式(5.1)；

$\boldsymbol{q}_{MS}$——支撑相的状态向量，且 $\boldsymbol{q}_{MS}=(q_1,q_2)^T\in\boldsymbol{Q}_{MS}$；

$\boldsymbol{S}_s^T\boldsymbol{\tau}_{MS}$——驱动力矩向量，且 $\boldsymbol{S}_s^T\boldsymbol{\tau}_{MS}=(u_1,u_2)^T$。

同理，将腾空相的动力学方程简写为

$$\boldsymbol{M}_{\mathrm{F}}(\boldsymbol{q}_{\mathrm{MF}})\ddot{\boldsymbol{q}}_{\mathrm{MF}}+\boldsymbol{C}_{\mathrm{F}}(\boldsymbol{q}_{\mathrm{MF}},\dot{\boldsymbol{q}}_{\mathrm{MF}})\dot{\boldsymbol{q}}_{\mathrm{MF}}+\boldsymbol{G}_{\mathrm{F}}(\boldsymbol{q}_{\mathrm{MF}})=\boldsymbol{S}_{\mathrm{F}}^{\mathrm{T}}\boldsymbol{\tau}_{\mathrm{MF}} \tag{5.49}$$

式中　$\boldsymbol{M}_{\mathrm{F}}$、$\boldsymbol{C}_{\mathrm{F}}$、$\boldsymbol{G}_{\mathrm{F}}$——质量/惯性、科氏力/离心力项、重力项矩阵；

$\boldsymbol{q}_{\mathrm{MF}}$——腾空相的状态向量，且 $\boldsymbol{q}_{\mathrm{MF}}=(q_1,\ q_2,\ x_{\mathrm{CoM}},\ y_{\mathrm{CoM}})^{\mathrm{T}}\in\boldsymbol{Q}_{\mathrm{MF}}$；

$\boldsymbol{S}_{\mathrm{F}}^{\mathrm{T}}\boldsymbol{\tau}_{\mathrm{MF}}$——驱动力矩向量，且 $\boldsymbol{S}_{\mathrm{s}}^{\mathrm{T}}\boldsymbol{\tau}_{\mathrm{MF}}=(u_1,\ u_2,\ 0,\ 0)^{\mathrm{T}}$。

在式(5.48)、式(5.49)的基础上分别定义系统支撑相、腾空相的状态空间 Σ^{st}、Σ^{sw} 为

$$\begin{cases}\Sigma^{\mathrm{st}}=\{(\boldsymbol{q}_{\mathrm{MS}},\dot{\boldsymbol{q}}_{\mathrm{MS}})\mid\dot{\boldsymbol{q}}_{\mathrm{MS}}\in T\boldsymbol{Q}_{\mathrm{MS}},\quad \ddot{\boldsymbol{q}}_{\mathrm{MS}}=\boldsymbol{M}_{\mathrm{S}}^{-1}(\boldsymbol{S}_{\mathrm{s}}^{\mathrm{T}}\boldsymbol{\tau}_{\mathrm{MS}}-\boldsymbol{C}_{\mathrm{S}}\dot{\boldsymbol{q}}_{\mathrm{MS}}-\boldsymbol{G}_{\mathrm{S}}-\boldsymbol{J}_{\mathrm{s}}^{\mathrm{T}}\boldsymbol{\lambda})\}\\ \Sigma^{\mathrm{sw}}=\{(\boldsymbol{q}_{\mathrm{MF}},\dot{\boldsymbol{q}}_{\mathrm{MF}})\mid\dot{\boldsymbol{q}}_{\mathrm{MF}}\in T\boldsymbol{Q}_{\mathrm{MF}},\quad \ddot{\boldsymbol{q}}_{\mathrm{MF}}=\boldsymbol{M}_{\mathrm{F}}^{-1}(\boldsymbol{S}_{\mathrm{F}}^{\mathrm{T}}\boldsymbol{\tau}_{\mathrm{MF}}-\boldsymbol{C}_{\mathrm{F}}\dot{\boldsymbol{q}}_{\mathrm{MF}}-\boldsymbol{G}_{\mathrm{F}})\}\end{cases} \tag{5.50}$$

2. 步态周期划分与二元状态机

单足仿生机器人跳跃步态的周期划分与 SLIP 模型完全相同，如图 5.7 所示将支撑相、腾空相分别与 Σ^{st}、Σ^{sw} 相对应。在 2.2.3 节 SLIP 模型步态子状态切换条件建立的基础上，给出单足仿生机器人跳跃步态的子状态切换条件。

(1)腾空相—支撑相切换 $\Sigma^{\mathrm{sw}}\rightarrow\Sigma^{\mathrm{st}}$。

$$S_{\mathrm{sw}\rightarrow\mathrm{st}}(y_{\mathrm{CoM}},\alpha_{\mathrm{TD}},r_0)=y_{\mathrm{CoM}}-r_0\sin\alpha_{\mathrm{TD}}=0 \tag{5.51}$$

与此同时，在 $\Sigma^{\mathrm{sw}}\rightarrow\Sigma^{\mathrm{st}}$ 的瞬时速度向量 $\dot{\boldsymbol{q}}_{\mathrm{MS}}$ 满足式(5.12)切换条件，即

$$\dot{\boldsymbol{q}}_{\mathrm{MS}}^{+}=\boldsymbol{N}_{\mathrm{s}}\dot{\boldsymbol{q}}_{\mathrm{MS}}^{-} \tag{5.52}$$

式中　$\dot{\boldsymbol{q}}_{\mathrm{MS}}^{-}$、$\dot{\boldsymbol{q}}_{\mathrm{MS}}^{+}$——触地前、后关节角速度的瞬时向量。

(2)支撑相—腾空相切换 $\Sigma^{\mathrm{st}}\rightarrow\Sigma^{\mathrm{sw}}$。

$$S_{\mathrm{st}\rightarrow\mathrm{sw}}(y_{\mathrm{b}},q_1)=y_{\mathrm{b}}-\sqrt{l_1^2+l_2^2+2l_1l_2\cos q_1}\sin\alpha_{\mathrm{LO}}=0 \tag{5.53}$$

式中　α_{LO}——腾空时刻的离地角(rad)。

此处需要指出，地面反作用力 $\boldsymbol{\lambda}=\boldsymbol{0}$ 应为 $\Sigma^{\mathrm{st}}\rightarrow\Sigma^{\mathrm{sw}}$ 的原始切换条件，然而 λ 的计算式(5.6)过于复杂，不便于作为状态切换的理论判定条件。文献[99]中指出，由支撑相结束进入腾空相的时机问题可通过控制足端与机体的相对位置来实现。式(5.53)借鉴此方法，在支撑相内预设与机器人几何构型相耦合的离地角 α_{LO} 来判定支撑相的结束时刻。

在步态周期划分及切换条件确定的基础上，单足仿生机器人系统的跳跃步态可表示为图 5.8 所示的二元状态机。该状态机属于最简单的 FSM，两个子状态 Σ^{sw} 和 Σ^{st} 在不满足切换条件 $S_{\mathrm{sw}\rightarrow\mathrm{st}}$ 和 $S_{\mathrm{st}\rightarrow\mathrm{sw}}$ 的情况下，将维持原始状态直至发生状态转移。二元状态机是衔接 SLIP 模型与单足仿生机器人动力学模型的桥梁，是基于离散事件驱动(触地、腾空)的逻辑判断单元，并不承担执行层的运算任务。

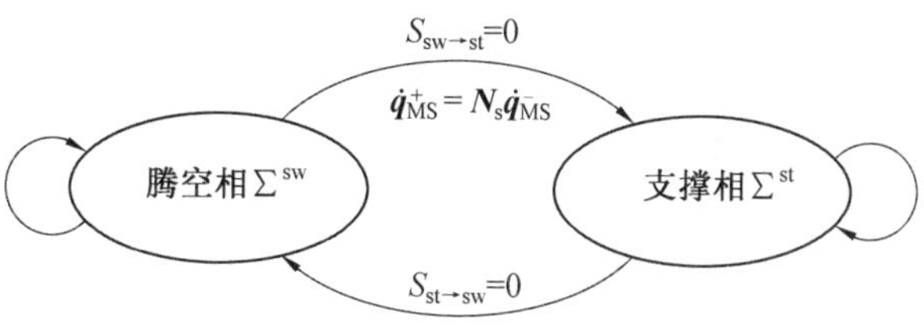

图 5.8　单足仿生机器人跳跃步态的二元状态机

5.3.2 单足仿生机器人层次化运动控制器设计

在 5.3.1 节完成单足仿生机器人动力学方程推导、FSM 建立等一系列准备工作后，可以顺理成章地遵循图 5.5 的算法流程开始单足仿生机器人运动控制器的设计。首先从处于规划层的 SLIP 模型开始，单足仿生机器人在跳跃步态的控制目标是在矢状面实现水平前进速度、竖直腾空高度可控的稳定跳跃运动。对于 SLIP 模型所在的任务空间，该目标的具体形式即要求 SLIP 模型在腾空相的顶点状态满足 $\boldsymbol{S}_{\mathrm{d}}=(\boldsymbol{y}_{\mathrm{d}},\dot{\boldsymbol{x}}_{\mathrm{d}})^{\mathrm{T}}$。在此条件下，调用 3.5.2 节的 dead-beat 顶点控制器计算触地角 α_{TD} 为

$$\alpha_{\mathrm{TD}}=\underset{\alpha_{\mathrm{TD}}\in(0,\pi/2)}{\operatorname{argmin}}\ \|\boldsymbol{S}_{\mathrm{d}}-\widetilde{\boldsymbol{S}}_{i+1}(\alpha_{\mathrm{TD}},k)\|_2 \tag{5.54}$$

式中 $\widetilde{\boldsymbol{S}}_{i+1}$——定义同式(3.41)；

k——SLIP 模型的腿部等效刚度值(N/m)，且调整规律满足

$$k=\begin{cases}k_{\mathrm{s}} & (\dot{\boldsymbol{y}}_{\mathrm{CoM}}<\boldsymbol{0})\\ k_{\mathrm{s}}+\dfrac{2}{(r_0-r_{\mathrm{B}})^2}\left(\dfrac{1}{2}m\dot{\boldsymbol{x}}_{\mathrm{d}}^2+mg\boldsymbol{y}_{\mathrm{d}}-\dfrac{1}{2}m\dot{\boldsymbol{x}}_{\mathrm{a}}^2(i)-mg\boldsymbol{y}_{\mathrm{a}}(i)\right) & (\dot{\boldsymbol{y}}_{\mathrm{CoM}}>\boldsymbol{0})\end{cases} \tag{5.55}$$

在确定 α_{TD}和 k 的控制律后，应用全被动 SLIP 模型动力学方程式(5.35)求取任务空间的目标轨迹为

$$\ddot{\boldsymbol{x}}_{\mathrm{d}}=\frac{k}{m_{\mathrm{s}}}(\boldsymbol{q}_0-\boldsymbol{x}_{\mathrm{d}})+\boldsymbol{g}_{\mathrm{s}} \tag{5.56}$$

结合式(5.43)、式(5.45)可获得单足仿生机器人支撑相关节驱动力矩的控制律为

$$\begin{pmatrix}u_1\\u_2\end{pmatrix}=\boldsymbol{J}_{\mathrm{F}}^{\mathrm{T}}(\boldsymbol{\Lambda}_r(\ddot{\boldsymbol{x}}_{\mathrm{d}}+\boldsymbol{K}_{\mathrm{D}}(\dot{\boldsymbol{x}}_{\mathrm{d}}-\dot{\boldsymbol{x}}_{\mathrm{CoM}})+\boldsymbol{K}_{\mathrm{P}}(\boldsymbol{x}_{\mathrm{d}}-\boldsymbol{x}_{\mathrm{CoM}}))+\boldsymbol{\mu}_r+\boldsymbol{p}_r) \tag{5.57}$$

其中，$\boldsymbol{\Lambda}_r$、$\boldsymbol{\mu}_r$ 和 $\boldsymbol{p}_r$ 定义同式(5.28)、式(5.29)，只需将 $\boldsymbol{M}$、$\boldsymbol{C}$、$\boldsymbol{G}$ 替换为 $\boldsymbol{M}_{\mathrm{s}}$、$\boldsymbol{C}_{\mathrm{s}}$、$\boldsymbol{G}_{\mathrm{s}}$ 即可得到其表达式。

以上为支撑相的驱动力矩推导过程，腾空相的推导较为简单，由 SLIP 模型的触地角 α_{TD}及等效腿长 $\boldsymbol{q}_{r0}$ 可确定机器人质心 CoM 相对足端的长度矢量 $\boldsymbol{q}_{\mathrm{CF}}$ 为

$$\boldsymbol{q}_{\mathrm{CF}}=\begin{bmatrix}\boldsymbol{q}_{r0}\cos\alpha_{\mathrm{TD}}\\-\boldsymbol{q}_{r0}\sin\alpha_{\mathrm{TD}}\end{bmatrix} \tag{5.58}$$

质心、足端的坐标可分别用 q_1、q_2 表示，结合式(5.58)获得取关节角的期望位置 $\boldsymbol{q}_{i\mathrm{d}}$。在腾空相阶段，机器人在空中预先摆腿至该期望位置以等待足端触地，实现上述位置控制过程的驱动力矩可表示为

$$\boldsymbol{\tau}_i=k_{\mathrm{P}}^q(\boldsymbol{q}_{i\mathrm{d}}-\boldsymbol{q}_i)-k_{\mathrm{D}}^q(\dot{\boldsymbol{q}}_{i\mathrm{d}}-\dot{\boldsymbol{q}}_i)\quad(i=1,2) \tag{5.59}$$

至此，单足仿生机器人层次化控制算法已设计完毕。任务空间下的质心轨迹由全被动 SLIP 模型结合 dead-beat 顶点控制器联合生成，将确保单足仿生机器人的质心在矢状面完成目标跳跃运动的同时，保证其步态的运动稳定性。

5.3.3 跳跃步态的仿真实验与分析

单足仿生机器人跳跃步态下的运动仿真实验系统架构如图 5.9 所示。为充分模拟机

器人在 5.3.2 节所设计的控制算法下的运动性能、评估该算法的控制效果，仿真实验环境采用了与图 5.4 类似的分层结构：在 Python 环境下建立机器人的物理模型；虚拟地面环境则在 CAD 环境下创建(其中 A 为规则路面，B 为非规则路面)；控制单元完全遵循层次化运动控制算法架构(图 5.5)，其中规划和执行层的解算任务在 Bullet 环境下进行，FSM 则在 Bullet 环境下构造二元状态机实现。为增强机器人与环境交互过程的可视化效果，采用虚拟现实技术结合 Python 的图形化功能对仿真结果进行再现。

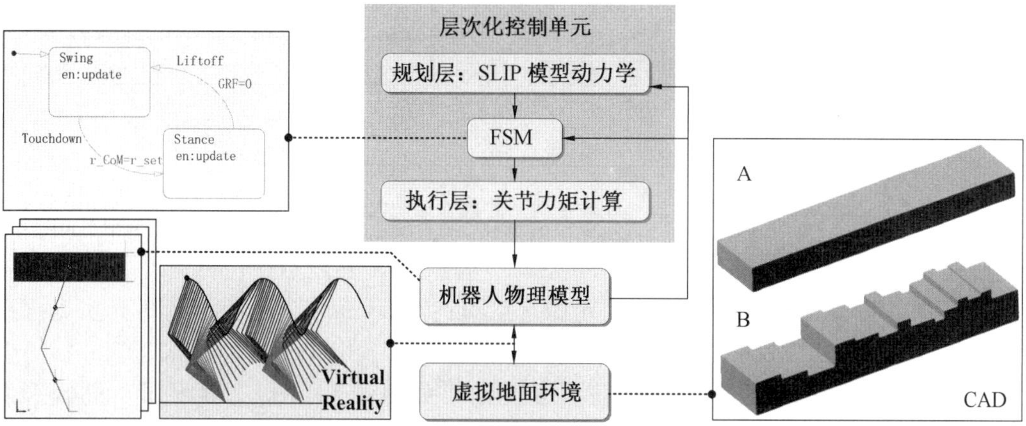

图 5.9 足式仿生机器人仿真实验系统架构

1. 开环控制的仿真实验

首先在规则路面条件下进行机器人固定触地角运动的开环实验，此处“开环”是指：在机器人初始运动时刻设定触地角 α_{TD}，不根据机器人运动状态的改变进行任何调整。这种 FTA 策略尽管在运动控制层面容易实现，但在维持机器人动步态运动稳定性方面存在明显缺陷。图 5.10 展示了开环控制下的典型运动失效实例。在初始运动状态相同的条件下(腾空高度为 1 m，初速度为 1.2 m/s)，图 5.10(a)和(b)分别为 α_{TD} 为 72°和 86.5°的机器人运动轨迹。前者发生了支撑相回弹，而后者则出现了支撑相前扑。由此可见，基于开环 SLIP 模型的单足仿生机器人运动控制主要存在以下两个问题。

(1)FTA 策略难以保证机器人系统持续的运动稳定性。

机器人质心的运动轨迹直接来源于规划层的 SLIP 模型，机器人动步态的运动稳定性取决于 SLIP 模型的自稳定性。由 3.5.1 节的分析可知，基于 FTA 策略的 SLIP 模型 BoA 区域十分狭窄，微小的 α_{TD} 匹配误差将会造成质心轨迹脱离 SLIP 模型的 BoA 区域，直接导致运动失效。

(2)FTA 策略无法实现对机器人期望运动的调节。

机器人在矢状面运动需克服足一地非弹性碰撞造成的能耗，期望腾空高度与行进速率的改变通常伴随着系统能量的迁移。而开环控制在规划层使用的是全被动 SLIP 模型，该模型属于保守系统。采用 FTA 策略无法对模型产生能量层级的跃迁，故无法对腾空高度和行进速率进行任意调节。

基于以上分析，采用固定触地角的开环运动控制方案难以满足机器人实际的运动控制需求，因此，对机器人在摆动相阶段进行触地角调节是十分必要的。

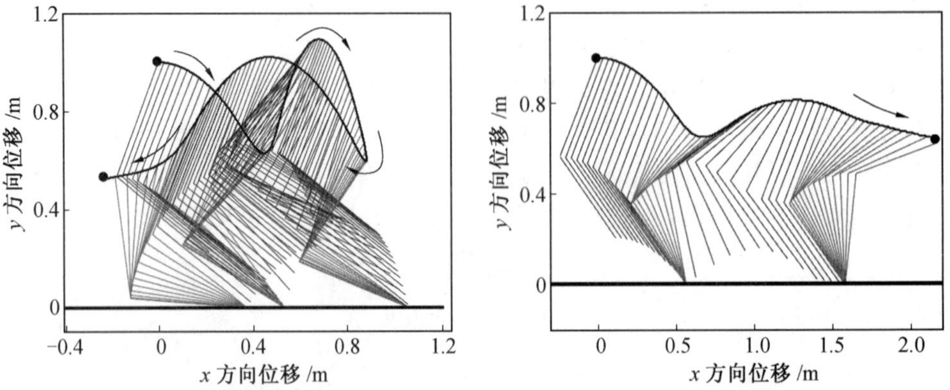

(a) 支撑相回弹　　(b) 支撑相前扑

图 5.10　开环控制下的典型运动失效实例

2. 规划层采用固定能量层级的 dead-beat 控制器的仿真实验

作为对照,第二组实验进行了固定能量层级的 dead-beat 顶点控制的仿真实验。在单足仿生机器人的规划层选用了 3.5.2 节所设计的 dead-beat 顶点控制器(式(3.29))生成任务空间质心运动的期望轨迹,仿真实验结果如图 5.11、图 5.12 所示。机器人由 1.2 m处释放,以 1.5 m/s 的水平初速度开始运动,实验设定机器人的期望腾空高度 y_d为 1 m。观察图 5.11 可见,在控制器调节下,机器人只经历一个弹跳周期就已达到期望高度值。

图 5.12(a)绘制了机器人关节角曲线,支撑相及腾空相的摆腿前置分别用阴影区域标记。腾空相控制器(式(5.59))中的 PD 增益系数分别取为 $k_P^q=100$、$k_D^q=20$,机器人开始腾空到摆动腿在控制完成位置伺服所占时间不足整个腾空相的 50%。该现象表明:摆动腿在控制器(式(5.59))作用下有充足的时间为随即到来的触地做准备。图 5.12(b)对比了机器人腾空高度 y_a、触地角 α_{TD}随弹跳周期的变化情况。由图可见,y_a 对期望值1 m 的收敛效果十分明显。在第一个运动周期结束时,y_a 已达到 0.980 m(相当于 2%的相对误差);在后续的弹跳周期,相对误差被进一步缩小。该现象验证了单足仿生机器人的层次化算法对系统腾空高度具有良好的调控能力。此外,从机器人触地角 α_{TD}随弹跳周期的变化规律可以发现:α_{TD}的变化与 y_d跟踪误差关系密切。当前腾空高度 $y_a(i)$越接近期望值 y_d,$\alpha_{TD}(i)$较上一周期的 $\alpha_{TD}(i-1)$调整量越小;反之亦然。自第二个周期开始,由于 y_d的跟踪误差已被控制在 2%以内,故 α_{TD}维持在 83.33°附近,此时机器人呈现出一种类似 SLIP 模型不动点的稳定周期运动。

尽管单足仿生机器人层次化控制算法的规划层采用固定能量层级 dead-beat 控制器在稳定性方面的控制效果有明显改善,但其局限性亦十分明显。规划层对 SLIP 模型固定能量层级的限制直接导致所生成的轨迹中腾空高度和水平速度被式(3.25)所约束,进而造成单足仿生机器人在运动过程中仅能在腾空高度、前进速度二选一作为控制量,无法对二者进行独立控制。该现象的产生是由全被动 SLIP 模型自身的固有属性决定的;欲改善该控制器的性能,则需增设关于模型结构参数的调节机制以减小规划层 SLIP 模型的运动约束对实际机器人系统运动的影响。

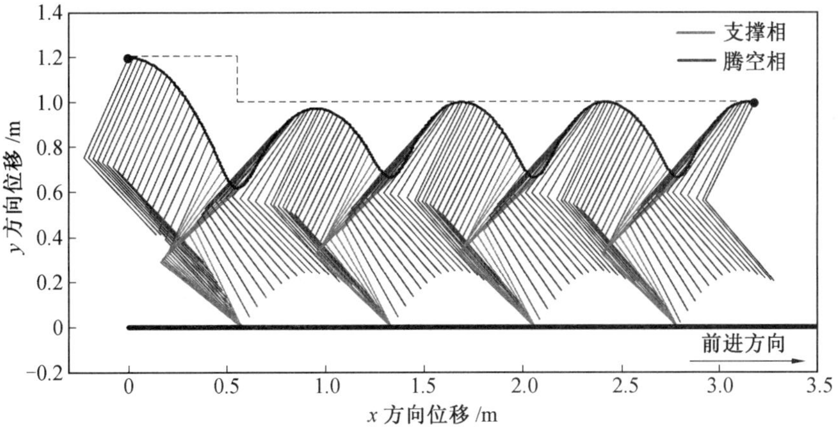

图 5.11　规则路面固定能量层级 dead-beat 控制下的机器人运动分解图

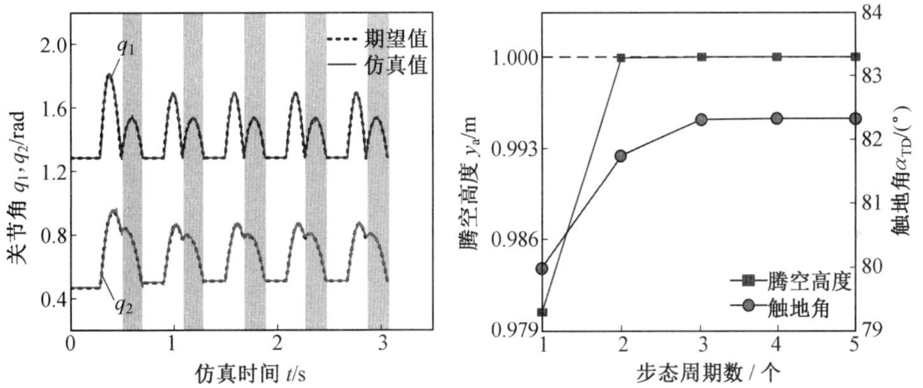

(a) 关节角随时间的变化曲线　　(b) 腾空高度、触地角随时间的变化曲线

图 5.12　单足仿生机器人仿真实验相关运动参数曲线

3. 规划层采用变能量层级的 dead-beat 控制器的仿真实验

第三组实验对规划层选取变能量层级 dead-beat 顶点控制器的层次化控制算法进行了规则路面的运动仿真。在支撑相阶段，规划层 SLIP 模型的质心运动轨迹由 dead-beat 控制器(式(5.54))产生，执行层的控制模式映射(式(5.57))将来自任务空间的驱动控制力矩分配到膝、髋关节，进而控制 q_1、q_2。在腾空相阶段，摆腿前置的算法仍然遵循控制律(式(5.59))，且 PD 增益系数与 5.3.3 节设置相同。机器人在上述控制算法调配下的运动分解图及相关运动参数曲线分别如图 5.13、图 5.14 所示。为同时检验算法对腾空高度 y_d、水平速度 $\dot{x}_d$ 的独立控制效果，仿真实验设置了机器人期望运动状态[y_d，$\dot{x}_d$]依次为[1.0 m，1.5 m/s]、[1.0 m，1.5 m/s]、[1.3 m，1.5 m/s]、[1.3 m，1.8 m/s]和[1.3 m，2.0 m/s]。图 5.13 中虚线标注了机器人前进方向的期望腾空高度，而机器人的前进速度可间接通过比较相邻两个落足点的水平距离近似观察。机器人由 1.1 m 处释放，以 1.5 m/s 的水平初速度开始运动，由图可见机器人运动平稳。注意到与 5.3.3 节类似的是：系统只需经历一个周期的调整便可迅速接近期望运动轨迹，原因是两类控制器在规划层均是基于相同的 dead-beat 控制模式，故二者在调整时间上完全一致，即所谓误差

“一拍”衰减的效果。

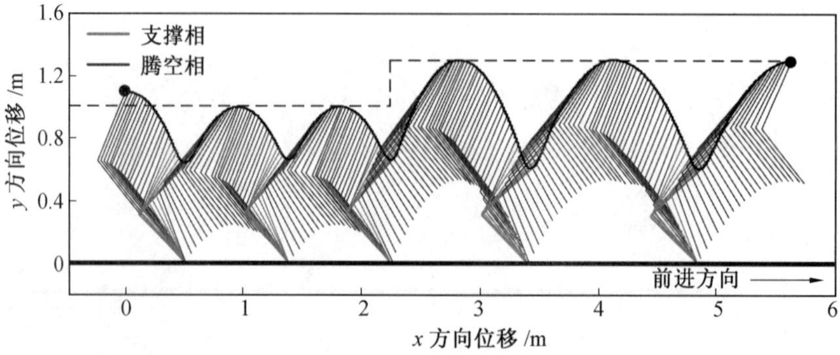

图 5.13　规则路面变能量层级 dead-beat 控制下的机器人运动分解图

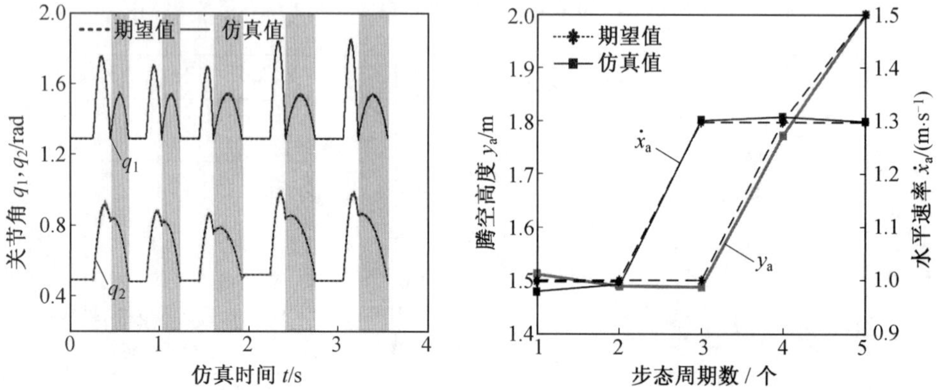

(a) 关节角随时间的变化曲线　　(b) 顶点状态跟踪效果对比

图 5.14　单足仿生机器人仿真实验相关运动参数曲线

为进一步分析层次化控制算法的实际控制效果，绘制机器人相关的运动参数曲线如图 5.14(a)、(b)所示。观察机器人关节角随时间的变化曲线可见，尽管任务空间的期望腾空高度 y_d 和水平速度 $\dot{x}_d$ 随步态周期数的增长而不断变化，但对比 q_1、q_2 的期望值与仿真值可见，在控制模式映射下的执行层关节的轨迹跟踪效果良好，并不受规划层任务空间 dead-beat 控制参数调整的影响。该现象从一个层面表明：在层次化运动控制架构下，将 SLIP 模型所在的规划层与关节空间力矩控制分离可以充分发挥二者各自的优势，即 SLIP 模型在任务空间下生成运动轨迹的适应性、关节空间对期望运动跟踪的稳定性。图 5.14(b)绘制了机器人的顶点状态(此处沿用了 2.2.1 节 SLIP 模型的定义，顶点相当于单足仿生机器人腾空相的最高点)随步态周期数的变化关系，通过期望值和仿真值可见：在规则路面下层次化控制算法展现了与 3.5.2 节变能量层级 dead-beat 控制器相同的控制效果，即实现对机器人的腾空高度 y_d 和水平速度 $\dot{x}_d$ 独立控制，扩展了 5.3.3 节 dead-beat 控制器的运动调节范围。

与此同时，需要着重指出的是：规划层所采用的固定或变能量层级的 dead-beat 顶点控制器，“固定”和“变”仅针对 SLIP 模型本身，并不与实际的单足仿生机器人系统相绑定。实际上，规划层所建立 SLIP 模型仅结合机器人当前状态和期望运动模式两方面因素借助于 SLIP 模型的动力学方程生成任务空间的期望轨迹。从这个意义上讲，SLIP 模型所具有的机械能本质上是沿着期望轨迹运动的等效质量－弹簧模型的虚拟能量，故“固定”与“变”能量层级是为了增强 SLIP 模型轨迹的适应性，并不意味着机器人系统的能量守恒或瞬时跃迁。实际机器人的能量注入与耗散分别在关节驱动力矩做功和足－地接触的非弹性碰撞中体现。

4. 非规则路面的运动仿真实验

第四组实验为单足仿生机器人在非规则路面下的运动测试。单足仿生机器人在规划层采用 4.5.1 节的 LA-SLIP 模型生成任务空间的期望运动轨迹。同时，为充分评估层次化算法在非规则路面下的控制性能，以水平地面为基线，分别在前进和腾空方向随机产生长短、高低不一的崎岖路面(由于算法未涉及机器人在腾空相发生磕绊后的反射行为，故上凸台阶障碍不会在机器人摆腿前置过程中造成磕绊)。如图 5.15 所示为单足仿生机器人在此路面下连续弹跳的运动分解图。机器人对地面情况未知，并由 1 m 处释放，经历的最大上凸与下凹地面分别为 0.15 m 和 0.2 m。由图 5.15 可见，无论地面形貌如何变化，机器人机体总保持一致的腾空高度，该现象与 4.5.2 节 LA-SLIP 模型质心所展现的运动效果相吻合，可见当规划层的欠驱动 SLIP 模型与任务空间/关节空间力矩映射算法相融合后，单足仿生机器人保留了欠驱动 SLIP 模型支撑相对称轨迹运动的特性，同时亦在运动过程中展现出抵抗地面形貌扰动的能力。

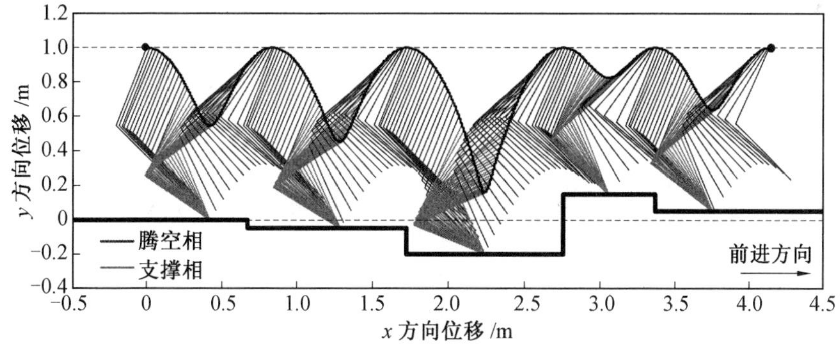

图 5.15　非规则路面单足仿生机器人连续弹跳的运动分解图

图 5.16 为单足仿生机器人在连续弹跳运动中的关节角、关节角速度随时间的变化曲线。观察图 5.16(a)中关节角的跟踪效果可见，路面形貌的起伏并不对机器人关节层的伺服性能产生影响。LA-SLIP 模型在支撑相采用的对称轨迹运动方式有助于单足仿生机器人克服来自地面高度对触地状态的影响。同时，观察图 5.16(b)中关节角速度曲线可以明显发现，在腾空相与支撑相的切换瞬间，$\dot{q}_i$ 存在跳变，即足－地接触的冲击将造成系统的机械能损失。然而，在规划层无须对 $\dot{q}_i$ 的瞬时跳变在线调整 SLIP 模型的输入状态，因为机器人关节空间的驱动力矩中不仅包含针对任务空间期望轨迹的前馈控制项，同时含有基于 PD 轨迹跟踪控制的反馈项。碰撞瞬时造成的状态跳变通过反馈项在支撑相阶段逐渐补偿，而依靠 q_i 及 LA-SLIP 模型质心轨迹的连续性，单足仿生机器人系统的运动稳定性在非规则路面下得以延续。

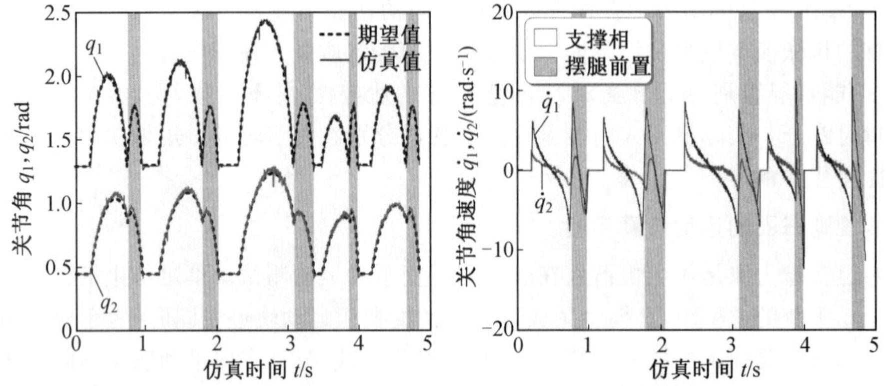

(a) 关节角随时间的变化曲线　　(b) 关节角速度随时间的变化曲线

图 5.16　单足仿生机器人仿真实验相关运动参数曲线

以上分别对机器人动步态层次化算法中的规划层 SLIP 模型选取了三种控制策略，并结合任务空间/关节空间的驱动力矩映射实现了对单足仿生机器人跳跃步态的运动控制。与开环的 FTA 控制策略相比，规划层采用固定能量层级的 dead-beat 控制器有助于延长系统的运动连续性，但其调节范围有限；变能量层级的 dead-beat 控制器拓展了前者的调节能力，实现了对腾空高度、水平前进速度的独立控制；LA-SLIP 模型的支撑相控制器则增强了机器人在“盲走”条件下对接触地面形貌扰动的抵抗能力。纵观上述仿真实验的结果，其 SLIP 模型的运动性能在层次化控制架构下得到了继承。作为最简单的足式仿生机器人，单足仿生机器人在上述仿真实验中所展现出的运动特性将为后续多足机器人复杂动步态的控制研究奠定基础。

5.4　双足仿生机器人奔跑步态的运动控制与实现

作为足式系统复杂运动的基础，单足弹跳可衍生出一系列多样化的运动模式。本节将 5.3 节单足仿生机器人的控制算法扩展到双足系统，以双足仿生机器人的奔跑步态(running gait)为研究目标，设计层次化控制算法实现其稳定的运动效果。

5.4.1　双足仿生机器人奔跑步态与系统动力学

1. 双足仿生机器人模型及其奔跑步态

本节研究的双足仿生机器人矢状面模型如图 5.17 所示，机器人由机身(base)、左腿(L)、右腿(R)三个主要组件构成，其中每条腿包含髋(机身与大腿的连接处，hip)、膝(大腿与小腿的连接处，knee)两个旋转关节。为方便后续公式推导，用下标 L、R、b、h 和 k 依次表示机器人的左腿、右腿、机身、髋关节和膝关节。图 5.17 左图标记了机器人所具有的四个驱动自由度，分别布置于左、右腿的髋关节和膝关节处，分别记为 u_{Lh}、u_{Lk}、u_{Rh} 和 u_{Rk}。由于没有额外控制躯干姿态的驱动力矩，故此类双足仿生机器人属于典型的欠驱动力学系统。

在给出双足仿生机器人的模型及相关几何参数定义的基础上，机器人的动步态可形

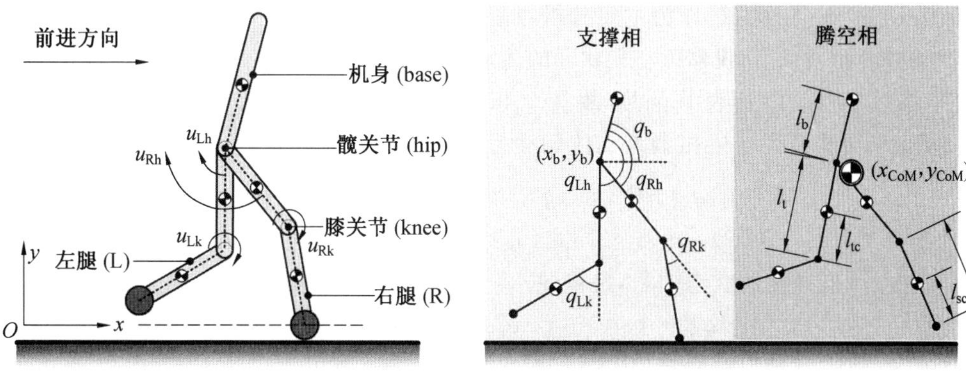

图 5.17　双足仿生机器人模型、坐标定义及步态周期的划分

象地通过单腿的运动状态来描述。如图 5.17 所示，双足仿生机器人也存在唯一的动步态类型——奔跑步态(running gait)。该步态的划分与单足仿生机器人完全相同，即按照触地腿的数目 N_g 可分为支撑相($N_g=1$)和腾空相($N_g=0$)两个子状态。然而与单足仿生机器人有所区别之处在于：双足仿生机器人具有两条完全相同的单腿，故不失一般性地假定右腿为领先运动腿(leader)，则一个完整的奔跑步态可表示为如图 5.18 所示的动作序列(TD、LO 分别表示触地和腾空事件)。

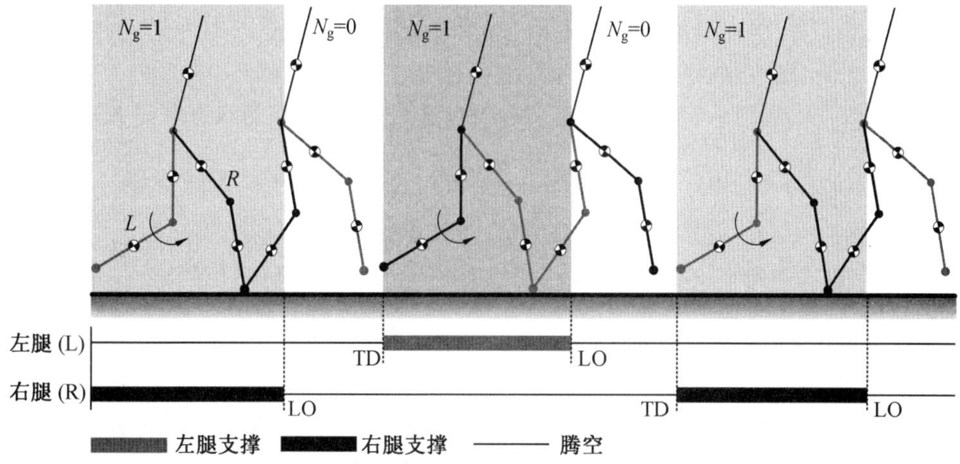

图 5.18　双足仿生机器人一个完整奔跑步态的运动示意图

观察图 5.18 中关于步态子状态部分的条状图(stick diagram)可见，双足仿生机器人奔跑步态的一个典型特征，即为存在 $N_g=0$ 的双足腾空相，此时机器人系统不再受地面约束力，重力成为主导机器人整体运动的唯一外界因素。在此过程中，机器人的质心将呈斜抛运动轨迹，这一点与 SLIP 模型的腾空相极为类似。

2. 系统动力学方程

与单足仿生机器人类似，由于在奔跑步态下任一时刻机器人至多有一条腿着地(这也是区分双足行走和奔跑的唯一标准)，因此双足仿生机器人的系统动力学方程也自然地被分解为支撑相、腾空相两部分。考虑到机器人的左、右两条腿的几何及质量属性完全相同，不失一般性地选择右腿作为主要分析对象。

对支撑相阶段而言，机器人在矢状面的运动状态可由 $\boldsymbol{q}_{BS}=(q_{Lh}, q_{Lk}, q_{Rh}, q_{Rk}, q_b)^T\in\boldsymbol{Q}_{BS}$完全描述（下标"B"代表 Biped），故在 5.3.1 节单足仿生机器人支撑相动力学方程推导的基础上，可将双足仿生机器人支撑相动力学方程表示为

$$\boldsymbol{M}_S(\boldsymbol{q}_{BS})\ddot{\boldsymbol{q}}_{BS}+\boldsymbol{C}_S(\boldsymbol{q}_{BS},\dot{\boldsymbol{q}}_{BS})\dot{\boldsymbol{q}}_{BS}+\boldsymbol{G}_S(\boldsymbol{q}_{BS})+\boldsymbol{J}_s^T\lambda=\boldsymbol{S}_S^T\boldsymbol{\tau}_{BS} \tag{5.60}$$

式中　$\boldsymbol{M}_S$、$\boldsymbol{C}_S$、$\boldsymbol{G}_S$、$\boldsymbol{J}_s^T$、$\boldsymbol{\lambda}$——定义同式(5.1)；

$\boldsymbol{q}_{BS}$——支撑相的状态向量，且满足

$$\boldsymbol{q}_{BS}=(q_{Lh}, q_{Lk}, q_{Rh}, q_{Rk}, q_b)^T\in\boldsymbol{Q}_{BS}$$

$\boldsymbol{S}_S^T\boldsymbol{\tau}_{BS}$——驱动力矩向量，且 $\boldsymbol{S}_S^T\boldsymbol{\tau}_{BS}=(u_{Lh}, u_{Lk}, u_{Rh}, u_{Rk}, 0)^T$。

在腾空相阶段，机器人机身处于非完整约束的浮动状态。在支撑相状态变量(q_b, q_{Lh}, q_{Lk}, q_{Rh}, q_{Rk})的基础上，添加机器人质心坐标(x_{CoM}, y_{CoM})和姿态角 q_b 方可对双足仿生机器人的腾空相运动进行完整描述，故取 $\boldsymbol{q}_{BF}=(q_{Lh}, q_{Lk}, q_{Rh}, q_{Rk}, q_b, x_{CoM}, y_{CoM})^T\in\boldsymbol{Q}_{BF}$，则腾空相系统动力学方程可表示为

$$\boldsymbol{M}_F(\boldsymbol{q}_{BF})\ddot{\boldsymbol{q}}_{BF}+\boldsymbol{C}_F(\boldsymbol{q}_{BF},\dot{\boldsymbol{q}}_{BF})\dot{\boldsymbol{q}}_{BF}+\boldsymbol{G}_F(\boldsymbol{q}_{BF})=\boldsymbol{S}_F^T\boldsymbol{\tau}_{BF} \tag{5.61}$$

式中　$\boldsymbol{M}_F$、$\boldsymbol{C}_F$、$\boldsymbol{G}_F$——质量/惯性、科氏力/离心力项、重力项矩阵；

$\boldsymbol{q}_{BF}$——腾空相的状态向量，且满足

$$\boldsymbol{q}_{BF}=(q_{Lh}, q_{Lk}, q_{Rh}, q_{Rk}, q_b, x_{CoM}, y_{CoM})^T\in\boldsymbol{Q}_{BF}$$

$\boldsymbol{S}_F^T\boldsymbol{\tau}_{BF}$——驱动力矩向量，且 $\boldsymbol{S}_F^T\boldsymbol{\tau}_{BF}=(u_{Lh}, u_{Lk}, u_{Rh}, u_{Rk}, 0, 0, 0)^T$。

利用式(5.60)、式(5.61)可方便定义右腿在支撑相、腾空相的状态空间 Σ_R^{st}、Σ_R^{sw} 为

$$\begin{cases}\Sigma_R^{st}=\{(\boldsymbol{q}_{BS},\dot{\boldsymbol{q}}_{BS})\mid\dot{\boldsymbol{q}}_{BS}\in TQ_{BS},\ddot{\boldsymbol{q}}_{BS}=\boldsymbol{M}_S^{-1}(\boldsymbol{S}_S^T\boldsymbol{\tau}_{BS}-\boldsymbol{C}_S\dot{\boldsymbol{q}}_{BS}-\boldsymbol{G}_S-\boldsymbol{J}_s^T\boldsymbol{\lambda})\}\\ \Sigma_R^{sw}=\{(\boldsymbol{q}_{BF},\dot{\boldsymbol{q}}_{BF})\mid\dot{\boldsymbol{q}}_{BF}\in TQ_{BF},\ddot{\boldsymbol{q}}_{BF}=\boldsymbol{M}_F^{-1}(\boldsymbol{S}_F^T\boldsymbol{\tau}_{BF}-\boldsymbol{C}_F\dot{\boldsymbol{q}}_{BF}-\boldsymbol{G}_F)\}\end{cases} \tag{5.62}$$

同理，可建立左腿在支撑相、腾空相的状态空间 Σ_L^{st}、Σ_L^{sw}，具体过程及公式推导与右腿完全相同，本书不再详述。

3. 有限状态机

在前文对双足仿生机器人奔跑步态定义和系统动力学方程推导的基础上，参照5.3.1节的步骤以右腿为例确定奔跑步态各子状态间的切换条件如下。

(1)腾空相－支撑相切换 $\Sigma_R^{sw}\rightarrow\Sigma_R^{st}$。

$$S_{sw\rightarrow st}^R(y_{CoM},\alpha_{TD},r_0)=y_{CoM}-r_0\sin\alpha_{TD}=0 \tag{5.63}$$

类似地，在 $\Sigma_R^{sw}\rightarrow\Sigma_R^{st}$ 的瞬时速度向量 $\dot{\boldsymbol{q}}_{BS}$满足式(5.12)切换条件，即

$$\dot{\boldsymbol{q}}_{BS}^+=\boldsymbol{N}_s\dot{\boldsymbol{q}}_{BS}^- \tag{5.64}$$

式中　$\dot{\boldsymbol{q}}_{BS}^-$、$\dot{\boldsymbol{q}}_{BS}^+$——触地前、后关节角速度的瞬时向量。

(2)支撑相－腾空相切换 $\Sigma_R^{st}\rightarrow\Sigma_R^{sw}$。

$$S_{st\rightarrow sw}^R(y_b,q_{Rk})=y_b-\sqrt{l_t^2+l_s^2+2l_tl_s\cos q_{Rk}}\sin\alpha_{LO}=0 \tag{5.65}$$

鉴于左、右腿的运动对称性，为表述方便，不对条件式(5.63)和式(5.65)中腿的名称加以区分，统计将 $\Sigma^{sw}\rightarrow\Sigma^{st}$的切换条件记为 $S_{sw\rightarrow st}$；将 $\Sigma^{st}\rightarrow\Sigma^{sw}$的切换条件记为 $S_{st\rightarrow sw}$。欲

获得左腿的切换表达式，只需将式(5.63)、式(5.65)中的 q_{Rk} 替换为 q_{Lk} 即可。基于此，双足仿生机器人奔跑步态的 FSM 可表示为图 5.19 所示的循环结构。比较单足仿生机器人的二元 FSM(图 5.8)与图 5.19 可见，双足仿生机器人的奔跑步态可视为单足仿生机器人跳跃步态在时间上的扩展。若仅从机器人单腿运动的角度观察(以右腿为例)，在一个稳定的双足仿生机器人奔跑过程中，右腿的动作序列为：触地(TD)→单足支撑→离地(LO)→腾空→触地(TD)这样的循环序列。双足仿生机器人这种完全对称的交替运动为后续基于 SLIP 模型的层次化运动控制器设计提供了极大的便利条件。

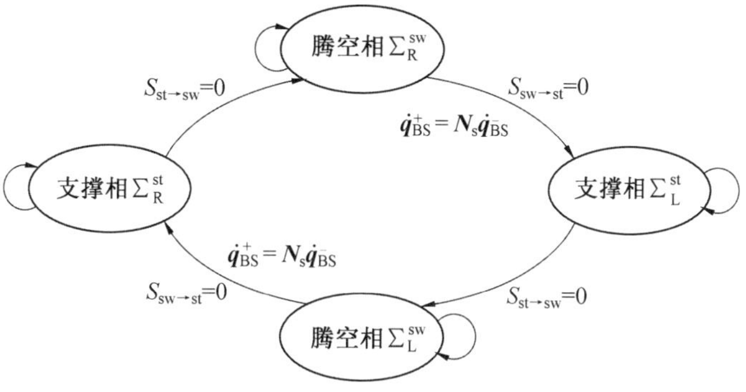

图 5.19　双足仿生机器人奔跑步态的有限状态机

5.4.2　双足仿生机器人层次化运动控制器设计

与 5.3 节的单足仿生机器人模型不同，双足仿生机器人具有欠驱动形式的躯干单元。因此在机器人奔跑过程中，对系统质心的轨迹进行调控的同时，对机器人的姿态进行同步控制是十分必要的。本节针对双足仿生机器人结构上的特殊性，将基于任务空间的姿态调节算法与原始的层次化算法相融合，完成其奔跑步态下的运动控制器设计。

1. 多目标递归控制模式映射

前文 5.2.2 节所建立的基于任务空间的控制模式映射是基于单一目标(对足式仿生机器人而言，该目标即为质心轨迹)的任务空间/关节空间驱动力/力矩转换。然而双足、四足仿生机器人在动步态运行过程中，不仅需要对机器人质心在矢状面的轨迹进行调控，机器人的姿态也是其重要的控制对象，由此方可保证机器人整体的运动稳定性。从任务空间的角度分析，质心轨迹与机体姿态属于两类控制目标。机器人关节空间的冗余性为这两类目标的耦合控制提供了理论可能性。

本节将立足于 5.2.2 节任务空间单目标控制模式映射，将机器人关节空间的驱动力矩 $\boldsymbol{\tau}$ 细化为两个具有递归关系的控制量 $\boldsymbol{\tau}_{\mathrm{task}}$ 和 $\boldsymbol{\tau}_{\mathrm{posture}}$。前者用于在任务空间确保机器人的质心遵循由 SLIP 模型生成的矢状面运动轨迹；后者则利用前者关节空间形成的残留冗余度(residual redundancy)下，完成辅助的机体姿态控制。这里“递归”的含义为：SLIP 模型生成的质心轨迹在 $\boldsymbol{\tau}_{\mathrm{task}}$ 的作用下首先映射到关节空间；而 $\boldsymbol{\tau}_{\mathrm{posture}}$ 则是在前者关节空间定义的零空间(null-space)下完成对机体姿态的控制，即 $\boldsymbol{\tau}_{\mathrm{posture}}$ 的引入不会对原始 $\boldsymbol{\tau}_{\mathrm{task}}$ 的控制效果产生任何影响。故机器人的质心轨迹和姿态的稳定性才能在动步态运行过程中得以保证。在此意义下，机器人动力学方程式(5.7)可扩展为

$$M\ddot{q}+N_s^T(C+G)+J_s^T\Lambda_s\dot{J}_s\dot{q}=(S_aN_s)^T(\tau_{task}+\tau_{posture}) \tag{5.66}$$

式中 τ_{task}——任务空间质心轨迹的控制力矩，与式(5.7)中 τ 的物理意义相同；

$\tau_{posture}$——任务空间机体姿态的控制力矩。

式(5.66)中为表达简洁，统一将 $M(q)$、$C(q,\dot{q})\dot{q}$、$G(q)$ 简记为 M、C 和 G。鉴于 τ_{task} 已在 5.2.1 节的定理 5.1 基础上解决了计算问题，接下来只需确定 $\tau_{posture}$ 的具体表达式。由定理 5.1 可知，$\tau=J_F^TF$ 为方程式(5.30)的特解，其一般解可表示为

$$\tau=J_F^TF+(I-\overline{J}_FJ_F)^T\tau_0 \tag{5.67}$$

式中 τ_0——与 J_F^TF 维数相同的任意广义力向量。

实际上，τ_0 的存在恰好为递归形式的多目标控制提供了理论可能性。记 $N_p=I-\overline{J}_FJ_F$，则式(5.67)可改写为

$$\tau=\tau_{task}+N_p^T\tau_{posture}^d \tag{5.68}$$

式中 $\tau_{posture}^d$——映射到 J_F 零空间的 $\tau_{posture}$ 值。

令 x_p 为惯性坐标系下机体的姿态向量，则存在由关节速度 $\dot{q}$ 到姿态位置变化率 $\dot{x}_p$ 间的 Jacobian 矩阵 $J_p(q)$ 满足

$$\dot{x}_p=J_p(q)\dot{q}$$

在此基础上，套用式(5.21)的格式，将 $\dot{x}_p$ 表示为驱动自由度 q_a 的函数为

$$\dot{x}_p=J_p\overline{S_aN_s}\dot{q}_a=J_p^*\dot{q}_a \tag{5.69}$$

结合式(5.31)的结构，$\tau_{posture}^d$ 可进一步分解为

$$\tau_{posture}^d=J_p^{*T}F_{posture} \tag{5.70}$$

式中 $F_{posture}$——任务空间下机体姿态的广义驱动力。

比较式(5.70)与式(5.68)可见，此时的姿态控制力矩 $\tau_{posture}$ 为

$$\tau_{posture}=(J_p^*N_p)^TF_{posture} \tag{5.71}$$

故 $\tau_{posture}$ 已映射到 J_F 的零空间，不会对 τ_{task} 的控制效果产生影响。下面设计 $\tau_{posture}$ 的反馈控制律。对方程式(5.66)两端同时左乘 $J_pM(q)^{-1}$ 并将 $J_p\ddot{q}=\ddot{x}_p-\dot{J}_p\dot{q}$ 代入可获得

$$\Lambda_p\ddot{x}_p+\mu_p(q,\dot{q})+p_p(q)=F_{posture}+\Lambda_pJ_pM^{-1}(S_aN_s)^T\tau_{task} \tag{5.72}$$

式中，Λ_p、$\mu_p(q,\dot{q})$、$p_p(q)$ 的表达式分别为

$$\begin{aligned}\Lambda_p&=(J_p^*S_aN_sM^{-1}(S_aN_s)^TJ_p^{*T})^{-1}\\ \mu_p(q,\dot{q})&=\Lambda_p(J_pM^{-1}N_s^TC+J_pM^{-1}J_s^T\Lambda_s\dot{J}_s\dot{q}-\dot{J}_p\dot{q})\\ p_p(q)&=\Lambda_pJ_pM^{-1}N_s^TG\end{aligned} \tag{5.73}$$

在式(5.72)的基础上，很容易设计跟踪机体期望姿态 x_p^d 的 PD 控制律为

$$\begin{aligned}F_{posture}=&\Lambda_p(\ddot{x}_p^d+K_D(\dot{x}_p^d-\dot{x}_p)+K_P(x_p^d-x_p))+\\ &\mu_p(q,\dot{q})+p_p(q)-\Lambda_pJ_pM^{-1}(S_aN_s)^T\tau_{task}\end{aligned} \tag{5.74}$$

最后，将式(5.74)回代入(5.71)可获得关节空间控制机体姿态的驱动力矩 $\tau_{posture}$。在 τ_{task} 和 $\tau_{posture}$ 的共同作用下，机器人对任务空间的质心轨迹、机体期望姿态双目标进行动态

调节。

2. 规划层控制器设计

对比单足仿生机器人的跳跃步态与双足仿生机器人的奔跑步态的 FSM 可见，后者明显存在以单足运动为基本动作单元的“倍周期”现象。将图 5.18 中的步态划分关系进一步细化可得到如图 5.20 所示的机器人左、右腿的动作时序关系，ST 和 SW 分别表示支撑相和腾空相，其他标识意义同前。由图 5.20 可见，由于双支撑相的存在(对应图中 STR、STL)，因此 SLIP 模型的运动周期较之前的单足仿生机器人有所缩短。观察 STR、STL 与 SLIP 模型动作序列的对应关系不难发现：任意一条腿的支撑相均与 SLIP 模型的支撑相运动相对应；只有双足腾空阶段的机器人运动与 SLIP 模型的腾空相运动相对应。由于左、右腿运动的无差别性，因此在机器人的规划层只需一个 SLIP 模型便可描述整个双足仿生机器人的奔跑步态。

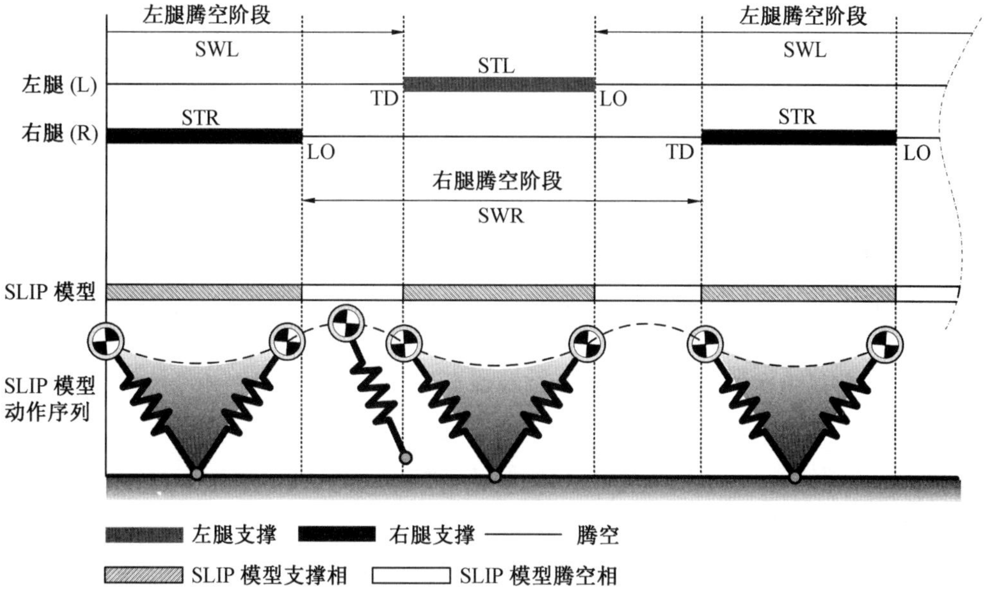

图 5.20　双足仿生机器人奔跑步态的动作时序关系

考虑到双足仿生机器人奔跑步态在矢状面的控制目标为机器人质心的水平速率，通常意义下，该目标采用计算系统质心在腾空相最高点的水平速率为衡量标准(该数值被定义为机器人的奔跑速度)，该指标在数值上恰好对应于任务空间下 SLIP 模型腾空相顶点处的水平速率，由此可在机器人的动步态控制目标与规划层的 SLIP 模型间建立联系。基于上述事实，将规划层的 SLIP 模型运动控制器设计为

$$\alpha_{\mathrm{TD}}=\underset{\alpha_{\mathrm{TD}}\in(0,\pi/2)}{\operatorname{argmin}}\left\|\dot{x}_{\mathrm{d}}-\dot{\tilde{x}}_{i+1}(\alpha_{\mathrm{TD}},k)\right\|_2 \tag{5.75}$$

式中　$\dot{x}_{\mathrm{d}}$——任务空间的 SLIP 模型顶点水平速率的期望值(m/s)；

$\dot{\tilde{x}}_{i+1}$——基于支撑相近似解析解的顶点水平速率的估计值(m/s)；

k——SLIP 模型的腿部等效刚度(N/m)，调整规律同式(5.55)。

类似于单足仿生机器人的规划层控制器的设计过程，在确定 α_{TD} 和 k 的控制律后，结合方程式(5.35)可求取任务空间的目标轨迹，即

$$\ddot{\boldsymbol{x}}_{d}=k(\boldsymbol{q}_{0}-\boldsymbol{x}_{d})/\boldsymbol{m}_{s}+\boldsymbol{g}_{s}$$

至此，双足仿生机器人层次化运动控制算法的规划层已设计完毕。

3. 姿态控制器设计

相比于上一节规划层的 SLIP 模型运动控制器，姿态控制器属于辅助控制环节。分析式(5.67)的结构，机器人关节空间的控制力矩 $\boldsymbol{\tau}$ 由 $\boldsymbol{\tau}_{task}$ 和 $\boldsymbol{\tau}_{posture}$ 两部分组成，$\boldsymbol{\tau}_{posture}$ 项前的系数 $\boldsymbol{N}_{p}^{T}$ 确保 $\boldsymbol{\tau}_{task}$ 对规划层产生的质心轨迹跟踪不受 $\boldsymbol{\tau}_{posture}$ 的影响。从主次关系角度分析，在矢状面控制机器人的质心运动属于"主"；而运动过程中的姿态控制属于"辅"。与此同时，对人体运动实验的生理数据分析结果显示：在双足奔跑过程中，躯干相对于髋关节的角度变化值很小；几乎维持在一个相对固定的姿态。

本节遵循以上原则，对双足仿生机器人躯干的姿态采用基于位置的控制策略，即达到在奔跑步态过程中，尽可能保证躯干的俯仰角 $\boldsymbol{q}_{b}$ 固定在 $\boldsymbol{q}_{bd}$。故 $\boldsymbol{\tau}_{posture}$ 的 PD 控制律可设计为

$$\begin{aligned}\boldsymbol{\tau}_{posture}=&(\boldsymbol{J}_{p}^{*}\boldsymbol{N}_{p})^{T}(\boldsymbol{\Lambda}_{p}(-k_{bD}\dot{\boldsymbol{q}}_{b}-k_{bP}(\boldsymbol{q}_{b}-\boldsymbol{q}_{bd}))+\\&\boldsymbol{\mu}_{p}(\boldsymbol{q},\dot{\boldsymbol{q}})+\boldsymbol{p}_{p}(\boldsymbol{q})-\boldsymbol{\Lambda}_{p}\boldsymbol{J}_{p}\boldsymbol{M}^{-1}(\boldsymbol{S}_{a}\boldsymbol{N}_{s})^{T}\boldsymbol{\tau}_{task})\end{aligned}\tag{5.76}$$

式中　k_{bD}、k_{bP}——PD 控制律的微分、比例增益系数。

注意到式(5.76)为纯位置 PD 控制律，故 $\ddot{\boldsymbol{q}}_{bd}=\dot{\boldsymbol{q}}_{bd}=\boldsymbol{0}$。高速奔跑过程中，增大躯干相对髋关节的前倾角更有利于保持运动的稳定性。基于此，在双足仿生机器人动步态控制过程中，机体期望俯仰角 $\boldsymbol{q}_{bd}$ 的设定可与质心的水平速率 $\dot{\boldsymbol{x}}_{CoM}$ 满足

$$\pi/2-\boldsymbol{q}_{bd}\propto\dot{\boldsymbol{x}}_{CoM}$$

即机器人奔跑速度越高，躯干前倾越明显，反之亦然。

4. 执行层控制器设计

在相继完成层次化动步态控制算法的规划层与机体姿态控制器设计后，对双足仿生机器人的执行层而言，已具有了质心在矢状面的运动轨迹；同时，躯干的俯仰运动已得到了控制。尽管利用从任务空间到关节空间的驱动力矩映射解决了上述控制律在各关节的闭环控制问题，然而双足仿生机器人的摆动腿运动仍涉及 SLIP 模型腾空相的摆腿前置问题，需要结合 SLIP 模型的 TD、LO 状态进行相应调整。

如图 5.21 所示为机器人右腿在腾空相的足端轨迹示意图。以双足仿生机器人所在的惯性坐标系作为参考系，足端在腾空相的运动，即是由右腿的前一个落足位置运动到下一个落足位置。若以质心 CoM 为参考系，足端在腾空相的运动则可以清晰地描述为图 5.21 中的局部视图。AEP(anterior extreme position)和 PEP(posterior exterme position)分别用来标记足端相对于 CoM 的前、后极限位置。由于触地、离地时刻 SLIP 模型的等效腿长为原长 r_0，故腿部构型实际只取决于 α_{TD} 和 α_{LO}。前者由式(5.75)确定，后者则取决于 SLIP 模型的支撑相动力学方程。故与单足仿生机器人类似，为实现摆腿前置功能对机器人在腾空相的单腿关节实施基于位置伺服误差的 PD 控制律为

$$\boldsymbol{\tau}_{SR}=\begin{bmatrix}u_{Rh}\\u_{Rk}\end{bmatrix}=\begin{bmatrix}k_P^{Rh} & 0\\0 & k_P^{Rk}\end{bmatrix}\begin{bmatrix}q_{Rhd}-q_{Rh}\\q_{Rkd}-q_{Rk}\end{bmatrix}+\begin{bmatrix}k_d^{Rh} & 0\\0 & k_d^{Rk}\end{bmatrix}\begin{bmatrix}\dot{q}_{Rh}\\\dot{q}_{Rk}\end{bmatrix} \tag{5.77}$$

式中　q_{Rhd}、q_{Rkd}——摆腿前置目标位置的 q_{Rh}、q_{Rk} 期望值(rad)；

k_P^{Rh}、k_P^{Rk}——q_{Rh}、q_{Rk} 的 PD 控制器比例增益系数；

k_d^{Rh}、k_d^{Rk}——q_{Rh}、q_{Rk} 的 PD 控制器微分增益系数。

左腿 $\boldsymbol{\tau}_{SL}$ 的处理方式与右腿完全相同，只需在式(5.77)中将下标“R”替换为“L”即可，此处不再赘述。

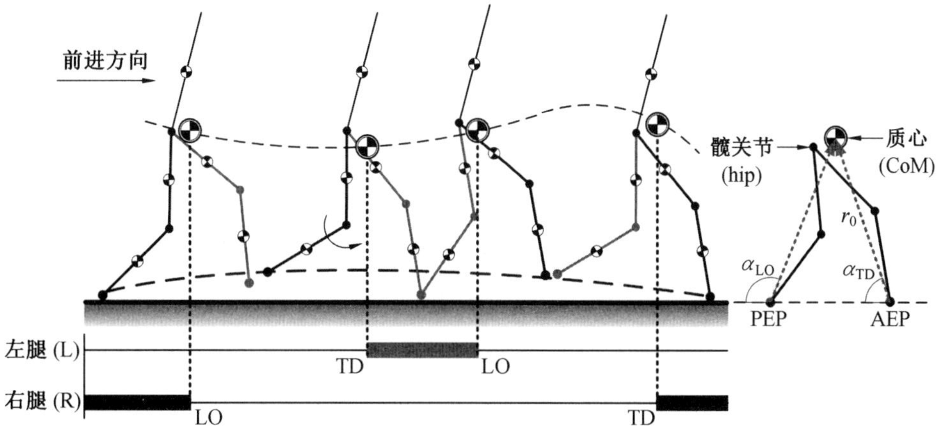

图 5.21　右腿在腾空相的足端轨迹示意图

将上述控制律进行功能整合将获得双足仿生机器人奔跑步态的执行层控制器，其中支撑相的质心轨迹跟踪控制由 $\boldsymbol{\tau}_{task}$ 提供，$\boldsymbol{\tau}_{task}$ 为

$$\boldsymbol{\tau}_{task}=\boldsymbol{J}_F^T(\boldsymbol{\Lambda}_r(\ddot{\boldsymbol{x}}_d+\boldsymbol{K}_D(\dot{\boldsymbol{x}}_d-\dot{\boldsymbol{x}}_{CoM})+\boldsymbol{K}_P(\boldsymbol{x}_d-\boldsymbol{x}_{CoM}))+\boldsymbol{\mu}_r+\boldsymbol{p}_r) \tag{5.78}$$

机体姿态的控制由 $\boldsymbol{\tau}_{posture}$ 提供：见式(5.76)；而腾空相摆腿前置控制由 $\boldsymbol{\tau}_{SR}$ 和 $\boldsymbol{\tau}_{SL}$ 实现：见式(5.77)。至此，双足仿生机器人奔跑步态的层次化控制算法已构建完毕。通过后续的运动仿真实验将对算法的性能和运动控制效果进行检验。

5.4.3　奔跑步态的仿真实验与分析

双足仿生机器人奔跑步态的仿真实验环境与单足仿生机器人基本相同，皆遵循图 5.9 所示的仿真系统结构。双足仿生机器人的仿真实验主要测试在 5.4.2 节构建的层次化控制算法下机器人在规则路面奔跑步态的运动稳定性。

1. 双足仿生机器人恒速奔跑运动的仿真实验

首先进行双足仿生机器人在规则路面下的恒速奔跑仿真实验。双足仿生机器人由 $\boldsymbol{y}_{CoM}=1.15$ m处释放，以 $\dot{\boldsymbol{x}}_{CoM}=1.25$ m/s 的水平初速度开始运动，实验设定机器人矢状面的质心期望奔跑速度为 1.5 m/s。机器人在仿真实验的前五步动作分解图如图 5.22 所示。由图 5.22 可见，机器人在规则路面下的运动平稳。观察躯干及髋关节(图中实心点标记处)在矢状面的轨迹可见，双足仿生机器人在依次经历左、右腿触地后整体呈现周期性运动状态。由于在规划层的 SLIP 模型采用关于触地角 α_{TD} 和等效刚度 k 的

dead-beat控制算法；即在每次触地前，规划层将根据机器人当前质心的运动状态（y_{CoM}，$\dot{x}_{CoM}$）在线调整下一步的 α_{TD} 和任务空间运动轨迹。尽管机器人在初始状态的奔跑速度与期望值存在差距，在算法的作用下仅需一个单步周期（左或右腿运动连续两个顶点所经历的时间片段）即可完成调整。右腿在一个完整步态周期的详细运动状态如图 5.22 右腿局部视图所示。右腿在结束其支撑相后随即进入腾空相，在式(5.77)的 PD 位置控制器作用下，足端迅速产生上抬的动作，从而使摆动腿具有充足的离地高度以避免在接下来左腿的支撑相内由于质心的降低而造成摆动足提前触地，破坏机器人的奔跑节奏。

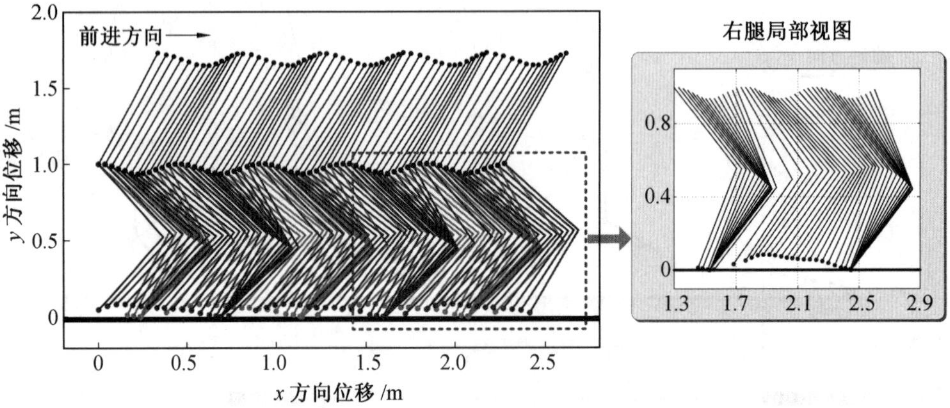

图 5.22　双足仿生机器人 1.5 m/s 奔跑速率下的动作分解图

图 5.23 为双足仿生机器人的所有关节角随时间的变化曲线，其中图 5.23(a)、(b)分别绘制了左/右腿髋关节角、膝关节角曲线，支撑相（$N_g=1$）用阴影区域标记。由图 5.23 可见，机器人左、右腿的相应关节运动完全对称。以右腿为例，对其一个完整的步态周期进行分析，q_{Rh} 和 q_{Rk} 在离地后的腾空相内（对应于图中 0.57～0.68 s 的曲线段）以完成迅速收腿功能为主；在触地前的腾空相内（对应于图中 0.27～0.36 s 的曲线段）以完成摆腿前置功能为主；而其他时间段，则与处于支撑相在 $\boldsymbol{\tau}_{task}$、$\boldsymbol{\tau}_{posture}$ 联合控制下的左腿共同完成规划层质心的期望轨迹。此外，实验设置机器人的俯仰角度期望值为 1.13 rad(65°)，实际俯仰角 q_b 在整个运动过程中的变化曲线如图 5.23(c)所示。在腾空相阶段，机体在原始俯仰角的基础上经历一个幅度为 0.053 rad(3.03°)左右的前倾；在 $\boldsymbol{\tau}_{posture}$ 的控制下，该倾覆现象在支撑相阶段被完全消除。该现象表明：$\boldsymbol{\tau}_{posture}$ 在不影响关节空间对规划层轨迹跟踪的同时，对机体的姿态倾覆具有良好的抑制功能。

2. 双足仿生机器人奔跑速度调节的仿真实验

接下来进行双足仿生机器人规则路面下的奔跑速度调节实验。设置该实验的目的是在 5.4.3 节机器人恒速奔跑实验的基础上对算法是否具有调速能力进行扩展性测试。实验时，机器人由初始水平速度 $\dot{\boldsymbol{x}}_{CoM}=1.5$ m/s 开始运动，要求其腾空高度（质心顶点高度值）保持 $\boldsymbol{y}_{CoM}=1$ m 不变，同时机器人的奔跑速度在给定期望值下逐渐增长最终达到 $\dot{\boldsymbol{x}}_{CoM}=3.5$ m/s（相当于同等体征参数下人体慢跑的速度），仿真实验过程中，机器人的奔跑分解动作如图 5.24 所示。在近 9 m 的奔跑距离内，共设置了四处速度调节点：$t=$ 0.43 s时，1.5 m/s→2.0 m/s；$t=1.13$ s 时，2.0 m/s →2.5 m/s；$t=1.59$ s 时，2.5 m/s→

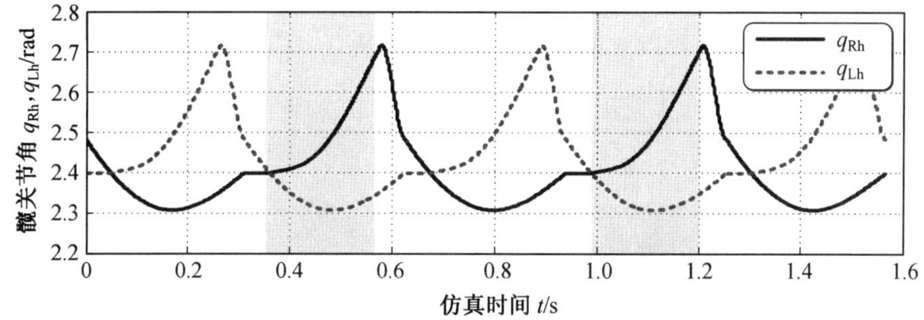

(a) 髋关节角曲线

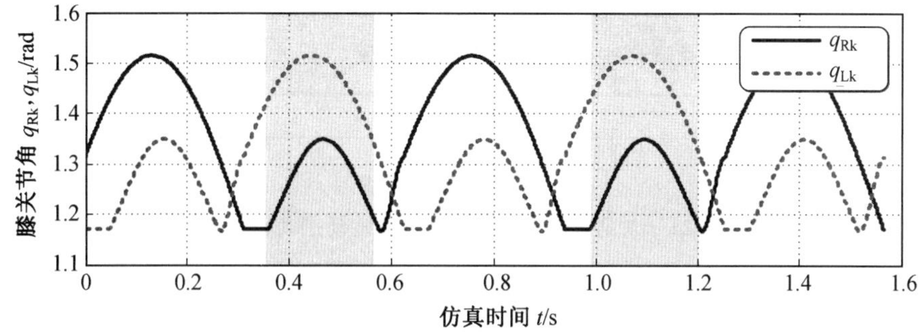

(b) 膝关节角曲线

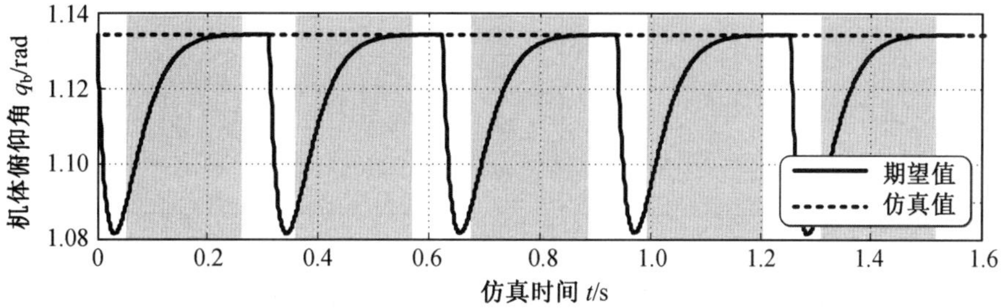

(c) 机体俯仰角曲线

图 5.23　双足仿生机器人奔跑实验相关运动参数曲线

3.0 m/s 及 t=2.22 s 时，3.0 m/s→3.5 m/s。观察机器人的足端、髋部及机身的姿态可见，在整个调速过程中，随着奔跑速度的提升，足端在腾空相的离地高度（ground clearance）逐渐增高；髋关节在矢状面的轨迹波动越发明显；机身的俯仰角逐渐减小，身体前倾趋势加剧。上述现象表明：机器人的奔跑步态在调速模式下运行平稳；基于 SLIP 模型的层次化算法在可实现双足仿生机器人稳定奔跑控制的同时，亦具有速度自由调节的功能。

图 5.25 绘制了机器人在调速过程中质心的运动状态曲线。对比图 5.25(a)中机器人质心的奔跑速率期望值与仿真值可见，在规划层 dead-beat 控制器的调控下，机器人在恒速指令段可保持稳定的奔跑速率；在调速段可在期望速度指令变化的下一个单腿迈步周期内做出相应运动调整。图 5.25(b)为机器人质心的竖直方向位移变化曲线，$\boldsymbol{y}_{\mathrm{CoM}}$ = 1 m为仿真过程中质心的期望高度（图中虚线部分）。由于机器人在矢状面的运动采用在

任务空间整体复现 SLIP 模型质心的轨迹特性，故 y_{CoM} 呈现波动变化的曲线走势。恒速指令区的 y_{CoM} 在每个腾空阶段对期望值的跟踪效果良好；在速度调节阶段，y_{CoM} 存在顶点值跟踪的波动现象。

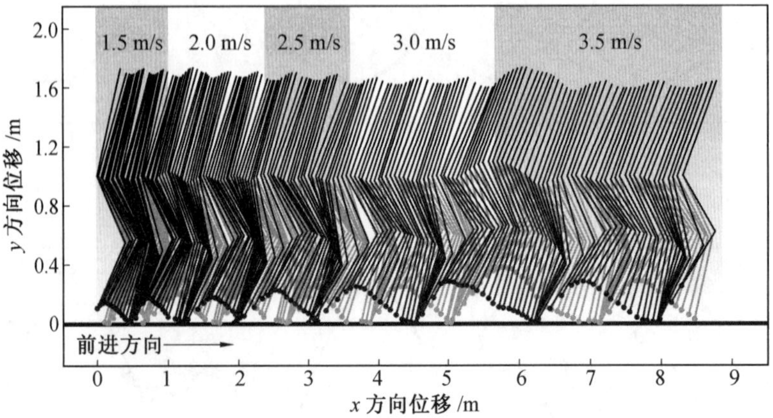

图 5.24　双足仿生机器人奔跑变速运动的动作分解图

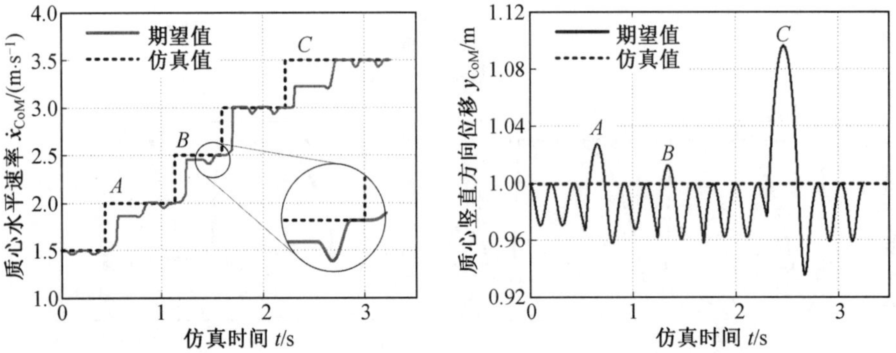

(a) 质心水平速率随时间的变化曲线　　(b) 质心竖直方向位移随时间的变化曲线

图 5.25　双足仿生机器人质心的运动状态曲线

为更清晰观察波动的区域，分别在图 5.25(a)、(b)的相应位置加以标记：A 处为 1.5 m/s→2.0 m/s；B 处为 2.0 m/s→2.5 m/s；C 处为 3.0 m/s→3.5 m/s。比较 $\dot{x}_{CoM}$ 与 y_{CoM} 的跟踪误差可见：y_{CoM} 的整体控制效果明显优于 $\dot{x}_{CoM}$（y_{CoM} 的最大跟踪误差出现在 C 处为 9.66%，$\dot{x}_{CoM}$ 的最大误差出现在 C 处为 10.06%）。二者的跟踪误差会随着奔跑运动的进行逐渐衰减。前者的形成原因在于：规划层的 dead-beat 控制器（式(5.75)）采用平均分配权重的方式处理 $\dot{x}_{CoM}$ 与 y_{CoM} 的预测误差，然而由于二者量纲不同，因此其变化幅度无法在相同的数值区间进行度量。就本节机器人的运动参数而言，$\dot{x}_{CoM}$ 的调速范围(1.5～3.5 m/s)远高于 y_{CoM}(0.95～1.10 m)。因此，进行解算触地角 α_{TD} 时，y_{CoM} 的预测值将更接近其期望值。后者的形成原因在于：式(5.75)总是利用当前步态周期的顶点状态值 $\boldsymbol{S}_i$ 和期望值 $\boldsymbol{S}_d$ 预测下一周期的 $\boldsymbol{S}_{i+1}$，即通过 $\boldsymbol{S}_i$ 和 $\boldsymbol{S}_d$ 构成一组 $\boldsymbol{S}_{i+1}=\boldsymbol{P}(\boldsymbol{S}_i, \boldsymbol{S}_d)$ 的迭代数列，因此在 $\boldsymbol{S}_d$ 不变的恒速调节阶段，$\boldsymbol{S}_i$ 将随着迭代数的增加（步态周期数）而逐渐缩小与 $\boldsymbol{S}_d$ 的差距，故 $\dot{x}_{CoM}$ 与 y_{CoM} 的跟踪误差将逐步衰减。

为进一步分析机器人在调速过程中的机体姿态变化，绘制其俯仰角随时间的变化曲线如图5.26所示，图中支撑相用阴影区域标记。仿真实验时在5.2.4节关于机器人奔跑速度与俯仰角度线性依赖的基础上，建立$\boldsymbol{q}_b$与$\dot{\boldsymbol{x}}_{CoM}$的虚拟约束关系为

$$\boldsymbol{q}_{bd}=k_c\dot{\boldsymbol{x}}_{CoM}^{d}+b_c \tag{5.79}$$

式中 k_c、b_c——$\dot{x}_{CoM}$对$\boldsymbol{q}_{bd}$的比例增益和偏移系数；

$\dot{\boldsymbol{x}}_{CoM}^{d}$——机器人期望的奔跑速度(m/s)。

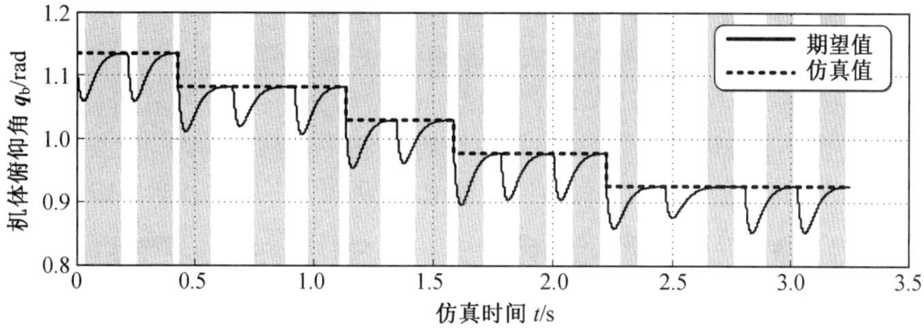

图5.26 机器人俯仰角随时间的变化曲线

观察机体俯仰角的期望曲线可见，在固定奔跑速度下，机器人的俯仰角度亦为定值，即其在稳定奔跑过程中保持固定的前倾姿态。机器人姿态控制器(式(5.76))的PD增益系数关系设置为$k_{bD}=2\sqrt{k_{bP}}$，以确保$\boldsymbol{q}_b$在无超调量的情况下处于临界阻尼的响应状态，实现对期望值的快速收敛过程。对比$\boldsymbol{q}_b$的期望值与仿真曲线可见，$\boldsymbol{q}_b$的动态收敛过程几乎不受机器人奔跑速度$\dot{\boldsymbol{x}}_{CoM}$变化的影响。在腾空相中期(此时机器人双足完全离地，系统仅受重力作用而处于非完整约束的运动状态)经历明显的前倾阶段，最终在PD控制器的控制下，在随即到来的支撑相内达到期望值，进而验证了执行层姿态控制器(式(5.76))对机体躯干的姿态具有良好的调节作用和倾覆抑制效果。

5.5 四足仿生机器人奔驰步态的运动控制与实现

前两节就层次化运动控制算法分别实现了单足仿生机器人跳跃步态、双足仿生机器人奔跑步态的稳定控制。在单足仿生机器人方面，解决了任务空间下SLIP模型的动态轨迹跟踪到机器人多关节控制的模式映射问题；在双足仿生机器人方面，在$\boldsymbol{\tau}_{task}$的基础上引入了$\boldsymbol{\tau}_{posture}$，使得机器人在任务空间实现质心运动轨迹跟踪的同时，对机体姿态亦可同步控制。上述成果虽然已经初步解决了由低维度模型为引领的高维复杂力学系统的控制问题，然而足式仿生机器人领域系统维度最高、运动分析最复杂的当属四足仿生机器人。本节将立足于5.3节和5.4节的理论成果之上，将基于SLIP模型的层次化控制算法扩展至复杂的四足仿生机器人，并以其动态程度最高的奔驰步态(galloping gait)作为研究目标，详细阐述层次化算法在四足仿生机器人奔驰步态下的实现过程。

5.5.1 四足仿生机器人奔驰步态与系统动力学

1. 四足仿生机器人的奔驰步态

四足仿生机器人的动步态定义源于其原型四足哺乳动物的相关运动学研究。四足动物常见的动步态类型包括：踱步(pace)、对角小跑(trot)、溜蹄(canter)、跳跃(bounding)和奔驰(galloping)步态，其中奔驰步态根据落足顺序的不同又可细分为横向式奔驰(transverse galloping，简记为 T-galloping)和旋转式奔驰(rotary galloping，简记为 R-galloping)。如图 5.27 所示为 T-galloping、R-galloping 步态的迈腿、落足顺序，其中字母"L"和"R"分别代表左、右腿；"F"(fore)和"H"(hind)则分别代表前、后腿；条状标识区域为单腿的支撑相。T-galloping 常见于马的奔跑运动中，迈腿顺序一般为：LH→RF→LF→RH；R-galloping 常见于猎豹的奔跑运动中，迈腿顺序一般为：LH→RF→RH→LF。

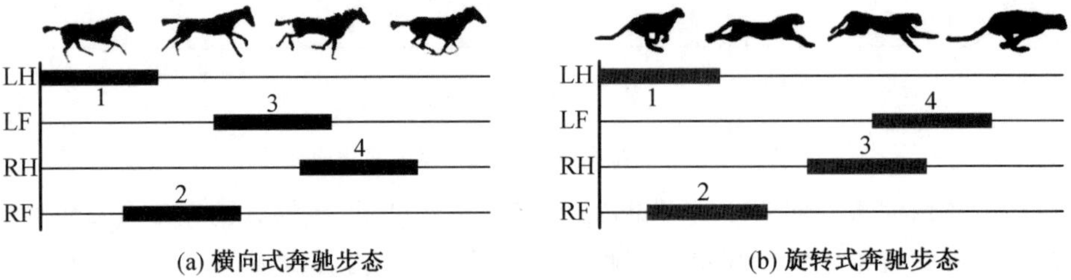

图 5.27　四足动物的两种典型奔驰步态运动时序图

观察条状图所示的支撑相(起点为 TD，终点为 LO)可获得各腿的迈步顺序及任意时间段着地腿的数目 N_g，进而可将两类 galloping 步态所具有的普遍规律归纳如下。

(1) galloping 步态根据 N_g 的不同大体上可以划分为两个阶段，即 $N_g=\{1,2\}$ 的支撑阶段和 $N_g=0$ 的腾空阶段。

(2) galloping 步态的一个标准周期内通常包含两个支撑相，且在每个支撑相内至多两条摆动腿先后着地，二者存在公共触地时期($N_g=2$)。

由此可见，galloping 步态的动作时序较单足的 hopping 及双足的 running 更为复杂，难以遵循前文的步态子状态分割经验对其进行严格划分。故规律(1)仅可作为划分 galloping 步态的参照基准；规律(2)暗示了一个复杂多足运动系统可分解为两个功能相似的子系统，为后续的机器人系统分析和降维运动控制器设计提供了极为有利的条件。

2. 四足仿生机器人模型

本节研究 galloping 步态下的四足仿生机器人矢状面模型如图 5.28 所示，机器人由机身、四条摆动腿构成。在结构上，机身部分采用二分段式结构(two-segmented shape)模拟脊椎动物的脊柱关节；单腿采用串联布置的双旋转关节模拟四足动物的髋关节、膝关节。在驱动形式上，腿部的所有旋转关节及机身的脊柱关节为主动的力矩驱动。在质量分配上，所有杆状结构被处理为含有质量、惯性的刚性单元；单腿的大腿、小腿分支质量均匀分布，质心为杆件的几何中心；前、后机身的质量集中分布于髋关节处(如机体局部视图所示)。为方便变量区分与后续公式推导，采用如图 5.28 所示的脚标定义机器人的运动坐标、关节角(仅以右后腿为例)及驱动力矩，即 F、H、L 和 R 分别代表机器人的前、后、左、右腿；h 和 k 分别代表单腿的髋关节、膝关节；B 和 SP 分别代表机器人的机体和脊柱，例如 q_{RHh} 表示右前腿的髋关节角，而 x_{BH} 表示后机身的水平坐标值，以此类推。

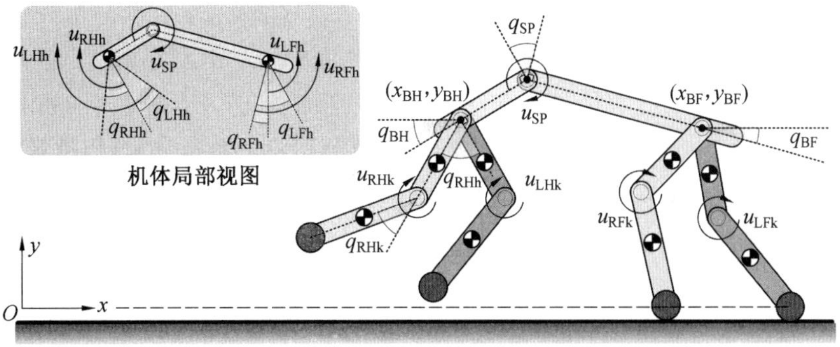

图 5.28　四足仿生机器人矢状面模型、坐标系及相关运动/驱动力参数标记

整个四足仿生机器人具有 12 个自由度、9 个主动驱动输入，因此属于典型的欠驱动力学系统。系统的状态变量 $\boldsymbol{q}_Q$ 可表示为(下标 Q 表示 quadruped)

$$\boldsymbol{q}_Q=(q_{LHh}, q_{LHk}, q_{RHh}, q_{RHk}, q_{LFh}, q_{LFk}, q_{RFh}, q_{RFk}, q_{SP}, x_{BH}, y_{BH}, q_{BH})^{T} \tag{5.80}$$

其中，$\boldsymbol{q}_Q$ 的前八个变量用来分别描述机器人四条腿的构型；剩余的四个变量用来描述机身的构型与定位。原则上，q_{BH} 亦可替换为 q_{BF}，但在 $\boldsymbol{q}_Q$ 中有且仅能出现一个。二者间存在以脊柱的弯曲角度 q_{SP} 为过渡的运动约束关系为

$$q_{BF}=q_{BH}+q_{SP} \tag{5.81}$$

同理，坐标(x_{BH}，y_{BH})亦可替换为(x_{BF}，y_{BF})，在 $\boldsymbol{q}_Q$ 中二者仅能出现一对。

3. 系统动力学方程

不同于 5.3 节单足仿生机器人、5.4 节双足仿生机器人具有简单而清晰的步态子状态划分关系。四足仿生机器人在 galloping 步态下，四条腿在各自步态周期内各形成一个支撑相与一个腾空相。四个支撑相在按照 T-galloping 或 R-galloping 的迈腿顺序依次分布于整个步态区间上，可能出现以下两种区别于 hopping 和 running 步态的特殊运动情形。

(1)支撑相间存在相互重叠，即在一个完整步态周期内存在落足腿数目满足 $N_g \geqslant 1$。

(2)若在(1)的基础上，四个支撑相按照迈腿的先后顺序依次重叠，则在 galloping 步态下机器人不存在严格意义下的腾空相($N_g=0$)。

由此可见，按照传统方式对四足仿生机器人的步态进行了状态划分难以获得直观而清晰的结果。鉴于 galloping 步态独特的运动特性，自本节开始至后续的层次化控制算法设计均不对四足仿生机器人整体的支撑相、腾空相加以区分，仅保留单腿运动的着地与腾空状态。由此可有效地降低系统状态间切换的复杂程度，同时回避机器人整体的腾空相而采用统一的支撑相(上述过程中通过调控足与地面的接触时间实现)对 galloping 步态进行处理，有助于后续基于 SLIP 模型的运动轨迹设计。基于上述分析，将四足仿生机器人 galloping 步态下的系统动力学方程统一书写为

$$\boldsymbol{M}(\boldsymbol{q}_Q)\ddot{\boldsymbol{q}}_Q+\boldsymbol{C}(\boldsymbol{q}_Q, \dot{\boldsymbol{q}}_Q)\dot{\boldsymbol{q}}_Q+\boldsymbol{G}(\boldsymbol{q}_Q)+\boldsymbol{J}_s^{T}\boldsymbol{\lambda}=\boldsymbol{S}_a^{T}\boldsymbol{u} \tag{5.82}$$

式中　$\boldsymbol{M}$、$\boldsymbol{C}$、$\boldsymbol{G}$——质量/惯性、科氏力/离心力项、重力项矩阵；

$\boldsymbol{q}_Q$——系统的状态变量，满足式(5.80)；

$\boldsymbol{S}_a^T\boldsymbol{u}$——驱动力矩向量，满足

$$\boldsymbol{u}=(u_{LHh},u_{LHk},u_{RHh},u_{RHk},u_{LFh},u_{LFk},u_{RFh},u_{RFk},u_{SP},0,0,0)^T \tag{5.83}$$

动力学方程式(5.82)中 $\boldsymbol{J}_s^T$ 和 $\boldsymbol{\lambda}$ 的维数完全取决于 N_g，即 $\boldsymbol{J}_s^T\in\mathbf{R}^{12\times N_g}$ 而 $\boldsymbol{\lambda}\in\mathbf{R}^{2N_g\times 1}$。根据单腿所处状态的不同(着地或腾空)将驱动力矩项 $\boldsymbol{S}_a^T\boldsymbol{u}$ 进一步细化可分解为 $\boldsymbol{u}_s\in\mathbf{R}^{2N_g}$ 和 $\boldsymbol{u}_f\in\mathbf{R}^{9-2N_g}$，其中 $\boldsymbol{u}_s$ 和 $\boldsymbol{u}_f$ 分别表示着地腿的关节驱动力矩及腾空腿(包括脊柱)关节的驱动力矩。相应地，可将式(5.82)表达为

$$\boldsymbol{M}(\boldsymbol{q}_Q)\ddot{\boldsymbol{q}}_Q+\boldsymbol{C}(\boldsymbol{q}_Q,\dot{\boldsymbol{q}}_Q)\dot{\boldsymbol{q}}_Q+\boldsymbol{G}(\boldsymbol{q}_Q)+\boldsymbol{J}_s^T\boldsymbol{\lambda}=\boldsymbol{B}_s\boldsymbol{u}_s+\boldsymbol{B}_f\boldsymbol{u}_f \tag{5.84}$$

式中 $\boldsymbol{B}_s$——$\boldsymbol{u}_s$ 对 $\boldsymbol{q}_Q$ 的输入分配矩阵，且 $\boldsymbol{B}_s\in\mathbf{R}^{11\times 2N_g}$；

$\boldsymbol{B}_f$——$\boldsymbol{u}_f$ 对 $\boldsymbol{q}_Q$ 的输入分配矩阵，且 $\boldsymbol{B}_f\in\mathbf{R}^{11\times(9-2N_g)}$。

就机器人单腿而言，由腾空结束进入触地状态的瞬时仍然存在剧烈的足地碰撞。假定足与地面接触不发生回弹(rebound)或打滑(slip)现象，则与单足、双足仿生机器人类似，$\boldsymbol{q}_Q$ 在触地前后满足

$$\dot{\boldsymbol{q}}_Q^+=\boldsymbol{N}_s\dot{\boldsymbol{q}}_Q^- \tag{5.85}$$

式中 $\dot{\boldsymbol{q}}_Q^-$、$\dot{\boldsymbol{q}}_Q^+$——触地前、后关节角速度的瞬时向量。

利用式(5.84)、式(5.85)可构成机器人单腿的 FSM，然而由于机器人前、后两组腿的运动存在不同步性(即由于迈腿顺序引起的相位差)，四足仿生机器人在 galloping 步态需借助脊柱关节来协调前、后组腿的运动，孤立腿与腿在时序上的运动关联而仅以单腿为单一研究对象建立 FSM 显然不符合 galloping 步态的实际控制需求，因此四足仿生机器人的 FSM 设计应建立在对步态充分分析的基础上，具体实现过程将在 5.5.2 节进行详细阐述。

5.5.2 四足仿生机器人层次化运动控制器设计

与四足仿生机器人相比，单足、双足仿生机器人动步态的层次化运动控制算法设计过程相对简单。在单足仿生机器人方面，核心控制问题是如何解决由单个 SLIP 模型的质心运动轨迹到机器人关节空间驱动力矩的控制模式映射问题；在双足仿生机器人方面，在融合前者模式映射算法的基础上，还需解决机器人机体的姿态控制问题。四足仿生机器人 galloping 步态控制的难点则主要体现在：①步态周期内如何确定迈腿时序及分配占空比；②如何通过脊柱关节有效解决前、后组腿的运动协调问题。本节主要围绕这两个核心问题构建基于双 SLIP 模型的层次化运动控制系统，实现四足仿生机器人 galloping 步态下的稳定运动。

1. 双 SLIP 模型与任务空间虚拟分解

考虑到四足仿生机器人 galloping 步态在具体关节空间实现的复杂性，本节在单足、双足仿生机器人规划层研究的基础上，针对 5.5.1 节 galloping 步态运动的特点，提出一种基于双 SLIP 模型的规划层结构来处理四足仿生机器人任务空间的期望轨迹生成问题，具体模型如图 5.29 所示。

结合图 5.28 的四足仿生机器人质量分布特性，可以机身躯干为分界线将机器人矢状

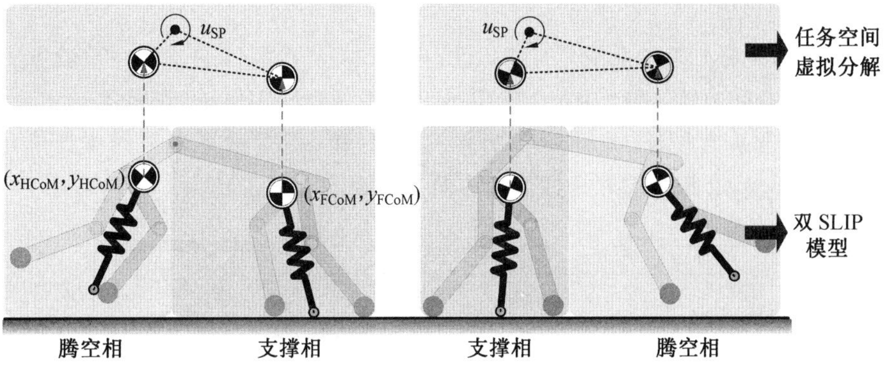

图 5.29　规划层的双 SLIP 模型与任务空间虚拟分解原理示意图

面的奔驰运动自然地分解为前、后两组；而中间的脊柱关节将前、后两组双足子系统的运动相耦合，形成了四足仿生机器人的整体运动。以上述分析为蓝本，将前、后两组双足系统的可被“虚拟”地分解为以 FCoM、HCoM 为独立质心、拓扑结构对称的 SLIP 模型，二者的运动通过脊柱关节驱动力矩 $\boldsymbol{u}_{SP}$ 进行协调，则规划层的核心模型将最终形成如图5.29所示的双 SLIP 结构。基于双 SLIP 模型的任务空间虚拟分解的优势主要体现在以下两点。

(1)双 SLIP 模型中，代表前、后组双足单元的 SLIP 模型运动控制方法完全相同，二者仅存在时序上的差别，因此相当于同一个模型在两个不同时刻以“异步”的方式进行运动。这种机制明显削减了规划层控制器设计的任务量；与此同时，前、后 SLIP 模型在时序上的差别恰好可以与 galloping 步态的落足顺序相对应，由此可在任务空间的轨迹生成和步态调控间建立严格的数学映射关系。

(2)在任务空间虚拟分解的作用下，脊柱关节的控制将从动力学方程式(5.82)中分离。由于前、后双足子系统的具体运动遵循相应的 SLIP 模型在任务空间的轨迹，故脊柱关节在任务空间的作用实际上是维持 FCoM 和 HCoM 跟踪各自的期望运动轨迹，即力矩 $\boldsymbol{u}_{SP}$ 仅需控制 FCoM 与 HCoM 在任务空间的相对位置即可。

借助于双 SLIP 模型与虚拟分解，四足仿生机器人各单腿的运动控制实际上已转化为规划层的双 SLIP 模型的协同运动问题。因此，能否妥善地解决双 SLIP 模型与 galloping 步态相关参数的映射关系是影响层次化算法实际控制效果的关键因素。

2. 规划层控制器设计

通常情况下，足式仿生机器人系统在步态层面下的运动参数仅有两类：占空比和相序。前者以机器人的单腿为对象，定义了一个完整步态周期中支撑相与腾空相的比例；后者则视所有运动腿为整体，确定腿与腿之间的运动时序。四足仿生机器人 galloping 步态规划层控制器设计的核心任务即是建立任务空间下双 SLIP 模型动作序列与笛卡儿空间下四足仿生机器人 galloping 步态间的映射关系。

如图 5.30 所示为一个完整的 galloping 步态周期与双 SLIP 模型动作序列的映射关系示意图。机器人的迈腿顺序为 RF→LF→RH→LH，属于典型的 T-galloping 步态类型。在双 SLIP 模型的架构下，机器人的步态参数与任务空间 SLIP 模型的映射可划分为以下两个层次。

(1)由质心 FCoM 所在的{RF, LF}、质心 HCoM 所在的{RH,LH}构成的前后双足子系统,其任务空间的轨迹分别由 SLIP-F、SLIP-H 两个 SLIP 模型产生。

(2)在双足子系统内部(以 SLIP-F 为例)以 RF 和 LF 为独立模块的单腿单元,其耦合运动在 T-galloping 步态的外特性表现为两个前腿的迈腿差异。

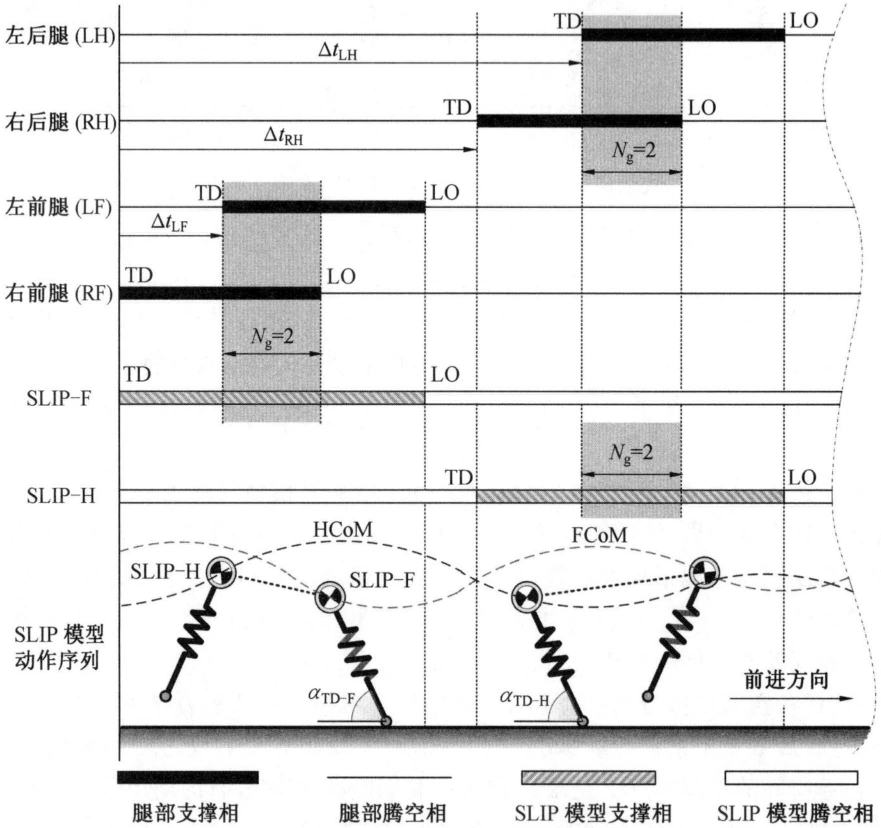

图 5.30　四足仿生机器人 galloping 步态参数与双 SLIP 模型动作时序关系

不失一般性地假定 RF 为领先位置的运动腿(leader),LF、RH、LH 为跟随腿(follower),则 T-galloping 步态的相序可表示为

$$\boldsymbol{\delta}_{\text{gallop}} = (0, \Delta t_{\text{LF}}, \Delta t_{\text{RH}}, \Delta t_{\text{LH}}) \tag{5.86}$$

式中　$\boldsymbol{\delta}_{\text{gallop}}$——T-galloping 步态相序所在的离散向量;

Δt_{LF}、Δt_{RH}、Δt_{LH}——LF、RH、LH 相对 RF 的迈腿滞后时间(s)。

Δt_{RH}可由调节 SLIP-F 与 SLIP-H 运动的先后顺序来实现,其映射关系为

$$\ddot{\boldsymbol{q}}_{\text{HCoM}}(t) = \ddot{\boldsymbol{q}}_{\text{FCoM}}(t - \Delta t_{\text{RH}}) \tag{5.87}$$

式中　$\boldsymbol{q}_{\text{HCoM}}$——规划层 SLIP-H 模型的期望轨迹;

$\boldsymbol{q}_{\text{FCoM}}$——规划层 SLIP-F 模型的期望轨迹。

当 Δt_{RH} 对 $\boldsymbol{q}_{\text{HCoM}}$、$\boldsymbol{q}_{\text{FCoM}}$ 的映射关系被确定时,规划层双 SLIP 模型的运动时序也同时被确定。此时,Δt_{LF}和 Δt_{LH}就转化为双足子系统内部的独立单腿单元之间的相位差。如

图5.31所示为RF－LF双足子系统支撑相运动示意图，其中图5.31(a)、(b)绘制的是关节空间的运动形式；图5.31(c)、(d)则为任务空间的运动形式。观察图5.30中阴影标注的部分即为RF、LF在支撑相的重叠区($N_g=2$)。由于双腿在支撑相的运动存在相位差，故二者在矢状面的轨迹无法覆盖质心轨迹(x_{FCoM}，y_{FCoM})的全部(RF为图中A_1到A_2的部分，LF为B_1到B_2的部分)。

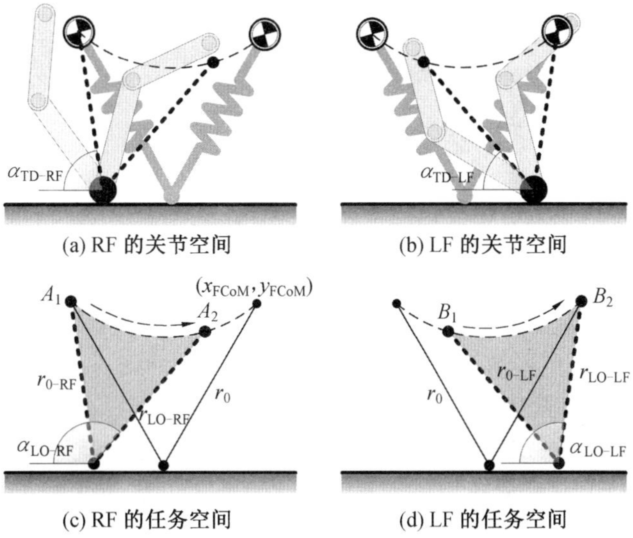

图5.31 RF－LF双足子系统支撑相运动示意图

记α_{TD-RF}和α_{LO-RF}分别为RF在支撑相的触地角、离地角，r_{0-RF}和r_{LO-RF}分别RF在支撑相的触地腿长，离地腿长，则Δt_{LF}与双腿子系统的运动相位差映射关系为

$$\Delta t_{LF}=t(y_{FCoM}=r_{0-LF}\sin\alpha_{TD-LF})-t_{TD-F} \tag{5.88}$$

式中 t_{TD-F}——SLIP-F模型的触地时刻(s)。

式(5.88)中，$t(y_{FCoM}=r_{0-LF}\sin\alpha_{TD-LF})$为LF的触地时刻，可通过SLIP模型支撑相轨迹进行解算。以此类推，可将Δt_{LH}表示为

$$\Delta t_{LH}=t(y_{HCoM}=r_{0-LH}\sin\alpha_{TD-LH})-t_{TD-H}+t_{RH} \tag{5.89}$$

式中 t_{TD-H}——SLIP-H模型的触地时刻(s)。

至此，T-galloping步态的相序$\boldsymbol{\delta}_{gallop}$与SLIP模型的映射关系已构建完毕。在$r_{RF-LO}$的定义下，定量描述步态的另一组参数——占空比亦可采用上述方式进行表达(以RF为例)，即

$$\lambda_{RF}=\frac{t(y_{FCoM}=r_{LO-RF}\sin\alpha_{LO-RF})-t_{TD-F}}{T_{gallop}} \tag{5.90}$$

式中 λ_{RF}——RF的占空比，且$0<\lambda_{RF}<1$；

T_{gallop}——T-galloping步态周期(s)。

其他腿的占空比与RF计算类似，此处不再赘述。以上完成了T-galloping步态参数(相序$\boldsymbol{\delta}_{gallop}$和占空比$\lambda_{RF,LF,RH,LH}$)与双SLIP模型运动参数的映射。接下来规划层控制器的设计将围绕着SLIP模型进行。针对T-galloping步态特殊的运动形式，本节选择第4章的LA-SLIP模型作为双SLIP模型的基本组成单元。

以 SLIP-F 模型为例，在 LA-SLIP 模型的支撑相虚拟约束部分采用 3 阶 Bézier 多项式作为质心 FCoM 矢状面的运动轨迹。考虑到 SLIP-F 模型内部需要对 RF、LF 进行如图 5.31 所示的动作时序分配，故将 Bézier 多项式系数 $b_k(k=0\sim3)$ 设置为对称型，即 $b_0=b_3$，$b_1=b_2$，根据任务空间 FCoM 的顶点期望运动状态 $\boldsymbol{S}_{\mathrm{dF}}=(y_{\mathrm{aF}}^{\mathrm{d}},\dot{x}_{\mathrm{aF}}^{\mathrm{d}})^{\mathrm{T}}$ 及式(4.42)、式(4.50)、式(4.51)可确定上述系数为

$$\begin{cases} b_0=r_0\sin\alpha_{\mathrm{TD-RF}} \\ b_1=r_0\sin\alpha_{\mathrm{TD-RF}}+\dfrac{2}{3}\delta_{\mathrm{TD}}r_0\cos\alpha_{\mathrm{TD-RF}} \end{cases} \tag{5.91}$$

式中 δ_{TD}——质心 FCoM 在触地时刻的速度方向(rad)，且满足

$$\delta_{\mathrm{TD}}=\arctan\frac{\sqrt{2g(y_{\mathrm{aF}}^{\mathrm{d}}-r_0\sin\alpha_{\mathrm{TD-RF}})}}{\dot{x}_{\mathrm{aF}}^{\mathrm{d}}} \tag{5.92}$$

在 LA-SLIP 模型的运动控制部分，将 4.5.1 节的控制器(式(4.106))按照 SLIP 模型动力学方程标准型(式(5.35))改写为

$$m_{\mathrm{F}}\ddot{\boldsymbol{q}}_{\mathrm{FCoM}}=k_{\mathrm{s}}(\boldsymbol{q}_{r0}-\boldsymbol{q}_{\mathrm{FCoM}})+\boldsymbol{u}_{\mathrm{sF}}+m_{\mathrm{F}}\boldsymbol{g}_{\mathrm{s}} \tag{5.93}$$

式中 $\boldsymbol{u}_{\mathrm{sF}}$——LA-SLIP 模型的腿部驱动力向量，且 $\boldsymbol{u}_{\mathrm{sF}}\in\mathbf{R}^2$；

$\boldsymbol{q}_{r0}$、$\boldsymbol{q}_{\mathrm{FCoM}}$——LA-SLIP 模型腿部静息长度向量和质心位置向量。

同时，式(5.91)中的触地角 $\alpha_{\mathrm{TD-RF}}$ 仍需借助于 3.5.1 节的 dead-beat 控制算法来确定，具体计算公式为

$$\alpha_{\mathrm{TD-RF}}=\underset{\alpha_{\mathrm{TD}}\in(0,\pi/2)}{\operatorname{argmin}}\ \|\boldsymbol{S}_{\mathrm{dF}}-\widetilde{\boldsymbol{S}}_{i+1}(\alpha_{\mathrm{TD-RF}})\|_2 \tag{5.94}$$

式中 $\widetilde{\boldsymbol{S}}_{i+1}(\alpha_{\mathrm{TD-RF}})$——定义同式(3.41)。

SLIP-H 模型与 SLIP-F 模型的运动控制器完全相同，二者唯一的差别仅在于通过式(5.93)输出 $\ddot{\boldsymbol{q}}_{\mathrm{HCoM}}$ 时，SLIP-H 模型在 $\ddot{\boldsymbol{q}}_{\mathrm{FCoM}}$ 的基础上依照式(5.87)进行延迟处理。

3. 执行层控制器设计

具有运动时延的双 SLIP 模型生成任务空间下的质心期望轨迹。与单足、双足仿生机器人不同之处在于：四足仿生机器人的任务空间具有 FCoM 和 HCoM 的双质心结构(图 5.30)，FCoM 和 HCoM 的运动具有独立性和耦合性的双重特点。在独立性方面，FCoM 和 HCoM 在任务空间的轨迹分别表征 SLIP-F 和 SLIP-H 模型的运动状态，二者间在规划层是独立运行，并不存在任何运动学上的耦合效应；而耦合性方面是指在实际的机器人系统中，尽管以脊柱关节为分界可将机器人整体按照质量分布自然地划分为“前”“后”两个双足子系统，但二者在结构上仍通过脊柱关节的运动相耦合，故在实际机器人运动层面二者是相互耦合的。上述分析实际上阐述了执行层控制器的主要设计原则如下。

(1)前、后双足子系统的运动控制负责在各自任务空间内，独立地实现对 SLIP-F 和 SLIP-H 模型产生的 FCoM、HCoM 期望轨迹进行跟踪。

(2)包含机身脊柱关节的控制器在以不干涉①的控制效果的前提条件下，负责在四足仿生机器人实际运动的笛卡儿空间内实现对 FCoM、HCoM 位置的运动协调控制。

由此可见，在四足仿生机器人的执行层仍然延续了 5.4.2 节具有优先级的多任务递

归控制映射模式。对 T-galloping 步态下的四足仿生机器人运动控制而言，在任务空间下对双质心的期望轨迹进行跟踪是优先级最高的任务；而脊柱关节的运动协调控制在双 SLIP 模型架构下无法体现，故仅能作为辅助任务（类似于 5.4.2 节对双足仿生机器人的姿态控制）在执行层中通过残余冗余度来实现。基于上述原则，可将执行层的控制器设计分解为以下两个任务。

任务Ⅰ　前、后双足子系统由 Σ^{T} 到 Σ^{J} 的控制模式映射（主任务）

观察图 5.30 中四条腿的运动时序可见，两足的支撑重叠区（$N_g=2$）仅存在于前、后双足子系统内部，这意味着当 SLIP-F 处于支撑相时，SLIP-H 一定处于腾空相，反之亦然。因此，由 Σ^{T} 到 Σ^{J} 的控制模式映射可以转化为对任务空间中处于不同相位（支撑相与腾空相）的两个 SLIP 模型产生的期望轨迹进行独立跟踪的控制问题。

首先对机器人原始动力学方程式（5.82）进行预处理，利用 $\boldsymbol{J}_s\ddot{\boldsymbol{q}}_Q+\dot{\boldsymbol{J}}_s\dot{\boldsymbol{q}}_Q=\boldsymbol{0}$ 将式中地面反作用力项 $\boldsymbol{J}_s^{\mathrm{T}}\boldsymbol{\lambda}$ 消去，可推出

$$\boldsymbol{M}\ddot{\boldsymbol{q}}_Q+\boldsymbol{N}_s^{\mathrm{T}}(\boldsymbol{C}+\boldsymbol{G})+\boldsymbol{J}_s^{\mathrm{T}}\boldsymbol{\Lambda}_s\dot{\boldsymbol{J}}_s\dot{\boldsymbol{q}}_Q=(\boldsymbol{S}_a\boldsymbol{N}_s)^{\mathrm{T}}\boldsymbol{u} \tag{5.95}$$

式中　$\boldsymbol{N}_s$、$\boldsymbol{\Lambda}_s$、$\boldsymbol{S}_a$——定义同式（5.7）。

将任务空间下双 SLIP 模型生成的期望轨迹统一记为 $\dot{\boldsymbol{x}}_d$，其表达式可进一步细化为

$$\boldsymbol{x}_d=\begin{bmatrix}\boldsymbol{q}_{\mathrm{FCoM}}^{d}\\ \boldsymbol{q}_{\mathrm{HCoM}}^{d}\end{bmatrix}\in\mathbf{R}^{4\times1} \tag{5.96}$$

式中　$\boldsymbol{q}_{\mathrm{FCoM}}^{d}$、$\boldsymbol{q}_{\mathrm{FCoM}}^{d}$——SLIP-F、SLIP-H 生成的期望轨迹，且分别满足

$$\begin{cases}\boldsymbol{q}_{\mathrm{FCoM}}^{d}=(\boldsymbol{q}_{x\mathrm{FCoM}}^{d},\boldsymbol{q}_{y\mathrm{FCoM}}^{d})\in\mathbf{R}^2\\ \boldsymbol{q}_{\mathrm{HCoM}}^{d}=(\boldsymbol{q}_{x\mathrm{HCoM}}^{d},\boldsymbol{q}_{y\mathrm{HCoM}}^{d})\in\mathbf{R}^2\end{cases} \tag{5.97}$$

则由机器人关节空间 Σ^{J} 到任务空间 Σ^{T} 的速度映射可定义为

$$\dot{\boldsymbol{x}}_d=\boldsymbol{J}_s\dot{\boldsymbol{q}}_Q \tag{5.98}$$

式中　$\boldsymbol{J}_s$——$\dot{\boldsymbol{q}}_Q$ 到 $\dot{\boldsymbol{x}}_d$ 的 Jacobain 矩阵，且 $\boldsymbol{J}_s\in\mathbf{R}^{4\times12}$ 可进一步分解为

$$\boldsymbol{J}_s=\begin{bmatrix}\boldsymbol{J}_{sF}\\ \boldsymbol{J}_{sH}\end{bmatrix} \tag{5.99}$$

式中　$\boldsymbol{J}_{sF}$、$\boldsymbol{J}_{sH}$——$\dot{\boldsymbol{q}}_Q$ 到 $\boldsymbol{q}_{\mathrm{FCoM}}^{d}$ 和 $\boldsymbol{q}_{\mathrm{FCoM}}^{d}$ 的 Jacobain 矩阵。

在上述定义下，任务Ⅰ在支撑相的关节空间 PD 控制律可根据式（5.45）直接表示为

$$\boldsymbol{u}_{\mathrm{CoM}}=\boldsymbol{J}_{\mathrm{F}}^{\mathrm{T}}(\boldsymbol{\Lambda}_r(\ddot{\boldsymbol{x}}_d+\boldsymbol{K}_{\mathrm{D}}(\dot{\boldsymbol{x}}_d-\dot{\boldsymbol{x}}_{\mathrm{CoM}})+\boldsymbol{K}_{\mathrm{P}}(\boldsymbol{x}_d-\boldsymbol{x}_{\mathrm{CoM}}))+\boldsymbol{\mu}_r+\boldsymbol{p}_r) \tag{5.100}$$

式中　$\boldsymbol{u}_{\mathrm{CoM}}$——关节空间下跟踪双 SLIP 模型期望轨迹的驱动力矩控制率；

$\boldsymbol{J}_{\mathrm{F}}$——由任务空间到关节空间力矩的 Jacobian 矩阵，满足

$$\boldsymbol{J}_{\mathrm{F}}=\boldsymbol{J}_S\boldsymbol{N}_S$$

$\boldsymbol{K}_{\mathrm{D}}$、$\boldsymbol{K}_{\mathrm{P}}$——PD 控制律的比例、微分增益矩阵，且满足

$$\boldsymbol{K}_{\mathrm{P}}=\mathrm{Diag}(k_{\mathrm{P1}},k_{\mathrm{P2}},k_{\mathrm{P3}},k_{\mathrm{P4}}),\quad \boldsymbol{K}_{\mathrm{D}}=\mathrm{Diag}(k_{\mathrm{D1}},k_{\mathrm{D2}},k_{\mathrm{D3}},k_{\mathrm{D4}}) \tag{5.101}$$

其中，$\boldsymbol{\Lambda}_r$、$\boldsymbol{\mu}_r$ 和 $\boldsymbol{p}_r$ 定义同式（5.28）、式（5.29），此处不再详述。

在 SLIP 模型的腾空相，对单腿仍然采用摆腿前置的位置控制策略。以 RF 为例，在落足前的腾空相阶段膝关节、髋关节分别在 u_{RFh} 和 u_{RFk} 的驱动下达到使足端相对质心

FCoM 距离为 $r_{0-\mathrm{RF}}$ 且触地角为 $\alpha_{\mathrm{TD-RF}}$ 的期望位置 $q_{\mathrm{RFh}}^{\mathrm{d}}$ 和 $q_{\mathrm{RFk}}^{\mathrm{d}}$，故 PD 控制律可表示为

$$\begin{bmatrix} u_{\mathrm{RFh}} \\ u_{\mathrm{RFk}} \end{bmatrix} = \begin{bmatrix} k_{\mathrm{P}}^{\mathrm{RFh}} & 0 \\ 0 & k_{\mathrm{P}}^{\mathrm{RFk}} \end{bmatrix} \begin{bmatrix} q_{\mathrm{RFh}}^{\mathrm{d}} - q_{\mathrm{RFh}} \\ q_{\mathrm{RFk}}^{\mathrm{d}} - q_{\mathrm{RFk}} \end{bmatrix} + \begin{bmatrix} k_{\mathrm{D}}^{\mathrm{RFh}} & 0 \\ 0 & k_{\mathrm{D}}^{\mathrm{RFk}} \end{bmatrix} \begin{bmatrix} \dot{q}_{\mathrm{RFh}} \\ \dot{q}_{\mathrm{RFk}} \end{bmatrix} \tag{5.102}$$

双足子系统以单一的 SLIP 模型为组成单元，在分配 RF 和 LF 的动作时序时触地的先后顺序已由预设触地角 $\alpha_{\mathrm{TD-RF}}$、$\alpha_{\mathrm{TD-LF}}$ 及触地腿长 $r_{0-\mathrm{RF}}$、$r_{0-\mathrm{LF}}$ 来实现（图 5.31(a)和(c)），即满足腾空相到支撑相的触发条件

$$S_{\mathrm{sw}\to\mathrm{st}}^{\mathrm{RF}}(y_{\mathrm{FCoM}}) = y_{\mathrm{FCoM}} - r_{0-\mathrm{RF}} \sin \alpha_{0-\mathrm{RF}} = 0 \tag{5.103}$$

支撑相的持续时间则由单腿离地与触地的时间差来确定。当质心 FCoM 满足如下触发条件时，RF 结束其支撑相而随即进入腾空相

$$S_{\mathrm{st}\to\mathrm{sw}}^{\mathrm{RF}}(y_{\mathrm{FCoM}}) = y_{\mathrm{FCoM}} - r_{\mathrm{LO-RF}} \sin \alpha_{\mathrm{LO-RF}} = 0 \tag{5.104}$$

LF、RH、LH 的处理方式可完全依照上述过程重复即可，至此任务Ⅰ的设计工作已完成。在上述单腿子状态的切换条件下，可构造如图 5.32 所示（以 RF 为例）的 FSM。鉴于通过双 SLIP 模型已完全实现对 T-galloping 步态下机器人的所有运动腿进行动作的时序调控，故无须建立四足仿生机器人整体的 FSM。与此同时，在任务空间对系统进行虚拟分解获得两个功能对等、结构对称的双足子系统，使得四足仿生机器人在执行层控制器的设计量减半，该过程实质上是对高维的四足系统进行降维处理，进而充分发挥 SLIP 模型在低维运动空间的优势。

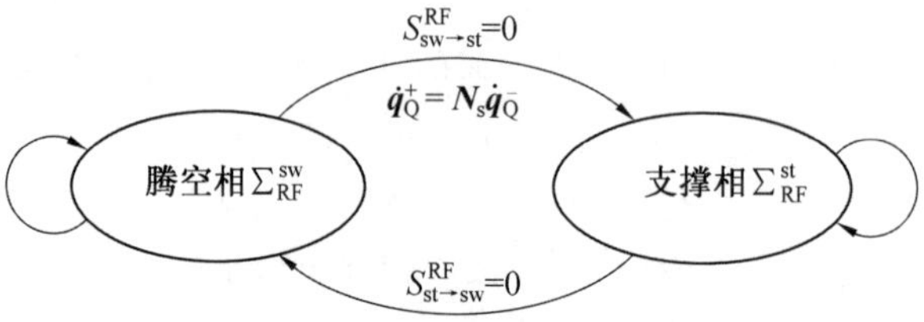

图 5.32　RF 在 T-galloping 步态下的二元状态机

任务Ⅱ　包含脊柱关节的笛卡儿空间双质心运动协调控制（辅助任务）

任务Ⅰ已解决了机器人关节空间下对 FCoM、HCoM 的期望运动轨迹跟踪。任务Ⅱ立足于前者的控制效果上，在笛卡儿空间对质心进行运动协调控制。FCoM、HCoM 与脊柱关节、机身的几何关系示意图如图 5.33 所示。FCoM 的坐标可通过下式求取

$$\begin{cases} x_{\mathrm{FCoM}} = \dfrac{1}{m_{\mathrm{F}}} \displaystyle\sum_{i \in \{\mathrm{RF,LF,BF}\}} m_i x_{i\mathrm{CoM}} \\ y_{\mathrm{FCoM}} = \dfrac{1}{m_{\mathrm{F}}} \displaystyle\sum_{i \in \{\mathrm{RF,LF,BF}\}} m_i y_{i\mathrm{CoM}} \end{cases} \tag{5.105}$$

式中　m_{F}——机身前部(BF)及左(LF)、右(RF)前腿的质量和(kg)；

$x_{i\mathrm{CoM}}$、$y_{i\mathrm{CoM}}$——机器人前部第 i 个部件的质心坐标(m)。

HCoM 的计算方式与式(5.105)类似，已知机身前部(BF)、后部(BH)及脊柱关节(SP)在笛卡儿空间下的坐标(图 5.33)，利用几何关系求取脊柱关节角 $\boldsymbol{q}_{\mathrm{SP}}$ 与双质心间距 d_{CoM} 的函数关系，将上述关系简记为

$$\boldsymbol{q}_{\mathrm{SP}} = f(d_{\mathrm{CoM}}) \tag{5.106}$$

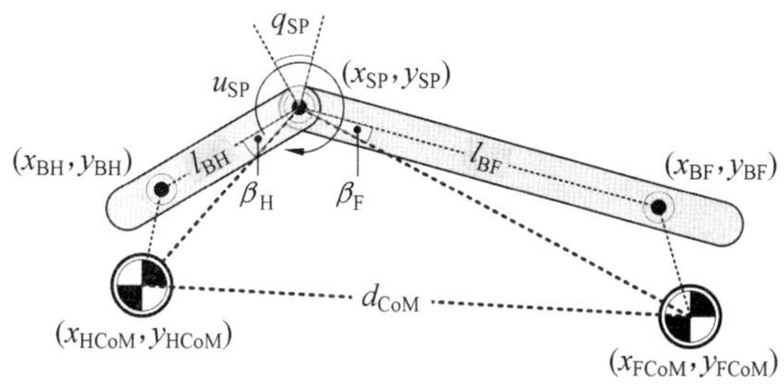

图 5.33　双质心与脊柱关节、机身的几何关系示意图

将 $f(d_{\mathrm{CoM}})$ 作为脊柱关节运动的期望轨迹，并记 $\boldsymbol{q}_{\mathrm{SP}}^{\mathrm{d}}=f(d_{\mathrm{CoM}})$。建立关节空间到任务Ⅱ空间的速度映射为

$$\dot{\boldsymbol{q}}_{\mathrm{SP}}=\boldsymbol{J}_{\mathrm{SP}}\dot{\boldsymbol{q}}_{\mathrm{Q}} \tag{5.107}$$

式中　$\boldsymbol{J}_{\mathrm{SP}}$——$\dot{\boldsymbol{q}}_{\mathrm{Q}}$ 到 $\dot{\boldsymbol{q}}_{\mathrm{SP}}$ 的 Jacobain 矩阵，且 $\boldsymbol{J}_{\mathrm{SP}}\in\mathbf{R}^{1\times 12}$。

则在 5.2.1 节任务空间动力学方程规范型（式(5.26)）的基础上，设计关于脊柱关节角轨迹跟踪误差的 PD+控制律为

$$F_{\mathrm{SP}}=-k_{\mathrm{P}}^{\mathrm{SP}}(\boldsymbol{q}_{\mathrm{SP}}^{\mathrm{d}}-\boldsymbol{q}_{\mathrm{SP}})-k_{\mathrm{D}}^{\mathrm{SP}}(\dot{\boldsymbol{q}}_{\mathrm{SP}}^{\mathrm{d}}-\dot{\boldsymbol{q}}_{\mathrm{SP}})-\bar{\boldsymbol{J}}_{\mathrm{SP}}^{\mathrm{T}}\boldsymbol{G}(\boldsymbol{q}_{\mathrm{Q}}) \tag{5.108}$$

式中　F_{SP}——任务Ⅱ空间下 $\boldsymbol{q}_{\mathrm{SP}}$ 的 PD+控制律；

$k_{\mathrm{P}}^{\mathrm{SP}}$、$k_{\mathrm{D}}^{\mathrm{SP}}$——PD+控制律的比例、微分增益系数；

$\bar{\boldsymbol{J}}_{\mathrm{SP}}$——$\boldsymbol{J}_{\mathrm{SP}}$ 的 Moore-Penrose 广义逆，且满足

$$\bar{\boldsymbol{J}}_{\mathrm{SP}}=\boldsymbol{M}(\boldsymbol{q})^{-1}\boldsymbol{J}_{\mathrm{SP}}^{\mathrm{T}}\boldsymbol{\Lambda}_r \tag{5.109}$$

通过模式映射可获得机器人脊柱关节的控制力矩 $\boldsymbol{u}_{\mathrm{SP}}$ 为

$$\boldsymbol{u}_{\mathrm{SP}}=(\boldsymbol{J}_{\mathrm{SP}}\overline{\boldsymbol{S}_{\mathrm{a}}\boldsymbol{N}_{\mathrm{s}}})^{\mathrm{T}}F_{\mathrm{SP}} \tag{5.110}$$

最终将任务Ⅰ、Ⅱ的结果合并，获得四足仿生机器人执行层的控制律为

$$\boldsymbol{u}=\boldsymbol{u}_{\mathrm{CoM}}+(\boldsymbol{I}-\bar{\boldsymbol{J}}_{\mathrm{F}}\boldsymbol{J}_{\mathrm{F}})^{\mathrm{T}}\boldsymbol{u}_{\mathrm{SP}} \tag{5.111}$$

式中，$\boldsymbol{u}_{\mathrm{SP}}$ 前的系数矩阵是将 $\boldsymbol{u}_{\mathrm{SP}}$ 映射到 $\boldsymbol{J}_{\mathrm{F}}$ 的零空间内，使得 $\boldsymbol{u}_{\mathrm{SP}}$ 的引入不影响 $\boldsymbol{u}_{\mathrm{CoM}}$ 对任务空间下双质心轨迹跟踪的控制效果，即 $\boldsymbol{u}_{\mathrm{CoM}}$ 与 $\boldsymbol{u}_{\mathrm{SP}}$ 在机器人关节空间内完成各自任务的同时互不干涉。

至此为止，四足仿生机器人奔驰步态下的层次化运动控制器已构建完毕。从 5.2.3 节算法的可扩展性角度分析，四足仿生机器人的上述运动控制方法实质上是在任务空间延续了单足、双足仿生机器人的控制套路：其一，采用具有运动时延性的双 SLIP 模型是最大程度保留单体 SLIP 结构在矢状面所具有的优越运动稳定性；其二，任务空间的虚拟分解则是利用机器人质量分配的特点，将其自然拆解为两个功能完全对等的双足子系统，进而可以直接利用双足仿生机器人奔跑步态的控制理念来分配子系统内部单腿间的动作时序。由此可见，四足仿生机器人的运动控制是以单足、双足仿生机器人为基础。比较单足、双足和四足仿生机器人算法的设计流程可见，基于 SLIP 模型的层次化控制架构在处理典型足式仿生机器人的动步态控制问题时具有一定的通用性，同时也印证了单足的跳跃步态（hopping）是复杂动步态（trot、bounding 和 galloping 等）衍化基础的观点。

5.5.3 奔驰步态的仿真实验与分析

四足仿生机器人奔驰步态的仿真实验环境皆遵循图 5.9 所示的仿真系统结构。仿真实验以规则路面下的 T-galloping 步态为测试目标，主要考察层次化算法对四足仿生机器人的运动控制效果。

机器人在规则路面下一个周期的动作分解图如图 5.34 所示，图中分别绘制了笛卡儿空间下的长度标尺和机器人动作对应的时刻。仿真实验设定任务空间下机器人的期望奔跑速度为 3.5 m/s，前、后质心在腾空相的最大腾空高度设置为 0.65 m。机器人由四足全部腾空的初始状态开始运动，如图 5.34 所示依次经历 RF 触地、LF 触地、RF 离地、LF 离地、RH 触地、LH 触地、RH 离地和 LH 离地这八个离散事件，在约 0.493 s 完成一次完整的 T-galloping 步态。

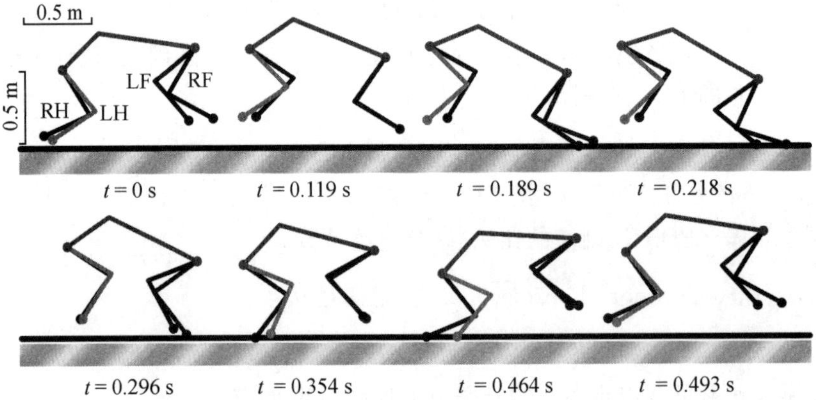

图 5.34 四足仿生机器人一个完整 T-galloping 步态周期下的动作分解图

为进一步观察各腿在 T-galloping 步态下的实际运动情况，分别绘制 LF、RF、LH 和 RH 在矢状面的连续运动轨迹(帧间距为 0.005 s)如图 5.35 所示。图中粗实线为 LF 与 RF，LH 与 RH 的髋关节运动轨迹。对比两子图中机器人的左、右腿的足端触地位置和达到最大腾空高度时的摆腿位置可见，四足仿生机器人层次化算法的执行层在双足子系

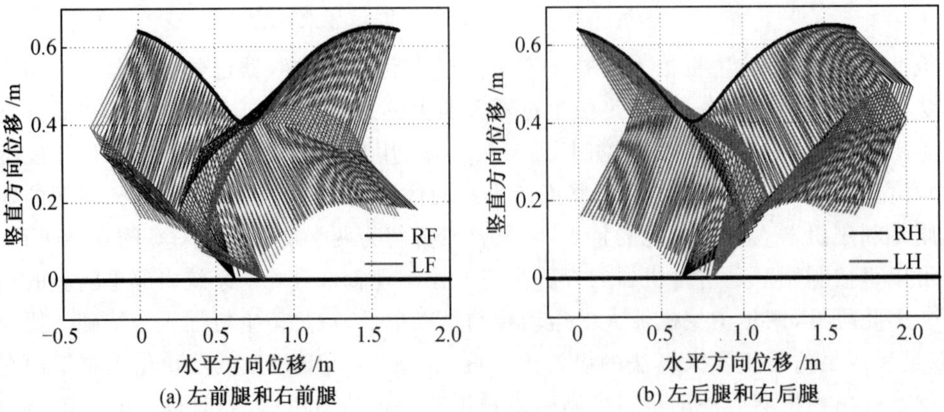

图 5.35 T-galloping 步态下各腿的连续运动轨迹

统内部完全复现了 SLIP-F、SLIP-H 模型关于 T-galloping 步态参数 Δt_{LF} 和 Δt_{LH} 的映射，同时所有腿在腾空相的前半段已完成了摆腿前置，仿真实验时设定执行层腾空相 PD 控制器(式(5.102))的增益系数分别为：$k_D^{RFh}=2\sqrt{k_P^{RFh}}=100$，$k_D^{RFk}=2\sqrt{k_P^{RFk}}=250$，由此膝关节较髋关节具有更高的收缩速度，使得单腿在结束支撑相而进入腾空相的前期，足端具有充足的离地高度以避免摆腿前置过程中与地面发生磕绊。

为进一步检验四足仿生机器人的质心 CoM 在矢状面的运动情况，分别绘制 CoM 及任务空间双 SLIP 模型质心 FCoM、HCoM 的竖直方向位移、水平方向速率曲线如图 5.36 所示，图中阴影部分标记了机器人的支撑相($N_g>0$)。首先观察图 5.36(a)中 CoM、FCoM、HCoM 位移曲线的相对位置可见，机器人质心 CoM 的轨迹被 FCoM 和 HCoM 的轨迹所包络，由于四足仿生机器人模型质量分布的特点(前轻后重)，因此 CoM 的轨迹更接近 HCoM。观察图 5.36(b)中一个步态周期中阴影区域的分布可见，T-galloping 步态下机器人存在"双支撑相"现象。在机器人完全腾空阶段已接近期望奔跑速率 3.5 m/s，分析其原因是此时 SLIP-F 和 SLIP-H 模型均处于腾空相，即二者分别在各自重力的作用下保持任务空间的"运动同步"，而 CoM 与双质心在竖直方向位移上并不具备这种同步性。比较 y_{CoM} 和 $\dot{x}_{CoM}$ 的跟踪效果可见，正是这种同步性使得机器人对 $\dot{x}_{CoM}$ 具有更好的控制效果。

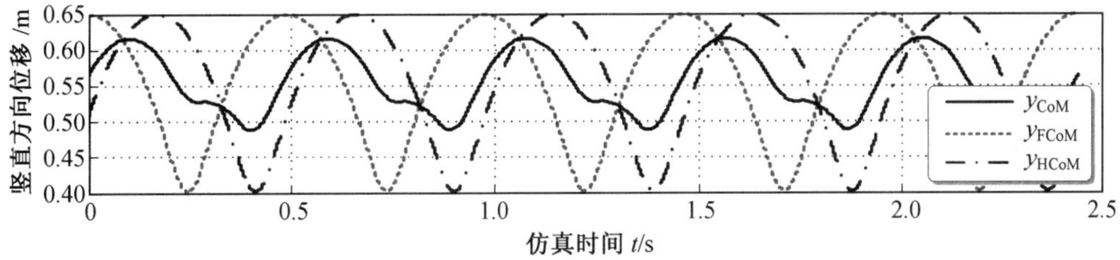

(a) 竖直方向位移量

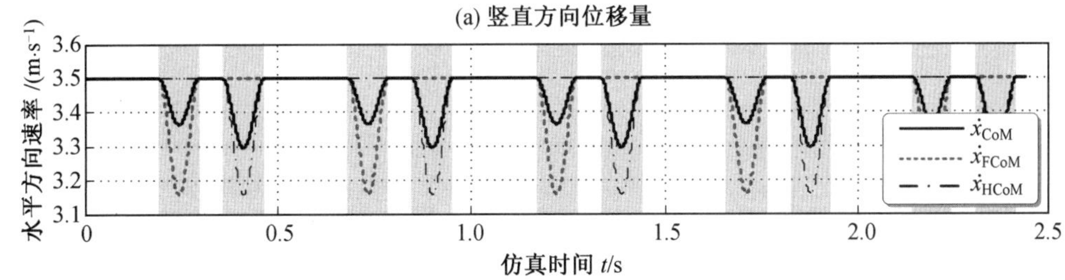

(b) 水平方向速率

图 5.36　机器人质心与任务空间双 SLIP 模型质心的运动状态曲线

观察机器人 T-galloping 步态最直观的方法是借助于足-地接触力 GRF。记 GRF_x、GRF_y 分别为水平、竖直方向的地面反作用力，则仿真实验过程中，T-galloping 步态的动作时序及地面反作用力分量 GRF_x、GRF_y 随时间的变化曲线如图 5.37(a)～(c)所示，阴影区域分别标记了单腿的支撑相及其重叠区($N_g=2$)。为体现四足仿生机器人奔跑过程中 GRF 的相对大小，绘制 GRF_x、GRF_y 曲线时仿照 3.2.1 节采用其无量纲形式 $\overline{GRF_x}=GRF_x/Mg$，$\overline{GRF_y}=GRF_y/Mg$(其中 M 为机器人总质量)。由图 5.37 可见，四条运动腿的 GRF 曲线在一个完整步态周期中呈现出相似的变化规律。在竖直分量方面，单腿的落足将对机体产生巨大冲击(RH 处的峰值高达 9.39 倍自重)。在水平分量方面,触地时刻的冲击量亦十分可观(RF 处的峰值为 3.97 倍自重)。观察各分量的数值变化规律可见,与 GRF_y 相比,GRF_x 在支撑相内存在方向翻转现象。因此通过 GRF_y 的正负判定单腿的运动状态,更容易获得精确的时序分配结构。采用此方法标记出跟随腿相对领先腿(RF)的时序差 $\Delta t_{LF}\sim\Delta t_{LH}$ 如图 5.37(a)所示,进而确定仿真实验中所获得稳定的 T-galloping 步态参数依次为:迈腿相序 $\boldsymbol{\delta}_{gallop}=(0,\ 0.192\ s,\ 0.213\ s,\ 0.380\ s)$ 和占空比 $\lambda_{gallop}=(0.171\ 3,\ 0.171\ 5,\ 0.175\ 6,\ 0.175\ 2)$。由此可见,四条腿与地面接触的时间基本相同,体现了 LA-SLIP 模型在单腿动作时序分配上所具有的对称性和一致性。

图 5.37(d)分别绘制了机器人前、后半身俯仰角 q_{BF}、q_{BH} 及脊柱关节角 q_{SP} 随时间的变化轨迹,其中 q_{BF}、q_{BH} 的变化范围分别为 0.040～0.547 rad(幅度为 29.02°)和 0.291～0.856 rad(幅度为 32.37°)。在脊柱关节驱动力矩 $\boldsymbol{u}_{SP}$ 的控制下,机体在矢状面呈现稳定的周期运动状态。

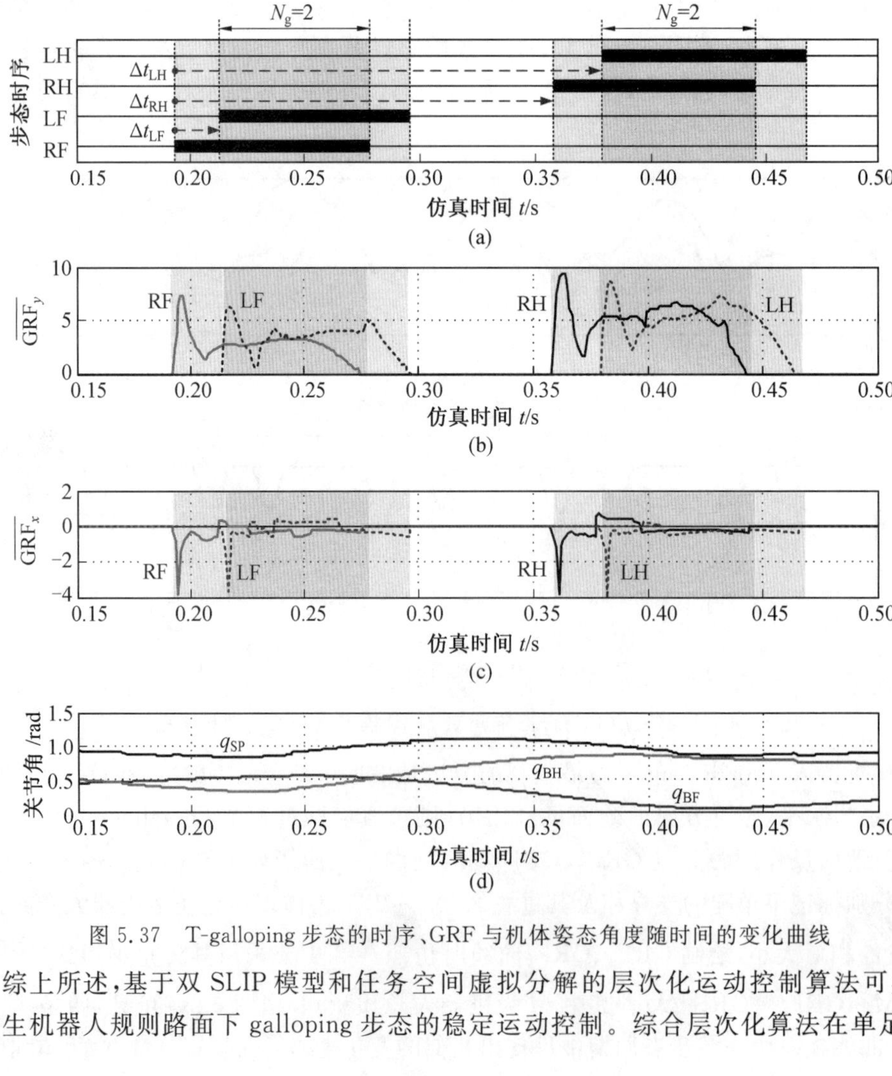

图 5.37　T-galloping 步态的时序、GRF 与机体姿态角度随时间的变化曲线

综上所述,基于双 SLIP 模型和任务空间虚拟分解的层次化运动控制算法可实现四足仿生机器人规则路面下 galloping 步态的稳定运动控制。综合层次化算法在单足、双足

与四足仿生机器人动步态控制的应用结果表明：在处理高维、复杂的足式仿生机器人系统的运动控制问题时，利用 SLIP 模型对其运动空间进行降维处理，同时采用控制模式映射在高—低维系统间建立驱动力矩的传递关系，是解决其动步态运动控制的有效手段。

5.6　本章小结

本章作为 SLIP 模型运动控制的应用章节，围绕着足式仿生机器人的动步态控制展开研究。在有机整合第 2～4 章关于 SLIP 模型的动力学解析化研究、参数化运动性能分析及欠驱动 SLIP 模型运动控制成果的基础上，面向足式仿生机器人典型动步态的运动控制提出了基于 SLIP 模型的层次化运动控制架构。在规划层，通过在机器人任务空间进行关于系统质心的运动抽象处理，将任务空间下 SLIP 模型集中质量点的运动与笛卡儿空间下机器人系统质心的运动相统一，使得前文所获得的 SLIP 模型相关成果可直接应用于任务空间下的质心轨迹控制。在执行层，任务空间生成的质心轨迹跟踪控制律被映射到关节空间，进而操控机器人在笛卡儿空间下的具体运动。

层次化运动控制算法的无差别化结构对被控对象具有通用性。

根据机器人期望运动形式的差别，针对控制目标在规划层设计不同的 SLIP 模型运动控制器，这一过程充分发挥了 SLIP 模型在运动性能方面的优势，同时扩展了算法的应用。在单足仿生机器人方面，规划层直接采用固定、变能量层级 dead-beat 控制器分别实现了跳跃步态下机体前进速度、弹跳高度的耦合与独立的控制效果；采用欠驱动 SLIP 模型则增强了机器人在非规则路面下的运动适应能力。在双足仿生机器人方面，由于仅通过力矩映射无法解决机器人的姿态问题，因此本书在单目标控制模式映射的基础上设计了多目标递归控制模式映射算法，以任务空间的质心期望轨迹跟踪为主任务，机体躯干的姿态控制视为辅助任务，实现了规则路面下五自由度双足仿生机器人的稳定奔跑步态及其速度调节。在四足仿生机器人方面，在规划层采用双 SLIP 模型，并对任务空间实施了运动虚拟分解，将复杂的四足仿生机器人系统拆分为两个结构对称、功能对等的双足子系统，并以任务空间双质心期望轨迹跟踪为主任务；以基于脊柱关节驱动的双质心运动协调控制为辅助任务，在规则路面下实现了十二自由度四足仿生机器人 T-galloping 步态下的稳定运动。上述仿真实验结果表明：基于 SLIP 模型的层次化算法对可有效解决足式仿生机器人动步态的运动控制问题，具有较强的通用性及实际应用价值。

结　论

足式仿生机器人的动步态控制是当今机器人领域极具挑战性的热点问题之一。机器人力学系统的高维度、强非线性，运动学上的多自由度耦合，足—地接触过程存在的瞬时冲击效应及维持动步态的苛刻稳定性要求，使得采用传统控制手段在处理上述问题时捉襟见肘。本课题来源于863计划“基于仿生技术的四足机器人研究”(2011AA040701)项目，以SLIP模型为低维空间研究对象，借助于摄动分析、极限环分析、回归映射和动态逆等理论分析手段深入研究SLIP模型的动力学本征特性及相关运动控制策略，并以此为基础在高维空间完成了足式仿生机器人系统的动步态运动控制体系构建。本书以“解析化”和“降维”为两条主线，贯穿全书，从基础理论层面为解决制约足式仿生机器人发展的关键科学问题进行了具有积极意义的尝试。

本书以低维SLIP模型为出发点展开全书的研究工作。在建立统一化SLIP模型的基础上，利用量纲分析对模型进行预处理以消除其结构参数的冗余性。采用基于小参数法的常规摄动技术推导出具有封闭数学格式的支撑相的近似解析解。在对近似解析解的顶点预测性能对比分析的基础上，借助于Poincaré截面创建了顶点回归映射，并对其不动点进行了特征值分析，进而为SLIP模型的周期运动稳定性提供了理论评判准则。

在SLIP模型参数化分析方面，首先从足—地接触和运动稳定性两方面建立SLIP模型的运动性能评价指标。借助于支撑相近似解析解对模型的结构参数/运动参数对系统运动性能的影响进行深入研究，获得了定量分析结果。在此基础上，开展了全被动SLIP模型的运动自稳定性研究。针对自稳定性在运动性能方面的诸多局限性，利用参数化分析结果设计了SLIP系统顶点dead-beat运动控制器，实现了矢状面上SLIP模型点到点的运动控制效果。

在欠驱动SLIP模型的运动控制方面，首先建立了含有腿部驱动的欠驱动SLIP模型。对质心支撑相轨迹的基于Bézier多项式的虚拟运动约束使得SLIP模型可实现对称/非对称轨迹，显著扩展了其运动空间。为解决虚拟约束在直角坐标系和极坐标系下的数学表达式不统一造成轨迹规划与控制器设计间的矛盾，设计了基于动态逆理论的支撑相隐式轨迹跟踪控制器，同时结合欠驱动SLIP模型的局部状态反馈线性化提出了欠驱动SLIP模型的矢状面控制策略。仿真实验验证了上述算法确保系统运动稳定性的同时，可有效提高SLIP模型对地面形貌扰动的抑制能力。

在高维的足式仿生机器人系统动步态运动控制方面，为解决由低维SLIP模型到高维机器人系统间的控制模式转化这一核心问题，将上述关于SLIP模型的阶段性运动控制成果进行功能整合，提出了具有层次化结构的运动控制架构。在规划层采用SLIP模型生成机器人质心的期望运动轨迹，在执行层利用基于任务空间的控制模式映射将对质心的轨迹跟踪控制律转化为机器人关节空间的驱动力矩，进而实现了机器人笛卡儿空间下的多关节耦合运动控制。将上述算法应用于典型的足式仿生机器人系统，针对不同的机器人类型分别设计了基于任务空间单、多目标的层次化运动控制算法，通过仿真实验分别实现了单足仿生机器人跳跃步态、双足仿生机器人奔跑步态及四足仿生机器人奔驰步态下的稳定运动控制效果。该算法的研究对足式仿生机器人的动步态运动控制系统设计具有理论指导意义和工程实践价值。

本书的创新性工作主要体现在以下方面。

(1)提出一种基于摄动理论的全被动 SLIP 模型动力学求解方法。在对无量纲 SLIP 模型进行小参数分析的基础上，采用常规摄动方法对系统动力学进行求解，获得了具有显式封闭数学格式的支撑相近似解析解，解决了系统动力学方程中由于非线性二阶不可积分项的存在导致无法求解的问题。对近似解析解的性能对比分析结果表明：与已有文献中的近似解析解相比，采用摄动理论获得的近似解析解具有更高的腾空相顶点状态预测精度，该结果为 SLIP 模型的运动控制器设计提供了充足的理论支撑。

(2)提出了一种基于支撑相近似解析解的 SLIP 模型顶点 dead-beat 控制方法。在 SLIP 模型顶点回归映射的基础上，通过对腿部等效刚度调整和基于极小化顶点状态预测误差的触地角优化，获得了 SLIP 模型顶点 dead-beat 控制方法，在矢状面上实现了对 SLIP 模型顶点水平速率和竖直腾空高度的解耦控制。该方法可将 SLIP 模型对期望状态跟踪的调整时间缩短至一个步态周期，提高系统的运动性能。

(3)提出了一种基于动态逆的支撑相轨迹跟踪控制算法。针对欠驱动 SLIP 模型矢状面的质心轨迹规划，通过构造动态逆的微分系统将虚拟约束由直角坐标系向极坐标系的非线性映射问题转化为一个低阶动态系统对期望隐式轨迹的跟踪问题，在回避代数超越方程求解的同时有效地解决了由于虚拟约束在两坐标系下数学形式不统一给矢状面运动规划和支撑相轨迹控制造成的矛盾。数值仿真实验结果表明：该控制算法可实现对 SLIP 模型运动有效空间内的任意支撑相虚拟约束轨迹进行跟踪，且具有指数级收敛速度。

(4)提出了一种面向足式仿生机器人动步态的层次化运动控制方法。在控制算法的规划层采用 SLIP 模型生成机器人质心的期望轨迹，在算法的执行层采用基于任务空间的控制模式映射将对机器人质心的期望轨迹跟踪控制律转化为关节空间的驱动力矩，解决了笛卡儿空间下足式仿生机器人的多自由度耦合运动控制问题。将上述方法应用于典型足式仿生机器人的动步态控制，分别通过仿真实验实现了对三自由度单足仿生机器人跳跃步态、五自由度双足仿生机器人奔跑步态及十二自由度四足仿生机器人奔驰步态的稳定运动控制。

足式仿生机器人的动步态控制由于其自身的复杂性及交互环境的不确定性等诸多因素，因此控制效果远未达到与可足式生物相提并论的阶段，尚存在广阔的理论研究空间。结合研究过程中的切身体会，作者认为在以下几个方面有待于进一步深入开展研究工作。

(1)在 SLIP 模型本体研究方面，将腿部的线性弹簧单元扩展为非线性弹簧单元，从顶点回归映射不动点的吸引域范围、特征值大小及最大扰动量三个方面定量研究非线性弹簧的引入对 SLIP 模型运动运动稳定性指标的影响进行对比分析，进一步拓展 SLIP 模型的运动性能和应用范围。

(2)在 SLIP 模型的运动控制方面，将二维矢状面的控制扩展至三维，即开展空间环境下 SLIP 模型的稳定运动控制策略。后者在功能实现上与机器人实体运动情况更加接近。

(3)在层次化运动控制算法方面,在执行层控制律的设计过程中应考虑机器人模型、环境参数的不确定性对整体控制效果的影响,设计对参数扰动具有鲁棒性的机器人关节控制律,全面提升足式仿生机器人在非结构环境下的运动控制效果。

参考文献

[1] 梶田秀司. 仿人机器人[M]. 管贻生,译. 北京:清华大学出版社,2007.

[2] MOSHER R. Test and evaluation of a versatile walking trunk[C]//Proceedings of Off-Road Mobility Research Symposium. Washington D. C. , USA: International Society for Terrain Vehicle Systems, 1968.

[3] RAIBERT M, BLANKESPOOR K, NELSON G, et al. BigDog, the rough-terrain quadruped robot[J]. Ifac proceedings volumes, 2008,41(2): 10822-10825.

[4] 国家自然科学基金委员会工程与材料科学部. 机械工程学科发展战略报告:2011～2020[M]. 北京:科学出版社,2010.

[5] HOYT D F,WICKLER S J,DUTTO D J,et al. What are the relations between mechanics,gait parameters,and energetics in terrestrial locomotion? [J]. J Exp Zool A Comp Exp Biol,2006,305(11):912-922.

[6] MORRIS B, GRIZZLE J W. Hybrid invariant manifolds in systems with impulse effects with application to periodic locomotion in bipedal robots [J]. IEEE transactions on automatic control, 2009, 54(8): 1751-1764.

[7] NERSESOV S G, CHELLABOINA V, HADDAD W M. A generalization of Poincare's theorem to hybrid and impulsive dynamical systems[J]. Proceedings of the American control conference, 2002, 2(1): 1240-1245.

[8] SPENCE A J, THURMAN A S, MAHER M J, et al. Speed, pacing strategy and aerodynamic drafting in thoroughbred horse racing[J]. Biology letters, 2012, 8(4): 678-681.

[9] GRIFFIN T M, KRAM R, WICKLER S J, et al. Biomechanical and energetic determinants of the walk-trot transition in horses [J]. Journal of experimental biology, 2004, 207(24): 4215-4223.

[10] PARSONS K J, PFAU T, WILSON A M. High-speed gallop locomotion in the thoroughbred racehorse. Ⅰ. The effect of incline on stride parameters[J]. Journal of experimental biology, 2008, 211(6): 935-944.

[11] PARSONS K J, PFAU T, FERRARI M,et al. High-speed gallop locomotion in the thoroughbred racehorse. Ⅱ. The effect of incline on centre of mass movement and mechanical energy fluctuation[J]. Journal of experimental biology, 2008, 211(6): 945-956.

[12] Agence France Presse. Japan's robot suit gets global satefy certificate[EB/OL]. (2013-02-27)[2013-06-08]. http://www.industryweek.com/robotics/japans-suit-gets-global-safety-certificate.

[13] ANGELICA L. A new way for robots to balance on two feet[EB/OL]. (2011-11-07)[2013-06-08]. http://spectrum. ieee. org/automation/robotics/humanoids/a-new-way-for-robots-to-balance-on-two-feet.

[14] ERICO G. HyQ quadruped robot from Italy can trot, kick[EB/OL]. (2011-10-28) [2013-06-08]. http://spectrum. ieee. org/automation/robotics/industrialrobots-/hyq-quadruped-robot.

[15] BIANCARDI C M, MINETTI A E. Biomechanical determinants of transverse and rotary gallop in cursorial mammals[J]. Journal of experimental biology, 2012, 215(23): 4144-4156.

[16] PIPPINE J, HACKETT D, WATSON A. An overview of the defense advanced research projects agency's learning locomotion program[J]. International journal of robotics ressearch, 2011, 30(2): 141-144.

[17] ACKERMAN E. Darpa LS3 robot mule learns new tricks, loves a mud bath[EB/OL]. (2012-11-19)[2013-06-08]. http://spectrum. ieee. org/automation/-robotics/militray-robots/darpa-ls3-program-updata.

[18] DARPA's DSO. DARPA Kick off Maximum Mobility and Manipulation (M3) program[EB/OL]. (2011-03-17)[2013-06-08]. http://www. darpa. mil/Our_Work/DSO/-Programs/Maximum_Mobility_and_Manipulation_(M3). aspx.

[19] WISSE M. Essentials of dynamic walking; analysis and design of two-legged robots[D]. Delft: Delft University of Technology, 2004.

[20] RAIBERT M H. Hopping in legged systems—modeling and simulation for the two-dimensional one-legged case[J]. IEEE transactions on systems, man and cybernetics, 1984, 14(3): 451-463.

[21] ZEGLIN G. Uniroo—a one legged dynamic hopping robot[D]. Cambridge: B. S. Thesis of Massachusetts Institute of Technology, 1991.

[22] AHMADI M, BUEHLER M. Stable control of a simulated one-legged running robot with hip and leg compliance[J]. IEEE transactions on robotics and automation, 1997, 13(1): 96-104.

[23] AHMADI M, BUEHLER M. The ARL monopod Ⅱ running robot: control and energetics[C]//Proceedings 1999 IEEE International Conference on Robotics and Automation (ICRA). Detroit, USA: IEEE, 1999.

[24] HUTTER M, REMY C D, HOEPFLINGER M A, et al. ScarlETH: design and control of a planar running robot[C]//2011 IEEE/RSJ International Conference on Intelligent Robots and Systems (IROS). San Francisco, CA, USA: IEEE, 2011: 562-567.

[25] KOEPL D, HURST J. Force control for planar spring-mass running[C]//2011 IEEE/RSJ International Conference on Intelligent Robots and Systems (IROS). San Francisco, CA: IEEE, 2011: 3758-3763.

[26] GRIMES J A, HURST J W. The design of ATRIAS 1.0A unique monopod hopping robot[C]//Proceedings of the 15th International Conference on Climbing and Walking Robots and the Support Technologies for Mobile Machines (CLAWAR 2012). Baltimore, MD, USA: World Scientific, 2012: 548-554.

[27] Humanoid Robotics Institute. Development of waseda robot[EB/OL]. [2013-05-04]. http://www.humanoid.waseda.ac.jp/booklet/katobook.html#top.

[28] MCGEER T. Passive dynamic walking[J]. International journal of robotics research, 1990, 9(2): 62-82.

[29] COLLINS S H, RUINA A. A bipedal walking robot with efficient and human-like gait[C]//Proceedings of the 2005 IEEE International Conference on Robotics and Automation (ICRA). Barcelona, Spain: IEEE, 2005: 1983-1988.

[30] SEYFARTH A, LIDA F, TAUSCH R, et al. Towards bipedal jogging as a natural result of optimizing walking speed for passively compliant three-segmented legs[J]. International journal of robotics research, 2009, 28(2): 257-265.

[31] OTT C, BAUMGÄRTNER C, MAYR J, et al. Development of a biped robot with torque controlled joints[C]//2010 10th IEEE-RAS International Conference on Humanoid Robots. Nashville, TN, USA: IEEE, 2010: 167-173.

[32] Boston Dynamics Inc. PETMAN[EB/OL]. [2013-06-06]. http://www.boston-dynamics-com/robot_etman.html.

[33] ACKERMAN E. Boston Dynamics' new petman video must be watched with this soundtrack[EB/OL]. (2013-04-08)[2013-06-06]. http://spectrum.IEEE.org-automation/robotics/military-robots/boston-dynamics-new-petman-video-mustbe-watched-with-t-his-soundtrack.html.

[34] HODGINS J K, RAIBERT M H. Biped gymnastics[J]. International journal of robotics research, 1990, 9(2): 115-132.

[35] RAIBERT M, CHEPPONIS M, BROWN H. Running on four legs as though they were one[J]. IEEE journal of robotics and automation, 1986, 2(2): 70-82.

[36] PLAYTER R. Passive dynamics in the control of gymnastic maneuvers[D]. Cambridge: Massachusetts Institute of Technology, 1995.

[37] POULAKAKIS I, PAPADOPOULOS E, BUEHLER M. On the stability of the passive dynamics of quadrupedal running with a bounding gait[J]. International journal of robotics research, 2006, 25(7): 669-687.

[38] POULAKAKIS I, SMITH J A, BUEHLER M. Modeling and experiments of untethered quadrupedal running with a bounding gait: the scout Ⅱ robot[J]. International journal of robotics research, 2005, 24(4): 239-256.

[39] SMITH J A, SHARF I, TRENTINI M. Bounding gait in a hybrid wheeled-leg robot[C]//2006 IEEE/RSJ International Conference on Intelligent Robots and Systems (IROS). Beijing, China: IEEE, 2006: 5750-5755.

[40] NICHOL J G, SINGH S P N, WALDRON K J, et al. System design of a quadrupedal galloping machine[J]. International journal of robotics research, 2004, 23(10/11): 1013-1027.
[41] SCHMIEDELER J P, WALDRON K J. The mechanics of quadrupedal galloping and the future of legged vehicles[J]. International journal of robotics research, 1999, 18(12): 1224-1234.
[42] KIMURA H, FUKUOKA Y, COHEN A H. Adaptive dynamic walking of a quadruped robot on natural ground based on biological concepts[J]. International journal of robotics research, 2007, 26(5): 475-490.
[43] BUEHLER M, PLAYTER R, RAIBERT M. Robots step outside[C]//International Symposium on Adaptive Motion of Animals and Machines (AMAM). Llmenau, Germany, 2005.
[44] Boston Dynamics Inc. BigDog—the most advanced rough-terrain robot on earth [EB/OL]. [2013-06-06]. http://www. bostondynamics. com/robot_bigdog. html.
[45] Boston Dynamics Inc. CHEETAH—fastest legged robot[EB/OL]. [2013-06-06]. http://www. bostondynamics. com/robot_cheetah. html.
[46] ANANTHANARAYANAN A, AZADI M, KIM S. Towards a bio-inspired leg design for high-speed running [J]. Bioinspiration & biomimetics, 2012, 7 (4): 046005.
[47] ANANTHANARAYANAN A, FOONG S, KIM S. A compact two DOF magneto-elastomeric force sensor for a running quadruped[C]//2012 IEEE International Conference on Robotics and Automation (ICRA). Saint Paul, MN, USA: IEEE, 2012: 1398-1403.
[48] CUTKOSKY M R, KIM S. Design and fabrication of multi-material structures for bioinspired robots[J]. Philosophical transaction of the royal society: part A, 2009, 367(1894): 1799-1813.
[49] BLICKHAN R. The spring-mass model for running and hopping[J]. Journal of biomechanics, 1989, 22(11/12): 1217-1227.
[50] SMITH N C, WILSON A M. Mechanical and energetic scaling relationships of running gait through ontogeny in the ostrich (Struthio camelus)[J]. Journal of experimental biology, 2013, 216(5): 841-849.
[51] HONG H, KIM S, KIM C, et al. Spring-like gait mechanics observed during walking in both young and older adults[J]. Journal of biomechanics, 2013, 46(1): 77-82.
[52] FARLEY C T, GLASHEEN J, MCMAHON T A. Running springs: speed and animal size[J]. Journal of experimental biology, 1993, 185: 71-86.
[53] FARLEY C T, BLICKHAN R, SAITO J, et al. Hopping frequency in humans: a

test of how springs set stride frequency in bouncing gaits[J]. Journal of applied physiology, 1991, 71(6): 2127-2132.

[54] O'NEILL M C, SCHMITT D. The gaits of primates: center of mass mechanics in walking, cantering and galloping ring-tailed lemurs, lemur catta[J]. Journal of experimental biology, 2012, 215(10): 1728-1739.

[55] FULL R J, KODITSCHEK D E. Templates and anchors: neuromechanical hypotheses of legged locomotion on land[J]. Journal of experimental biology, 1999, 202(23): 3325-3332.

[56] SHABANA A A. Dynamics of multibody systems[M]. New York: Cambridge University Press, 2005.

[57] ANKARALI M M, SARANLI U. Stride-to-stride energy regulation for robust self-stability of a torque-actuated dissipative spring-mass hopper[J]. Chaos, 2010, 20(3): 033121.

[58] UR-REHMAN F. Steering control of a hopping robot model during theflight phase [J]. IEEE proceedings-control theory and applications,2005, 152(6): 645-653.

[59] MOMBAUR K D, LONGMAN R W, BOCK H G, et al. Open-loop stable running[J]. Robotica, 2005, 23(1): 21-33.

[60] GHIGLIAZZA R M, ALTENDORFER R, HOLMES P, et al. A simply stabilized running model[J]. SIAM journal of applied dynamical systems, 2003, 2(2): 187-218.

[61] SHARBAFI M A, MAUFROY C, AHMADABADI M N, et al. Robust hopping based on virtual pendulum posture control[J]. Bioinspiration & biomimetics, 2013, 8(3): 036002.

[62] MERKER A, RUMMEL J, SEYFARTH A. Stable walking with asymmetric legs [J]. Bioinspiration & biomimetics, 2011, 6(4): 045004.

[63] POULAKAKIS I, PAPADOPOULOS E, BUEHLER M. On the stable passive dynamics of quadrupedal running[C]//2003 IEEE International Conference on Robotics and Automation (ICRA). Taipei: IEEE, 2003,1: 1368-1373.

[64] CULHA U, SARANLI U. Quadrupedal bounding with an actuated spinal joint [C]//2011 IEEE International Conference on Robotics and Automation (ICRA). Shanghai, China: IEEE, 2011: 1392-1397.

[65] SCHWIND W J, KODITSCHEK D E. Approximating the stance map of a 2-DOF monoped runner[J]. Journal of nonlinear science, 2000, 10(5): 533-568.

[66] GEYER H, SEYFARTH A, BLICKHAN R. Spring-mass running: simple approximate solution and application to gait stability[J]. Journal of theoretical biology, 2005, 232(3): 315-328.

[67] ARSLAN O, SARANLI U, MORGUL O. An approximate stance map of the spring mass hopper with gravity correction for nonsymmetric locomotoins[C]//

2009 IEEE International Conference on Robotics and Automation (ICRA). Kobe: IEEE, 2009: 2388-2393.

[68] SARANLI U, ARSLANÖ, ANKARALI M M, et al. Approximate analytic solutions to non-symmetric stance trajectories of the passive spring-loaded inverted pendulum with damping[J]. Nonlinear dynamics, 2010, 62(4): 729-742.

[69] SHEN Z H, SEIPEL J E. A fundamental mechanism of legged locomotion with hip torque and leg damping [J]. Bioinspiration & biomimetics, 2012, 7 (4): 046010.

[70] GOSWAMI A, THUILOT B, ESPIAU B. A study of the passive gait of a compass-like biped robot: symmetry and chaos[J]. The international journal of robotics research, 1998, 17(12): 1282-1301.

[71] CHATZAKOS P, PAPADOPOULOS E. Bio-inspired design of electrically-driven bounding quadrupeds via parametric analysis[J]. Mechanism and machine theory, 2009, 44(3): 559-579.

[72] DENG Q,WANG S G,XU W, et al. Quasi passive bounding of a quadruped model with articulated spine[J]. Mechanism and machine theory, 2012, 52: 232-242.

[73] CAO Q,POULAKAKIS I. Passive quadrupedal bounding with a segmented flexible torso[C]//2012 IEEE/RSJ International Conference on Intelligent Robots and Systems (IROS). Vilamoura, Portugal: IEEE, 2012: 2484-2489.

[74] SEYFARTH A, GEYER H, HERR H. Swing-leg retraction: a simple control model for stable running[J]. Journal of experimental biology, 2003, 206(15): 2547-2555.

[75] BLUM Y, LIPFERT S W, RUMMEL J, et al. Swing leg control in human running[J]. Bioinspiration & biomimetics, 2010, 5(2): 026006.

[76] ANDREWS B, MILLER B, SCHMITT J, et al. Running over unknown rough terrain with a one-legged planar robot[J]. Bioinspiration & biomimetics, 2011, 6 (2): 026009.

[77] SCHMITT J, CLARK J. Modeling posture-dependent leg actuation in sagittal plane locomotion[J]. Bioinspiration & biomimetics, 2009, 4(4): 046005.

[78] SCHMITT J. A simple stabilizing control for sagittal plane locomotion [J]. Journal of computational and nonlinear dynamics, 2006, 1(4): 348-357.

[79] UYANIK I, SARANLI U, MORGÜL Ö. Adaptive control of a spring-mass hopper[C]//2011 IEEE International Conference on Robotics and Automation (ICRA). Shanghai, China: IEEE, 2011: 2138-2143.

[80] PIOVAN G, BYL K. Enforced symmetry of the stance phase for the spring-loaded inverted pendulum[C]//2012 IEEE International Conference on Robotics and Automation (ICRA). St Pual, MN, USA: IEEE, 2012: 1908-1914.

[81] PEUKER F, MAUFROY C, SEYFARTH A. Leg-adjustment strategies for

stable running in three dimensions[J]. Bioinspiration & biomimetics, 2012, 7 (3): 036002.

[82] SEIPEL J E, HOLMES P. Running in three dimensions: analysis of a point-mass sprung-leg model[J]. International journal of robotics research, 2005, 24(8): 657-674.

[83] RAIBERT M H, TELLO E R. Legged robots that balance[J]. IEEE expert, 1986,1: 89.

[84] TEDRAKE R L. Applied optimal control for dynamically stable legged locomotion [D]. Massachusetts: Massachusetts Institute of Technology, 2004.

[85] KODITSCHEK D E, BÜHLER M. Analysis of a simplified hopping robot[J]. International journal of robotics research, 1991, 10(6): 587-605.

[86] VAKAKIS A F, BURDICK J W. Chaotic motions in the dynamics of a hopping robot [C]//Proceedings, IEEE International Conference on Robotics and Automation (ICRA). Cincinnati, USA: IEEE, 1990,3: 1464-1469.

[87] VAKAKIS A F, BURDICK J W, CAUGHEY T K. An "interesting" strange attractor in the dynamics of a hopping robot[J]. International journal of robotics research, 1991, 10(6): 606-618.

[88] M'CLOSKEY R T, BURDICK J W. Periodic motions of a hopping robot with vertical and forward motion[J]. International journal of robotics research, 1993, 12(3): 197-218.

[89] SCHWIND W J, KODITSCHEK D E. Control of forward velocity for a simplified planar hopping robot[C]//Proceedings of 1995 IEEE International Conference on Robotics and Automation (ICRA). Nagoya, Japan: IEEE, 1995: 691-696.

[90] CARLÉSI N, CHEMORI A. Nonlinear model predictive running control of kangaroo robot: a one-leg planar underactuated hopping robot[C]//2010 IEEE/RSJ International Conference on Intelligent Robots and Systems (IROS). Taipei, Taiwan: IEEE, 2010: 3634-3639.

[91] BYRNES C I, ISIDORI A. Asymptotic stabilization of nonlinear minimum phase systems[J]. IEEE transactions on automatic control, 1991, 36(10): 1122-1137.

[92] BYRNES C, ISIDORI A. A frequency domain philosophy for nonlinear systems, with applications to stabilization and to adaptive control[C]//The 23rd IEEE Conference on Decision and Control (CDC). Fort Lauderdale, FL, IEEE, 1984: 1569-1573.

[93] CANUDAS-DE-WIT C. On the concept of virtual constraints as a tool for walking robot control and balancing[J]. Annual reviews in control, 2004, 28(2): 157-166.

[94] SHIRIAEV A, ROBERTSSON A, PERRAM J, et al. Periodic motion planning for virtually constrained Euler-Lagrange systems[J]. Systems & control letters, 2006, 55(11): 900-907.

[95] FREIDOVICH L, ROBERTSSON A, SHIRIAEV A, et al. Periodic motions of the pendubot via virtual holonomic constraints: theory and experiments[J]. Automatica, 2008, 44(3): 785-791.
[96] GRIZZLE J, POULAKAKIS I. Stabilizing monopedal robot running: reduction-by-feedback and compliant hybrid zero dynamics[D]. Michigan: The University of Michigan, 2009.
[97] WU T Y, YEH T J, HSU B H. Trajectory planning of a one-legged robot performing a stable hop[J]. International journal of robotics and research, 2011, 30(8): 1072-1091.
[98] WESTERVELT E R, GRIZZLE J W, KODITSCHEK D E, et al. Hybrid zero dynamics of planar biped walkers[J]. IEEE transactions on automation and control, 2003, 48(1): 42-56.
[99] WESTERVELT E R, GRIZZLE J W, CHEVALLEREAU C, et al. Feedback control of dynamic bipedal robot locomotion[M]. Leiden: CRC Press, 2018.
[100] SREENATH K, PARK H W, POULAKAKIS I, et al. Embedding active force control within the compliant hybrid zero dynamics to achieve stable, fast running on MABEL [J]. International journal of robotics research, 2013, 32 (3): 324-345.
[101] CHEVALLEREAU C, GRIZZLE J W, SHIH C L. Asymptotically stable walking of a five-link underactuated 3-D bipedal robot[J]. IEEE transactions on robotics, 2009, 25(1): 37-50.
[102] COLEMAN M J, GARCIA M, RUINA A L, et al. Stability and chaos in passive-dynamic locomotion[M]//IUTAM Symposium on New Applications of Nonlinear and Chaotic Dynamics in Mechanics. Dordrecht: Springer Netherlands, 1999: 407-416.
[103] COLEMAN M J. A stability study of a three-dimensional passive-dynamic model of human gait[D]. New York: Cornell University, 1998.
[104] HOBBELEN D G E, WISSE M. Controlling the walking speed in limit cycle walking[J]. The international journal of robotics research, 2008, 27 (9): 989-1005.
[105] GOMES M, RUINA A. Walking model with no energy cost[J]. Phys Rev E Stat Nonlin Soft Matter Phys, 2011, 83(3 pt 1): 032901.
[106] PRATT J E. Exploiting inherent robustness and natural dynamics in the control of bipedal walking robots [D]. Massachusetts: Massachusetts Institute of Technology, 2000: 29-30.
[107] KOLTER J Z, NG A Y. The stanford LittleDog: a learning and rapid replanning approach to quadruped locomotion [J]. The international journal of robotics research, 2011, 30(2): 150-174.

[108] SHKOLNIK A, LEVASHOV M, MANCHESTER I R, et al. Bounding on rough terrain with the LittleDog robot[J]. The international journal of robotics research, 2011, 30(2): 192-215.

[109] KRASNY D P, ORIN D E. Generating high-speed dynamic running gaits in a quadruped robot using an evolutionary search[J]. IEEE transactions on systems, man and cybernetics part B(cybernetics), 2004, 34(4): 1685-1696.

[110] SLOTINE J J, LI W P. Applied nonlinear control[M]. Michigan: Prentice Hall, 1991.

[111] MCGHEE R B, ISWANDHI G I. Adaptive locomotion of a multilegged robot over rough terrain[J]. IEEE transactions on systems, man, and cybernetics, 1979, 9(4): 176-182.

[112] VUKOBRATOVIĆ M, FRANK A A, JURICIĆ D. On the stability of biped locomotion[J]. IEEE transactions on biomedical engineering, 1970, 17(1): 25-36.

[113] NISHIWAKI K, KAGAMI S. Online walking control system for humanoids with short cycle pattern generation[J]. The international journal of robotics research, 2009, 28(6): 729-742.

[114] HIRUKAWA H, KAJITA S, KANEHIRO F, et al. The human-size humanoid robot that can walk, lie down and get up[J]. The international journal of robotics research, 2005, 24(9): 755-769.

[115] LEE B J, STONIER D, KIM Y D, et al. Modifiable walking pattern of a humanoid robot by using allowable ZMP variation[J]. IEEE transactions on robotics, 2008, 24(4): 917-925.

[116] VUKOBRATOVIĆ M, BOROVAC B. Zero-moment point—thirty five years of its life[J]. International journal of humanoid robotics, 2004, 1(1): 157-173.

[117] ERBATUR K, OKAZAKI A, OBIYA K, et al. A study on the zero moment point measurement for biped walking robots[C]//7th International Workshop on Advanced Motion Control. Proceedings (Cat. No. 02TH8623). Maribor, Slovenia: IEEE, 2002: 431-436.

[118] GOSWAMI A. Postural stability of biped robots and the Foot-Rotation Indicator (FRI) point[J]. The international journal of robotics research, 1999, 18(6): 523-533.

[119] SEYFARTH A, GEYER H, GÜNTHER M, et al. A movement criterion for running[J]. Journal of biomechanics, 2002, 35(5): 649-655.

[120] REMY C D, BUFFINTON K, SIEGWART R. Stability analysis of passive dynamic walking of quadrupeds[J]. The international journal of robotics research, 2010, 29(9): 1173-1185.

[121] KOUSAKA T, UETA T, KAWAKAMI H. Bifurcation of switched nonlinear dynamical systems[J]. IEEE transactions on circuits and systems Ⅱ, 1999, 46

(7): 878-885.
[122] ERNST M, GEYER H, BLICKHAN R. Extension and customization of self-stability control in compliant legged systems[J]. Bioinspirations & biomimetics, 2012, 7(4): 046002.
[123] ALEXANDER R M. Optimization and gaits in the locomotion of vertebrates[J]. Physiological reviews, 1989, 69(4): 1199-1227.
[124] WICKLER S J, HOYT D F, COGGER E A, et al. Effect of load on preferred speed and cost of transport[J]. Journal of applied physiology, 2001, 90(4): 1548-1551.
[125] HAND L N, FINCH J D. Analytical mechanics[M]. Cambridge: Cambridge University Press, 1998.
[126] HINCH E J. Perturbation methods[M]. Cambridge: Cambridge University Press, 1991.
[127] HOWES F A. Introduction to perturbation techniques (ali hasan nayfeh)[J]. SIAM review,1982,24(3):355-356.
[128] PEUKER F, SEYFARTH A, GRIMMER S. Inheritance of SLIP running stability to a single-legged and bipedal model with leg mass and damping[C]// 4th IEEE RAS & EMBS International Conference on Biomedical Robotics and Biomechatronics(BioRob). Roma, Italy: IEEE, 2012: 395-400.
[129] ARAMPATZIS A, BRÜGGEMANN G P, METZLER V. The effect of speed on leg stiffness and joint kinetics in human running[J]. Journal of biomechanics, 1999, 32(12): 1349-1353.
[130] FARLEY C T, GONZÁLEZ O. Leg stiffness and stride frequency in human running[J]. Journal of biomechanics, 1996, 29(2): 181-186.
[131] MCMAHON T A, CHENG G C. The mechanics of running: how does stiffness couple with speed? [J]. Journal of biomechanics, 1990, 23(1): 65-78.
[132] DINGWELL J B, KANG H G. Differences between local and orbital dynamic stability during human walking[J]. Journal of biomechanical engineering, 2007, 129(4): 586-593.
[133] LOY J. Chaos: sensitivity to initial conditions[EB/OL]. (1997-10-04)[2013-06-07]. http://www.jimloy.com/fractals/chaos.html.
[134] GUCKENHEIMER J. Return maps of folded nodes and folded saddle-nodes[J]. Chaos, 2008, 18(1): 015108.
[135] CHEN J J, PEATTIE A M, AUTUMN K, et al. Differential leg function in a sprawled-posture quadrupedal trotter[J]. Journal of experimental biology, 2006, 209(2): 249-259.
[136] CHANG Y H, HUANG H W, HAMERSKI C M, et al. The independent effects of gravity and inertia on running mechanics[J]. Journal of experimental biology,

2000, 203(2): 229-238.

[137] BIRN-JEFFERY A V, DALEY M A. Birds achieve high robustness in uneven terrain through active control of landing[J]. Journal of experimental biology, 2012, 215(12): 2117-2127.

[138] SEEGMILLER J G, MCCAW S T. Ground reaction forces among gymnasts and recreational athletes in drop landings[J]. Journal of athletic training, 2003, 38(4): 311-314.

[139] HÜRMÜZLÜ Y, MOSKOWITZ G. The role of impact in the stability of bipedal locomotion[J]. Dynamics and stability of systems, 1986, 1(3): 217-234.

[140] OWAKI D, ISHIGURO A. Mechanical dynamics that enables stable passive dynamic bipedal running-enhancing self-stability by exploiting nonlinearity in the leg elasticity[J]. Journal of robotics and mechtronics, 2007, 19(4): 374-380.

[141] NOBUYAMA E, SHIN S, KITAMORI T. Deadbeat control of continuous-time systems: MIMO case[C]//Proceedings of 35th IEEE Conference on Decision and Control. Kobe, Japan: IEEE, 1996,2: 2110-2113.

[142] UCSB robotics[EB/OL]. (2013-05-22)[2013-11-04]. http://robotics. ece. ucsb. edu.

[143] KOEPL D, HURST J. Impulse control for planar spring-mass running[J]. Journal of intelligent and robotic systems, 2014, 74(3/4): 589-603.

[144] PIOVAN G, BYL K. Two-element control for the active SLIP model[C]//2013 IEEE International Conference on Robotics and Automation. Karlsruhe, Germany: IEEE, 2013: 5656-5662.

[145] PIOVAN G, BYL K. Partial feedback linearization and control of the slip model via two-element leg actuation strategy[J]. IEEE transaction on robotics, 2013.

[146] SREENATH K, PARK H W, POULAKAKIS I, et al. A compliant hybrid zero dynamics controller for stable, efficient and fast bipedal walking on MABEL[J]. International journal of robotics research, 2011, 30(9): 1170-1193.

[147] NJI K, MEHRANDEZH M. Low energy body design and nonlinear control of balance in a one legged robot[C]// 43rd IEEE Conference on Decision and Control (CDC). Nassau, Bahamas: IEEE, 2004: 311-316.

[148] POL B V D. On relaxation-oscillations[J]. Philosophical magazine, 1927, 2(1): 978-992.

[149] SUMMERS J L, BRINDLEY P H, GASKELL P H, et al. The role of Poincaré-Andronov-Hopf bifurcations in the application of variable-coefficient harmonic balance to periodically forced nonlinear oscillators[J]. Philosophical transactions of the royal society part A, 1996, 354(1704): 143-168.

[150] SHIRIAEV A, PERRAM J W, CANUDAS-DE-WIT C. Constructive tool for orbital stabilization of underactuated nonlinear systems: virtual constraints

approach[J]. IEEE transactions on automatic control, 2005, 50(8): 1164-1176.

[151] SHOJI T, KATSUMATA S, NAKAURA S, et al. Throwing motion control of the springed pendubot[J]. IEEE transactions on control systems technology, 2013, 21(3): 950-957.

[152] PIEGL L, TILLER W. 非均匀有理B样条[M]. 赵罡,穆国旺,王拉柱,译. 2版. 北京:清华大学出版社,2010.

[153] GETZ N H. Dynamic inversion of nonliear maps with application to nonlinear control and robotics[D]. California: University of California at Berkeley, 1995.

[154] GETZ N H, MARSDEN J E. Tracking implicit trajectories[C]//IFAC Symposium on Nonlinear Control Systems Design. Tahoe City, CA, USA: IFAC, 1995,28: 589-594.

[155] GETZ N. Control of balance for a nonlinear nonholonomic non-minimum phase model of a bicycle[C]//Proceedings of 1994 American Control Conference (ACC). Baltimore, MD, USA: ACC, 1994,1: 148-151.

[156] SHARBAFI M A, AHMADABADI M N, YAZDANPANAH M J, et al. Compliant hip function simplifies control for hopping and running[C]//2013 IEEE/RSJ International Conference on Intelligent Robots and Systems (IROS). Tokyo, Japan: IEEE, 2013: 5127-5133.

[157] GAROFALO G, OTT C, ALBU-SCHÄFFER A. Walking control of fully actuated robots based on the Bipedal SLIP model[C]//IEEE International Conference on Robotics and Automation (ICRA). St. Pual, Minnesota: IEEE, 2012: 1456-1463.

[158] FARAJI S, POUYA S, MOECKEL R, et al. Compliant and adaptive control of a planar monopod hopper in rough terrain[C]//2013 IEEE International Conference on Robotics and Automation (ICRA). Karlsruhe, Germany: IEEE, 2013: 4803-4810.

[159] WENSING P M, ORIN D E. High-speed humanoid running through control with a 3D-SLIP model[C]//2013 IEEE/RSJ International Conference on Intelligent Robots and Systems (IROS). Tokyo, Japan: IEEE, 2013: 5134-5140.

[160] PARK J, KHATIB O. Contact consistent control framework for humanoid robots[C]//Proceedings 2006 IEEE International Conference on Robotics and Automation (ICRA). Orlando, Florida: IEEE, 2006: 1963-1969.

[161] MU X, WU Q. On impact dynamics and contact events for biped robots via impact effects[J]. IEEE transactions on systems, man and cybernetics part B, 2006, 36(6): 1364-1372.

[162] KHATIB O. A unified approach for motion and force control of robot manipulators: the operational space formulation[J]. IEEE journal of robotics and automation, 1987, 3(1): 43-53.

[163] SENTIS L, PARK J, KHATIB O. Compliant control of multicontact and center-of-mass behaviors in humanoid robots[J]. IEEE transactions on robotics, 2010, 26(3): 483-501.

[164] HOYT D F, WICKLER S J, COGGER E A. Time of contact and step length: the effect of limb length, running speed, load carrying and incline[J]. Journal of experimental bioogy, 2000, 203(2): 221-227.

[165] HINRICHS R N. Upper extremity function in running. Ⅱ: angular momentum considerations[J]. International journal of sport biomechanics, 1987, 3(3): 242-263.

名词索引

Z